江苏省自然科学基金青年基金项目(BK20180663)
国家自然科学基金重点基金项目(51734009)
国家自然科学基金青年基金项目(51709260)

复杂受力状态下裂隙岩体非线性渗透特性试验研究

尹　乾　靖洪文　著

中国矿业大学出版社

内 容 提 要

本书主要介绍了荷载作用下裂隙岩体非线性渗流特性的测试方法，利用自主研发的裂隙网络岩石渗流综合模拟试验系统对三维粗糙单裂隙、裂隙网络岩体的非线性渗流机制进行了测试，揭示了裂隙等效水力开度、导水系数、临界水力梯度和临界雷诺数随剪切位移、裂隙网络形式及荷载水平的变化特征；建立了应力作用下裂隙岩体渗透特性理论模型，采用数值模拟对单裂隙和裂隙网络的渗透特性进行计算，探讨了导水系数随裂隙倾角、上覆岩层压力、进水口压力、初始裂隙开度的变化特征，揭示了裂隙网络夹角和交叉点个数对裂隙有效应力、裂隙开度、水压力和渗流通道的影响。

本书适用于岩土工程专业学生及科技工作者学习参考。

图书在版编目(CIP)数据

复杂受力状态下裂隙岩体非线性渗透特性试验研究 / 尹乾，靖洪文著. —徐州 ：中国矿业大学出版社，2018.12

ISBN 978-7-5646-4282-2

Ⅰ. ①复… Ⅱ. ①尹… ②靖… Ⅲ. ①裂缝(岩石)—非线性—渗流—试验研究 Ⅳ. ①TE357-33

中国版本图书馆 CIP 数据核字(2018)第 298837 号

书　　名　复杂受力状态下裂隙岩体非线性渗透特性试验研究
著　　者　尹　乾　靖洪文
责任编辑　吴学兵
出版发行　中国矿业大学出版社有限责任公司
　　　　　　(江苏省徐州市解放南路　邮编 221008)
营销热线　(0516)83884103　83885105
出版服务　(0516)83885789　83884920
网　　址　http://www.cumtp.com　**E-mail**:cumtpvip@cumtp.com
印　　刷　江苏凤凰数码印务有限公司
开　　本　787×1092　1/16　**印张** 10　**字数** 250 千字
版次印次　2018 年 12 月第 1 版　2018 年 12 月第 1 次印刷
定　　价　38.00 元
(图书出现印装质量问题，本社负责调换)

前　言

由于地质运动和人为扰动，天然岩体内部通常赋存裂隙或裂隙网络。裂隙岩体渗流问题涉及核废料处置、地热资源开发、油和天然气开采及CO_2地质封存等工程领域。深入理解应力作用下裂隙岩体的渗流行为，对保证这些地质工程的安全性能有着重要意义。

本书以裂隙岩体为研究对象，通过自主研发裂隙网络岩石渗流综合模拟和分析系统，综合采用室内试验、理论分析和数值模拟相结合的方法，对不同荷载作用下裂隙岩体的渗透特性展开一系列研究工作，对裂隙岩体非线性流动特征与裂隙形式、剪切位移、荷载水平之间的相关性进行讨论，对丰富裂隙岩体水力学理论起到一定的积极作用。

(1) 采用高分辨率岩石CT扫描系统对不同应力路径作用后花岗岩试样内部裂隙发育特征进行三维重构。渗流试验结果表明，单轴压缩后花岗岩试样渗流试验过程中流速与压力梯度之间呈现明显的非线性特征，可以用Forchheimer方程进行描述，其系数a'和b'均随围压σ_s的增加逐渐增大。导水系数随着压力梯度的增加逐渐降低。常规三轴和三轴峰前卸荷试验后花岗岩试样流速与压力梯度之间均呈现近似线性关系，试样等效渗透系数均随围压σ_s的增加逐渐减小，而随围压σ_3的变化特征存在一定差异。

(2) 自主研发裂隙网络岩石渗流综合模拟和分析系统，展开一系列含不同剪切位移三维粗糙单裂隙的渗流试验。流体的流动行为均可以用Forchheimer和Izbash定律进行描述。随着剪切位移的增加，Forchheimer拟合方程中线性和非线性项系数a和b均逐渐减小，Izbash拟合方程中系数λ减小了2～3个数量级，而系数m在1.35～1.80范围内波动。裂隙剪切渗流过程中导水系数与雷诺数之间可以用多项式函数进行拟合分析。随着剪切位移的增加，裂隙导水系数、临界水力梯度和等效水力隙宽均逐渐增大。

(3) 裂隙网络岩石试样的渗流特征均可以用Forchheimer和Izbash函数进行描述。回归拟合系数a和b随荷载水平的增加逐渐增大，而随裂隙网络夹角和交叉点个数的增加逐渐减小。随着裂隙网络夹角和交叉点个数的增加，试样导水系数均逐渐增大，而临界水力梯度和临界雷诺数总体呈现逐渐减小的趋势。随着侧压力系数的增加，试样的渗透特性逐渐减弱，而临界水力梯度和临界雷诺数均逐渐增大。与荷载水平$F_x=F_y$作用下相比，对于不同侧压力系数，(F_y-F_x)越大，试样的渗流特性差异越明显。

(4) 建立应力作用下裂隙岩体渗透特性理论模型，采用COMSOL Multiphysics多物理场仿真软件对单裂隙和裂隙网络的渗透特性进行计算。对于单裂隙，随着时间的增加，平均导水系数先逐渐增加后趋于稳定，稳定后平均导水系数随裂隙倾角和上覆岩层压力的增加逐渐减小，而随进水口压力和初始裂隙隙宽的增加逐渐增大。裂隙网络夹角和交叉点个数对裂隙有效应力、裂隙隙宽、水压力和渗流通道均产生影响，随着裂隙网络夹角和交叉点个数的增加，模型出水口处整体流速均逐渐增大。

本书是著者博士研究生期间从事荷载作用下裂隙岩体非线性渗流机理研究工作的总结。在此，向所引用文献资料的作者表示衷心感谢！

由于著者水平所限，书中难免存在不足之处，恳请读者给予批评指正。

著　者

2018年12月

目　录

1　引言 ………………………………………………………… 1
　1.1　问题的提出及研究意义 ………………………………………… 1
　1.2　国内外研究现状 ……………………………………………… 2
　1.3　主要研究内容与技术路线……………………………………… 10

2　不同应力路径作用后岩石试样渗透特性试验研究……………………… 13
　2.1　试验材料选取及基本物理力学性质测试………………………… 13
　2.2　花岗岩试样破坏形态及裂隙发育 CT 扫描 ……………………… 25
　2.3　不同应力路径作用后花岗岩渗透特性试验及分析………………… 29
　2.4　本章小结……………………………………………………… 46

3　应力作用下粗糙单裂隙剪切渗流试验研究……………………………… 47
　3.1　应力作用下裂隙岩体渗流综合模拟和分析系统…………………… 47
　3.2　含不同剪切位移粗糙单裂隙岩石试样制作和试验流程…………… 51
　3.3　三维粗糙单裂隙剪切渗流试验结果及讨论……………………… 56
　3.4　本章小结……………………………………………………… 72

4　应力作用下裂隙网络岩体渗透特性试验研究…………………………… 74
　4.1　试样制备和试验流程…………………………………………… 74
　4.2　含不同裂隙网络夹角花岗岩试样渗透特性……………………… 77
　4.3　含不同裂隙网络交叉点个数花岗岩试样渗透特性………………… 88
　4.4　侧压力系数对裂隙网络岩体渗流特性的影响…………………… 99
　4.5　本章小结 …………………………………………………… 109

5　应力作用下裂隙岩体渗流机制与数值模拟 …………………………… 110
　5.1　应力作用下裂隙渗流计算模型 ………………………………… 110
　5.2　模型验证 …………………………………………………… 114
　5.3　单一裂隙渗流特征研究 ……………………………………… 116
　5.4　裂隙网络渗流特征研究 ……………………………………… 125
　5.5　本章小结 …………………………………………………… 132

6　结论与展望 ……………………………………………………… 134
　6.1　主要结论与创新点 …………………………………………… 134
　6.2　研究展望 …………………………………………………… 136

参考文献………………………………………………………… 137

1 引　言

1.1 问题的提出及研究意义

裂隙岩体是经历长期地质构造作用形成的，由基质岩块和结构面组成并具有一定的结构特征，赋存于一定物理地质环境（地应力、地下水及地温等）中的不连续、多相、各向异性的地质体。与完整岩体相比，裂隙岩体的渗流特性主要由结构面决定，并表现出强烈的介质非均匀性、非线性及多尺度等复杂流动特征。由于构造应力及各种开挖扰动，岩体内部的微裂纹、孔洞及节理裂隙发生扩展并贯通形成宏观结构面[1-2]（图 1-1），这些缺陷不仅显著改变岩体的力学性质，同时对岩体的渗透特性有着重要影响。裂隙岩体渗流问题涉及大量的地质工程活动，包括核废料处置、地热资源开发利用、油和天然气开采、CO_2地质封存以及地下煤炭气化等。因此，开展裂隙（裂隙网络）岩体渗流特征的研究，对于保证这些地质工程的安全性能至关重要[3-7]。

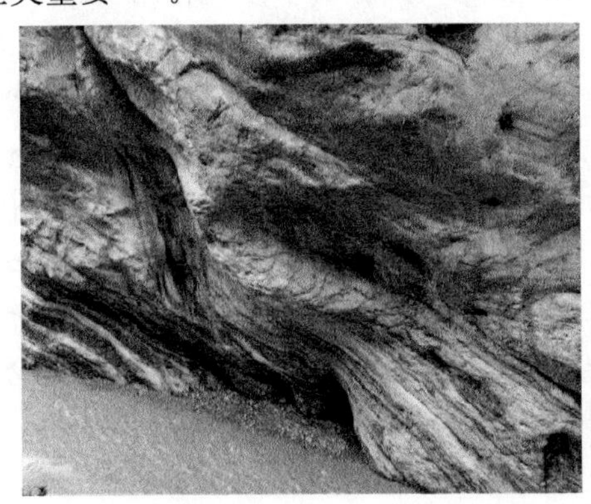

图 1-1　裂隙岩体

自然状态下，裂隙岩体通常受到原岩载荷和扰动应力的作用，这些作用直接影响裂隙的开度从而影响裂隙的渗透特征。应力作用下，剪胀作用会导致裂隙隙宽增加[4,8-10]，而法向应力作用又会导致裂隙闭合从而使裂隙开度减小[11-14]。裂隙岩体应力与渗流相互作用主要表现为：一方面，裂隙的存在为流体提供贮存场所和运移通道，流动于裂隙中的水以水压力和水物理化学作用等方式作用于岩体，从而改变岩体的应力状态；另一方面，应力场的改变又会促使岩体内部缺陷结构发生改变，这些改变主要体现在裂隙变形、扩展、剪切滑移和贯通等，进而改变流体的运移通道，使得裂隙岩体的渗透特性发生变化，这种岩体与渗流相互作用的现象称之为渗流-应力耦合[3,15-17]。

直至 20 世纪 60 年代，对于裂隙岩体渗流特性的认知尚不清楚，在地下工程设计过程中，应力作用对裂隙岩体渗流场及渗流特征的影响机制一直被忽视，由此导致了很多重大工程事故的发生[18]。对于裂隙岩体应力-渗流耦合问题的研究，传统的方法通常是假设岩体内部裂隙结构不发生改变[19]，然而大量的工程实践表明，工程扰动诱发的岩体损伤破裂行为及其造成的岩体中渗流场的改变是导致大规模岩体工程失稳和工程地质灾害（如矿井和隧道突水、坝体溃决等）的主要原因之一[20-21]。因此，研究应力作用下裂隙岩体渗流机制具有普遍的理论意义和更接近于工程实际的应用价值，其已成为当前岩石力学与环境岩土工程迫切需要研究解决的难题之一。

近年，随着隧道、水利水电工程及国家战略防护工程等重大基础设施工程的大力建设以及新型能源的开发利用，高水头抽水蓄能电站、页岩气开采、地下水封油库、地热资源开发、二氧化碳封存及高放射性核废料地质处置等大规模地质工程快速发展[22-27]，这些工程均普遍涉及复杂地质环境及生态环境条件下裂隙岩体渗流过程的模拟、渗透特性的评估等关键技术问题。例如，高水头抽水蓄能电站的最大特点是静水头常达 400～700 m，当引水隧洞及岔管采用钢筋混凝土衬砌支护方案时，在高水头作用下衬砌将不可避免地发生开裂，从而引发内水外渗，此时裂隙岩体的渗流往往表现为非线性，并导致围岩处于高渗压和高水力梯度的不利运行环境中。地下水封洞库是石油能源储备的重要方式，其中地下水封油库围岩多相渗流特性及其过程控制是水封有效性评估的理论基础，也是当前国家石油战略储备领域急需解决的关键科学问题。统计发现：我国 90％以上的煤矿突水事故与岩层水渗透有关[28-30]，80％以上的煤矿瓦斯突出事故与煤层开采和巷道掘进引发的岩体应力释放及瓦斯渗透性质改变直接相关[31-33]，35％～40％的水电工程大坝失稳由水渗透作用引起[34-37]。综上所述，应力作用下裂隙岩体渗流机制研究是岩石力学的发展前沿和热点课题，也是工程应用研究中亟待解决的关键科学技术问题。但鉴于裂隙岩体结构的多样性、赋存环境的复杂性，目前关于应力作用下裂隙岩体中复杂流动特性仍未深入认识，这方面的相关试验、理论及工程应用研究亟待推进。深入开展裂隙岩体渗流特性研究，有助于加深对裂隙岩体渗流模式、渗流机制及基本规律的认识，丰富岩体水力学理论；从耦合的角度加深对裂隙岩体变形破坏机理和岩体稳定性影响因素的认识。因此，研究应力作用对裂隙岩体渗流特性的影响，特别是裂隙岩体水力耦合的理论体系、试验及数值模拟研究，不但具有重要的理论价值，同时具有深远的现实意义[38-39]。

1.2 国内外研究现状

1.2.1 裂隙介质流动特性研究

（1）裂隙介质流动特性研究方法

裂隙是构成岩体裂隙网络的基本元素，单一裂隙渗流规律的研究也就成了岩体裂隙网络渗流规律及裂隙岩体渗流场与应力场耦合作用研究的基础和关键。历史上，广大学者主要是通过试验研究和数值模拟两种手段对单裂隙渗流规律进行探讨，提出了等效水力隙宽、裂隙粗糙度、面积接触率和单裂隙曲折率等概念来描述单一裂隙的渗流特征，加深了对这一现象的认识，也取得了相当多的研究成果，包括经典的立方定律及其各种修正形式，大致可概括为次立方定律、立方定律和超立方定律以及可以考虑裂隙法向变形的广义立方定律等[40-54]。然而，各种经验公式之间存在着巨大的差异，迄今为止，对天然粗糙单裂隙渗流机理和规律的认识远未统一。而裂隙网络的渗流研究主要集中在数值模拟上，基本上都是基于单裂隙的简单的立方定律或修正的立方定律进行计算模拟，对裂隙网络结点出现的复杂流动形式考虑较少，而传统的数值方法，如有限元法、差分法和有限体积法对 Navier-Stokes (N-S)方程的描述存在不足，难以描述流体的复杂流动特性，如偏流、沟槽流等流动现象[45,55-58]。除此之外，针对裂隙介质流动机理的试验研究还相对较少，尤其是考虑裂隙剪切效应和裂隙网络的三维渗流试验研究更是少见，一方面是真实裂隙的细观结构难以在渗流过程得到观测，另一方面是试验设备研发尤其是模型封水措施仍存在困难。

(2) 裂隙介质非线性流动特征

在水利、隧道和石油开采等一系列实际工程建设的渗流特性分析中，越来越多的实验资料和监测资料都证实了有很多偏离达西渗透规律现象的存在，即渗流速度与水力坡降不呈线性关系。目前对这种非线性出现的主要原因可以归结为，随着压力梯度越来越高，渗流速度越来越大，流体速度损失不再是黏滞力起主导作用，而是惯性力将逐渐取代黏滞力，成为流体速度损失的主要原因[59-63]。根据非线性出现时流速的大小研究可分为低速非达西渗流和高速非达西渗流，根据研究介质的不同分为多孔介质非线性渗流和裂隙介质渗流。目前，针对多孔介质的非线性流动的理论模型、实验研究及数值模拟研究比较多，而对裂隙非线性渗流特征研究的相关实验和理论模型并不多见，对于裂隙介质中的非线性流动方程的描述也常常是借鉴多孔介质中非线性描述方法，或采用紊流理论进行裂隙非线性流的研究，而对影响裂隙介质中非线性流动的临界雷诺数、水力开度、临界水力梯度、裂隙粗糙度及裂隙形式等因素的探讨也相对较少[9,14,64-71]。总体而言，由于裂隙介质中流动现象难以捕捉和精确描述，裂隙介质中非线性流动的形成机理和影响因素的研究还亟待进一步推进。

(3) 裂隙介质多相渗流特性

裂隙的多相渗流特性是裂隙岩体多相渗流特性研究的基础。目前，国内外有关学者对多孔介质和裂隙的多相渗流特性开展了大量研究，在试验技术、理论模型和数值模拟方法等方面取得了丰硕的研究成果。其中，裂隙多相渗流特性的研究试图揭示裂隙的多相渗流流态、流动结构、渗透速率与裂隙表面形貌、张开度分布特征、壁面浸润性、相间界面特性、相饱和度、流体压力梯度等因素的关系，建立裂隙油-水、水-气、油-气两相或三相相对渗透系数-饱和度以及毛细压力-饱和度关系模型[72-87]。总体上，裂隙介质的多相渗流特性仍然是国际岩石力学、石油工程等领域的研究热点。利用裂隙多相渗流特性的试验成果和理论模型，建立裂隙岩体多相渗流特性的概念化或细观模型，是裂隙岩体多相渗流运动特征的重要途径。

(4) 岩石粗糙裂隙面性状研究

为了反映裂隙面性状对单裂隙渗流行为的影响，部分学者采用裂隙面开度、曲折度、分形维数、粗糙度、接触面形状和接触面面积等参数来分析裂隙面特性对渗流的影响(图1-2)[88-100]。Tsang[101]用电模拟法研究了二维裂隙中渗流路径的曲折度对流场的影响，认为曲折度效应不能忽略。Ge[102]在含有全局和局部两套坐标的粗糙度裂隙模型中，考虑了曲折度和真实开度的影响，推导出粗糙裂隙的渗流控制方程，并得到锯齿形状和正弦曲线形状两种规则裂隙的流量公式。Belem 等[103]定义了面曲折度系数，更好地描述了三维裂隙面的粗糙程度。杨米加等[104]研究了裂隙的细观结构和曲折度，得到了不规则裂隙的渗流规律。Ju 等[52]利用分形函数预制了不同分形维数粗糙单裂隙的物理模型，利用高速摄像机记录了粗糙裂隙水渗流的全过程，分析了水渗流性质随裂隙粗糙度的变化规律及粗糙结构对渗流机制的影响。盛金昌等[105]建立基于格子 Boltzmann 的压力模型研究岩石粗糙裂隙水力特征，通过试验拟合出流量与平均隙宽的关系。Walsh[106]研究了圆形接触面对裂隙过流量的影响，提出了面积接触率的修正公式。Obdam 等[107]研究了接触区域为椭圆形且大小、形状、方向不同对裂隙渗流特性的影响。周创兵等[108]提出了用面积接触率修正的广义立方定律，并利用有限元数值模拟进行验证。然而，由于试验测量和数值方法的差异，以及裂隙面粗糙程度对单裂隙渗流的影响，不同研究学者得到不同的结论。因此，应力作用下裂隙面结构及其演化对渗流行为的影响有待进一步的试验验证。

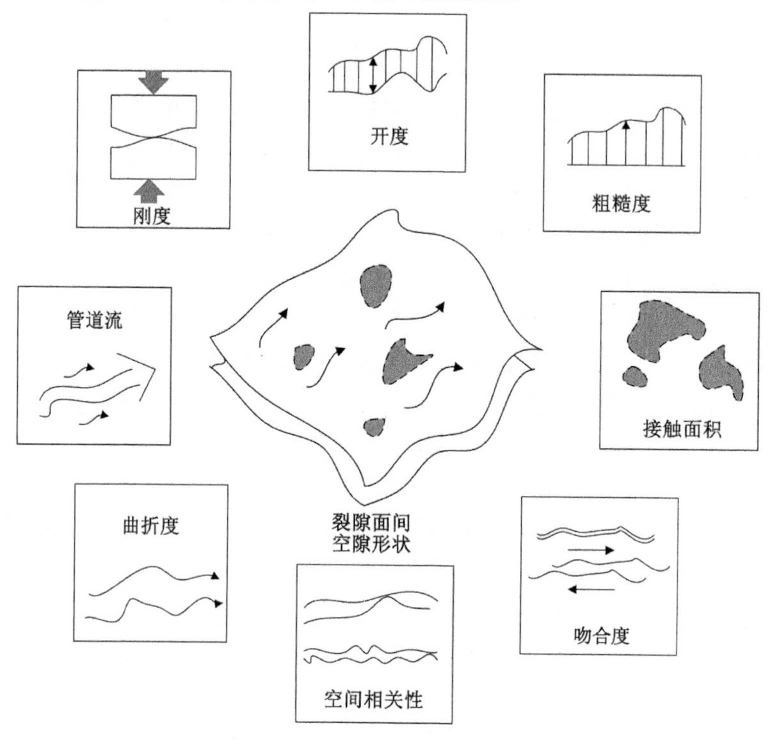

图 1-2　粗糙裂隙面几何结构特征

1.2.2　裂隙岩体渗流特性研究现状

1.2.2.1　单裂隙渗流特性研究

单一裂隙中流体的流动特性遵循流体动力学的基本原理。对于不可压缩、稳定状态的流体，Navier-Stokes（N-S）方程和质量守恒方程可以很好地描述单一裂隙的渗流特性[109-110]：

$$\rho(\boldsymbol{u}\cdot\nabla)\boldsymbol{u}=-\nabla p+\mu\nabla^2\boldsymbol{u} \tag{1-1}$$

$$\nabla\cdot\boldsymbol{u}=0 \tag{1-2}$$

式中，$\boldsymbol{u}=[u,v,w]$表示流体的速度矢量；p 表示总体水压力；ρ 为流体密度；μ 为流体的动力黏滞系数。

然而，复杂的非线性偏微分方程以及不规则的岩石裂隙面形态导致求解 N-S 方程面临巨大挑战。因此需要对 N-S 方程进行进一步简化，通过忽略裂隙中流体流动的惯性项从而提出著名的立方定律[111-112]。这样，单一裂隙中的流体流动可以看成光滑平行板中的黏性流。流体的总体积流速 Q 与压力梯度∇p 之间满足线性关系：

$$Q=-\frac{wb_h^3}{12\mu}\nabla p \tag{1-3}$$

式中，w 为裂隙宽度；b_h为裂隙水力隙宽。裂隙中流体的体积流速 Q 与水力隙宽的立方成正比。

公式(1-3)中 Q 与∇p 之间的线性关系是通过忽略流体流动中的非线性特征而获得的；此外，裂隙面假设为理想的光滑平行板。这种线性关系仅仅适用于流速足够小的层状流体。然而，现实岩石工程中的裂隙面通常表现为曲面并具有一定的粗糙度，运用立方定律得到的流体体积流速将会产生一定的偏差[14,98,113]。

Forchheimer 定律[114]和 Izbash 定律[115]广泛运用于描述粗糙裂隙中流体流动的非线性特征，其对应的最简单的表达形式如公式(1-4)和公式(1-5)所示：

$$-\nabla p=a'Q+b'Q^2 \tag{1-4}$$

$$-\nabla p=\lambda Q^m \tag{1-5}$$

式中，a'和 b'分别表示流体流动过程中线性效应和非线性效应所引起的水压力降，受裂隙形态和水力梯度的影响；λ 和 m 为经验系数。

尽管流体体积流速与压力梯度之间的关系可以用上述两个公式很好地描述，但粗糙裂隙中引起流体流动惯性效应的机制尚没有被充分揭示[58,116]。

此外，在立方定律的基础上，许多学者通过试验和理论研究对立方定律进行了修正和完善。许光祥等[117]基于理想裂隙渗流遵循的立方定律，提出了可以采用超立方定律和次方立定律来反映粗糙裂隙的渗流规律。周创兵等[108]提出了一种广义立方定律，能较好地反映裂隙的渗流特性。

1.2.2.2 裂隙渗流特征室内试验研究现状

通过裂隙岩体的室内渗流试验研究可以很直观地揭示裂隙岩体在各种状态下的渗流特性，同时随着先进试验设备和试验方法的研发与改进，许多学者开展了大量裂隙岩体渗流问题相关的试验研究工作。

(1) 大尺度渗流室内试验研究

在大尺度渗流室内试验研究方面[75,118-123]，Rau 等[124]通过树脂玻璃材料加工一个尺寸 0.96 m×0.96 m×0.4 m(宽度×高度×深度)的充满级配良好饱和石英砂的渗流试验装置，通过改变水头差并采用溶质追踪的方法揭示全饱和砂体的渗透特性。Sharmeen 等[125]加工尺寸 91.5 cm×60.5 cm×5.0 cm 的白云岩板状试样，通过在板状岩石试样下部放置三角形条棒并施加载荷预制张拉裂隙，采用钛腻子对试样上下边界进行封水处理并在试样表面均匀涂抹防水树脂，将成型试样放进渗流试验装置，并采用硅胶密封试样与渗流装置之间的所有缝隙，通过改变左右水箱中的水头差，对板状裂隙试样的渗流特性进行研究。Qian 等[126]通过室内试验研究了不同裂隙面粗糙度及裂隙开度对单裂隙渗流特性的影响，得到流速与水力梯度呈近似指数关系的分布规律。Liu 等[119]通过研发裂隙网络岩石渗流试验系统，采用透明玻璃材料预制含不同裂隙形式的板状试样(尺寸 50 cm×50 cm×1.5 cm)，通过改变试样水头差研究裂隙开度、表面粗糙度系数及裂隙网络交叉点个数对裂隙岩体临界水力梯度的影响。这些研究成果进一步揭示了大尺度裂隙岩体的渗流特性，然而试验过程中没有考虑应力场与渗流场的相互作用。因此，迫切需要研发可用于开展应力作用下裂隙岩体渗透特性研究的大尺度室内试验装置。

(2) 岩石破坏过程的渗透特性试验研究

通过岩石取芯并进行不同应力状态下的室内渗透试验是研究应力作用下岩石渗透特性的重要途径。李世平等[127]最早采用 MTS815.02 型电液伺服岩石力学试验系统对砂岩进行全应力-应变过程的渗透率变化试验,探讨了岩石的渗透系数或渗透率在全应力应变过程中的变化特征。

姜振泉等[128]通过对硬岩和软岩进行不同压力条件下的全应力应变渗透特性对比试验,发现软岩和硬岩的渗透性-应变关系和渗透性量值均表现出明显差异,岩石变形破坏过程的渗透性主要取决于变形破坏的形式和特点。刘再斌等[129]进行了细砂岩、中砂岩、粗砂岩和灰岩在不同围压、不同水压条件下三轴压缩试验,获得了岩石强度的围压效应、水压效应及耦合效应拟合方程。

朱珍德和邢福东等[130-131]对锦屏二级水电站引水隧洞脆性大理岩进行了高围压高水压下全应力应变三轴压缩试验,水压力的存在加速了岩石的破裂,增加了材料的脆性,从而降低了岩石的强度,但水压力对强度的降低程度随围压的增大而有所减小,同时对软化区裂纹的扩展、贯通起到加剧作用。陈振振等[132]通过低渗透大理岩试样全应力应变过程渗流试验,得到了岩石渗透系数变化与体积应变的相关性规律。许江等[133]进行了恒定围压下不同孔隙水压力作用的三轴压缩试验,结果表明,随孔隙水压力的增大,有效峰值破坏强度呈逐渐减小的趋势。

俞缙等[134]利用稳态法在不同围压和渗透压条件下对砂岩全应力-应变过程进行渗透率试验,研究发现,围压较高时,若形成局部压缩带,则试样进入弹塑性阶段后,渗透率的变化趋势是由岩石微裂隙的萌生、扩展与岩石骨架颗粒压碎这两个因素共同决定的,而这两个因素对岩石渗透率的影响并不相同,岩石微裂隙的萌生、扩展对渗透率增大起积极作用,而岩石骨架颗粒压碎形成的压缩带对渗透率增大起抑制作用。

此外,彭苏萍、孟召平等研究了不同围压条件下砂岩的渗透率变化规律,建立了砂岩渗透率与应力-应变之间的定性定量关系[135],提出岩石的应变-渗透率关系曲线是岩性、结构、应力等多种因素综合影响的结果[136]。朱珍德等[137]进行了花岗岩和灰岩在不同围压条件下的全应力应变过程渗透性试验,研究表明渗透性与岩石变形过程相关,在岩石破坏前后的不同阶段具有不同特点。许江等[138]利用瓦斯热流固耦合渗流试验系统,开展了煤岩加载试验,分析了煤岩变形特征与渗透特征。李树刚等[139]通过瞬态法测试了软煤样的渗透性,得出了渗透系数与体积变化的关系。刘卫群等[140]研究了破碎岩石的渗透性测试方法。此外,王环玲[141]、杨天鸿[142]、王金安[143]、王连国[144]、卢平[145]等也进行了渗透率测试及渗透率演化规律方面的研究。

(3) 法向应力对裂隙渗透特性的影响研究

法向应力引起裂隙闭合或张开相对较为显著,因此裂隙渗流试验过程中需重点考虑裂隙法向应力的影响。在正应力对裂隙渗透系数的影响方面,Detournay[146]用花岗岩生成人工裂隙试样,在裂隙作用各级法向应力,并根据实测流量通过立方定律反求水力等效隙宽,并测得裂隙面在该级正应力作用下的闭合量,最终得到水力等效隙宽与闭合量之间呈线性拟合关系。张有天[147]进行了单一裂隙水力学试验研究,用一个实际裂隙面为模板,表面涂脱模剂,浇筑一块混凝土板,在已浇好的混凝土板上再复制一块混凝土板,将两个混凝土板合并即得到单一裂隙面，然后在裂隙面上施加正应力，研究裂隙变形与正应力之间的关系。Bandis 等[148]通过试验得出裂隙面的荷载变形曲线可通过公式(1-6)中的双曲线来表示，而 Goodman[149]和 Bawden[150]等的研究均表明，裂隙在正应力 σ_n 作用下的变形曲线可用公式(1-6)成功地拟合。

$$\Delta a=\frac{\sigma_n a_m}{K_{n0}a_m-\sigma_n} \tag{1-6}$$

式中，K_{n0}为正应力为零时裂隙面的初始法向刚度；a_m为机械隙宽；Δa 为正应力作用下裂隙面的闭合量。

谢妮等[151]以 Biot 孔隙弹性模型为基础，引入广义 Biot 有效应力系数，建立了单一饱和裂隙在法向应力和孔隙水压力共同作用下的非线性本构方程：

$$u_n=b_{m0}\left[1-\frac{1}{\ln\left(\frac{\sigma_n}{K_{n0}}+1\right)+1}\right] \tag{1-7}$$

式中，u_n为裂隙面法向位移；b_{m0}为法向应力为零时裂隙的初始隙宽；σ_n为法向应力。

金爱兵等[152]提出了一种考虑节理面水力开度受侧向应力和法向应力共同影响的表征公式：

$$d_h=f\left(d_{m0}-\frac{a\sigma_n}{1+b\sigma_n}\right)\left[1-\frac{1}{A}(a_x\varepsilon_y+a_y\varepsilon_x)\right] \tag{1-8}$$

式中，d_h为水力张开度；f 为节理张开度降低系数；d_{m0}为初始节理张开度；a 和 b 均为常数；ε_x和ε_y分别为 x 和 y 方向的形变；A 为节理面面积；a_x和a_y分别为节理面在 x 和 y 方向上的边长。

Nolte 等[153]进行了石英二长岩裂隙试样水力学试验，试验结果表明，裂隙刚度越大，其过流量越小，在最大正应力时仍有不再减小的流量通过，即残余流量。此外，Stormont[154]、郑少河[155]、常宗旭[156]、刘才华[49]、刘继山[157-158]、张玉卓[159]、Gutierrez[160]、申林方[161]、贺玉龙[162]、蒋宇静[51]、王建秀[163]等都通过相同或不同的试验手段对裂隙岩体在正应力作用下的渗透特性进行了研究。

(4) 剪切位移对裂隙渗透特性的影响研究

裂隙岩体在剪切变形时发生剪胀，剪胀效应导致裂隙隙宽增大，从而导致裂隙导水系数发生改变。Bawden 等[150]提出，裂隙水力传导系数随剪应力增加而增大，且裂隙面越粗糙，水力传导系数增加越大。耿克勤[164]进行了不同正应力条件下的裂隙剪切-渗流耦合试验，结果表明，当裂隙相对剪切位移很小时，隙宽和水力传导系数均有所减小，但随着剪切位移继续增大，剪胀效应导致隙宽和裂隙的水力传导系数均显著增大。Zhu[165]、Zoback[166]等研究发现，当应力增加导致岩石破裂膨胀时，将引起渗透性的提高；当应力增加导致岩石压缩变形或峰值后的破裂带重新压缩，将引起渗透性的降低。徐礼华等[167]通过三轴应力下对岩石进行剪切破坏得到剪切裂隙，然后对剪切裂隙进行不同围压和裂隙水压力作用下的渗透性能试验研究，研究结果表明，剪切裂隙的渗透系数与围压的关系符合指数函数特征且裂隙水压对裂隙渗透系数的影响显著。刘才华等[168]对充填砂裂隙进行了剪切渗流实验，揭示了岩体裂隙发生剪切位移时的渗流规律，并提出了影响裂隙流量的主要因素是砂粒的微小扰动与隙宽的改变。

Rong 等[10]通过单裂隙剪切渗流试验研究了裂隙的渗透特性随着裂隙剪切位移的变化

特征，试验结果表明，渗流试验过程中压力梯度与体积流速之间呈现明显的非线性相关性，可以通过 Forchheimer 定律很好地拟合；随着剪切位移的增加，临界雷诺数呈现逐渐增大的趋势。Javadi 等[9]通过单裂隙剪切渗流试验讨论了粗糙单裂隙临界雷诺数和非线性流动特征随剪切位移的变化。

此外，李术才[169]、孔亮[170]、薛娈鸾[171]、赵延林[172]、王刚[173]、夏才初[174]、Min[175]、Zhang[176]、Mordecai[177]、Peach[178]、Stormont[154]等也进行了不同种类岩石裂隙在剪切位移作用下的渗透特性试验研究。

1.2.2.3 加卸载条件下岩石渗透特性试验研究

地下硐室开挖引起围岩失稳往往是由于开挖卸荷引起某些方向的地应力释放和应力边界条件的改变，从而引起围岩的局部破坏到整体失稳。卸载与加载过程的应力路径完全不同，由此引起的岩体强度、变形、破坏机制以及渗透特性也不尽相同[179]。其次，施工进度不同，岩体卸荷速率差异明显，施工过程中出现的大多数灾害或隐患一般与施工进度（卸荷速率）过快且支护措施跟进不及时等因素相关。岩体工程开挖变形具有很强的时空效应[180-183]。近年，学术界及工程界在高地应力条件下硬岩卸荷的力学及变形响应与破裂机制方面均展开了较多的研究，取得了一些有意义的研究成果[184-188]。

大量研究成果表明，在加载和卸载条件下，完整岩石渗流特性差别不大。但由于岩体内部赋存各类节理和裂隙，对应力场的变化较为敏感，其工程力学特性与完整岩石具有本质的区别[189-193]。目前主要的岩体力学耦合模型采用的是等效连续介质模型，对加载条件下岩石渗透特性的研究较多[194-202]，而对卸载或开挖扰动下水岩耦合问题的研究则相对较少。刘先珊等[203]展开了考虑卸荷作用的裂隙岩体渗流-应力耦合研究，建立了裂隙岩体渗透系数与卸荷应力、应变间的本构关系。梁宁慧等[204]通过裂隙岩体的卸载-渗流试验，探讨了裂隙岩体渗透系数在卸荷过程中的变化规律，揭示了裂隙岩体渗透系数与卸荷量呈近似双曲线关系。王伟等[205]对花岗片麻岩开展渗流应力耦合试验，研究了常规三轴压缩和轴压循环加卸载两种应力路径下岩石渗透率与渗压、围压、有效围压、体积应变及应力路径等因素的关系。陈亮等[206]研究了循环加卸载条件下花岗岩渗透率和声发射特征，给出了损伤演化与渗透率的关系，但对加载和卸载过程中渗透率演化规律没有探讨。郭保华等[207]试验研究了岩石张裂隙在法向闭合过程中的渗流分段特性及加载历史的影响。于洪丹等[208]利用高精度渗流应力耦合三轴试验系统，对含裂隙砂岩和粉砂岩加载及卸载条件下的渗透特性进行了试验研究，揭示了不同荷载作用对含裂隙岩体渗透性能的影响规律。以上的研究成果为岩体卸载条件下渗流-应力耦合研究提供了参考，但这些研究多基于改变岩体轴向卸载，对深埋岩体在高应力卸围压条件下渗透特性的研究却较少，考虑卸载条件下岩石渗流应力耦合作用尚没有系统的研究。

1.2.2.4 裂隙岩体渗流介质模型研究

在地质环境和工程扰动下，岩体的破坏大多是由节理和裂隙等缺陷扩展引起的，尤其在有水压作用下，岩石裂隙更会产生水力劈裂，而岩体渗透性的改变，也主要由微裂纹、节理和裂隙等非连续面性质的改变而产生[209-212]。可见，岩体中的节理、裂隙等非连续面是控制裂隙岩体渗流-应力耦合特性的关键。自 20 世纪 60 年代以来，许多学者提出了裂隙渗流的理论模型，可归纳为 3 类：等效连续介质模型、离散裂隙网络模型和双重介质模型。

等效连续介质模型是由 Snow(1968)创立的，它以渗透张量理论为基础，用连续介质方法描述岩体渗流问题，把裂隙渗流平均到岩体中去。该模型可采用经典的孔隙介质渗流分析方法，使用上较为方便。对于岩体稳定渗流，只要岩体渗流的样本单元体积(REV)存在且不是太大，就可采用等效连续介质模型作渗流分析[213-215]。陈平等[216]以裂隙渗流理论和变形本构关系为基础进行了耦合分析。王媛等[217-219]提出了裂隙岩体渗流与应力场作为同一场的等效连续介质的"四自由度"全耦合流固耦合数学模型，并给出了数值解，在计算过程中能同时得到渗流场和应力场，避免了两个场之间的迭代。黄涛等[220]进行了隧道裂隙岩体温度场渗流场耦合的数学模型研究。赖远明等[221]进行了寒区隧道温度场、渗流场和应力场耦合的非线性分析。

离散裂隙网络模型是把裂隙介质看作由不同规模、不同方向的裂隙个体在空间相互交叉构成的网络状系统。王科锋[222]、宋晓晨[223]等对随机裂隙网络的生成方法做了详细的介绍。目前，离散裂隙网络模型多用于裂隙岩体渗流计算[224-228]。离散裂隙网络模型用于裂隙岩体应力-渗流耦合计算研究的较少，柴军瑞[229]建立岩体渗流场与应力场耦合分析的多重裂隙网络模型，研究了岩石边坡稳定性；王恩志等[230]运用图论算法理论在线素模型的基础上建立了二维裂隙网络渗流模型，并从二维模型发展到三维模型。王洪涛[231]、周创兵[232]等在离散裂隙网络模型研究方面也作出了重大贡献。此外，离散单元法、DDA 法都是主要的数值模拟手段[233-237]。

由裂隙(如节理、断层等)和其间的孔隙岩块构成的空隙结构，裂隙导水和孔隙岩块贮水共同组成的含水介质称为双重介质。1960 年 Barrenblatt 首次定义了双重介质耦合模型：由贮水的孔隙介质和导水的裂隙介质组成。其他研究人员提出了各自的双重介质理论模型，不同之处在于对裂隙系统和孔隙系统以及两系统之间的水交替进行了不同的概化，相应的数值解得到了发展并成为研究热点[142,238-239]。吉小明等[240]基于孔隙-裂隙岩体的双重孔隙介质流固耦合计算的微分方程，以及利用伽辽金有限元法提出的相应有限元公式，编制了相应有限元程序；Noorishad 等[241]将土体固结分析方法用于建立岩体渗流与应力耦合关系，进而用有限元方法研究了非连续介质中的固液两相介质的耦合问题。

无论是等效连续介质模型、离散裂隙网络模型还是双重介质模型，它们各自都有适用条件和优缺点；因此，要建立可靠的渗流介质模型，就必须针对具体含水介质的裂隙结构和应力分布特点选择侧重点，力求使模型能够描述应力对渗透特性影响的主要问题，同时还要考虑模型的实用性和可操作性。

1.2.3 裂隙岩体渗流应力耦合机制

数值模拟方法因其计算方便、经济成本低等优点而得到快速发展。岩体工程渗流的数值模拟方法主要有有限元法、有限差分法、离散元法和颗粒流法等。

Min 等[175]通过二维离散元 UDEC 方法建立了裂隙网络岩体中考虑裂隙非线性法向变形和剪胀效应的理论模型，然后对不同应力条件下裂隙岩体的渗透特性展开一系列数值模拟研究，探讨了裂隙法向闭合和剪胀效应对裂隙岩体等效渗透系数的影响。

陈卫忠等[242]建立了考虑岩体变形特性的渗透系数动态演化方程和弹塑性耦合损伤本构模型，并导入到有限元程序 ABAQUS 中进行数值计算，研究了锦屏二级水电站深埋引水隧洞运营期围岩和衬砌的受力和变形特征。

武强等[243]基于流固耦合理论，提出了弹塑性应变-渗流耦合、流变-渗流耦合及变参数流变-渗流耦合3种模拟评价模型，应用FLAC^{3D}有限差分软件，对矿井断裂构造带滞后突水及其渗流演化机理进行了研究。

高江林[244]以土石坝加固工程中增建的封闭式坝体防渗墙为研究对象，建立了同时考虑墙-土接触、渗流与应力耦合共同作用的耦合数值模型，系统研究了防渗墙与坝体的相互作用机理，并探讨了混凝土防渗墙在不同工程条件下的承载性状、适用性及其对坝坡稳定的影响。

李连崇等[245]采用RFPA^{2D}-Flow程序，对含隐伏小断层底板在采动应力扰动和高承压水共同作用下采动裂隙形成、小断层活化、扩张、突水通道最终贯通形成的全过程进行模拟计算，揭示了开采扰动及水压驱动下完整底板由隔水岩层到突水通道的演化机理，并获得了小断层发育高度、承压水水压力大小对隔水底板的损伤演化模式及突水滞后时间的影响关系。

冯树荣等[246]基于流固耦合分析理论的CODE_ASTER软件，以某岩体工程为例，对高压渗流作用下引起的岩体位移和孔隙压力非恒定变化过程进行了研究，模拟结果与现场试验结果具有很好的一致性。

牛多龙等[247]基于有限元数值分析的等效连续介质流固耦合数学模型，嵌入了应变-渗透系数的耦合本构关系，研究了承压开采背景下顶板岩层破断和渗流规律的时空关系特征，得出了采场围岩渗透性演化规律、含水层中孔隙压力演化规律及采动破坏区发育范围与渗透性增大区对比关系。

Liu等[248]采用有限体积法程序中的ANSYS FLUENT模块对含不同裂隙开度、不同裂隙粗糙度系数、不同裂隙交叉点个数的裂隙网络渗流特性进行数值模拟分析，探讨了裂隙网络中流体流动的非线性特征，以及临界水力梯度随裂隙开度、裂隙粗糙度系数和裂隙交叉点个数的变化规律。

Xie等[27]采用COMSOL Multiphysics多物理场仿真程序求解Navier-Stokes方程，对含不同剪切位移单裂隙的渗流特征进行计算分析，获得了裂隙等效水力隙宽、力学隙宽和体积流速随剪切位移的变化规律，同时分析了不同剪切方向及不同剪切位移下裂隙中流体体积流速的分布特征。

虞松等[249]以非连续变形分析方法(DDA)为基础，运用稳态水通网络平衡迭代方法建立有效的裂隙水通网络，对某地下油库水封条件下的开挖和运行过程进行了流固耦合计算模拟，获得了其裂隙水压值和流量值变化特征，为该工程预测水封效果提供了有益的依据。

王媛等[250]采用颗粒流PFC^{3D}软件，结合流体动力学数值模拟的有限体积法，探讨了集中水源水压力、岩体裂隙性状等对隧洞突水、突泥的影响，提出了工程突水、突泥预防中两个重要的概念——突水临界水压力和前方临界突水距离，并进一步提出了隧洞突水、突泥的发生机理和主要影响因素。

1.3 主要研究内容与技术路线

1.3.1 研究内容

由于复杂的赋存条件和地质构造作用，地下岩体通常含有大量裂隙，裂隙岩体的力学行为是岩石力学研究领域一直以来关注的焦点和热点。裂隙岩体内部复杂的流动特征及应力场-渗流场耦合问题涉及岩土力学、流体力学、热力学、细观力学与工程地质等多学科理论、方法和技术，属于多学科交叉的力学边缘科学问题。然而，对于裂隙岩体渗透性的研究目前主要还是基于经典达西定律，从而来评价和反映裂隙或结构整体的渗透性能，同时受试验设备和试验条件的限制，对于岩体内部、特别是大尺度含复杂裂隙网络岩体渗流特征的研究相对较少。

本书以预制裂隙花岗岩材料为研究对象，通过研制新型的试验设备，采用室内试验、理论分析和数值模拟相结合的综合研究方法，拟开展以下研究：首先开展不同应力路径作用后损伤破裂岩石渗透特性研究，分析初始围压对岩石变形破坏机制及渗透特性的影响规律；研发应力作用下裂隙岩体渗流可视化综合模拟和分析系统，并通过室内试验研究裂隙剪切位移、裂隙网络夹角和交叉点个数对裂隙岩体渗流机制的影响特征；建立应力作用下裂隙岩体导水系数的理论模型，采用数值模拟方法对应力作用下单一裂隙和裂隙网络的渗透特性展开一系列研究。全书拟研究的主要内容具体包括以下几个方面：

(1) 不同应力路径作用后岩石试样渗透特性试验研究

采用 MTS815.02 型电液伺服岩石力学试验系统对标准花岗岩试样分别进行常规三轴压缩和三轴压缩峰前卸荷试验。首先采用高分辨率岩石 CT 扫描系统对破坏岩石试样进行扫描并三维重构，分析试样内部次生裂隙发育情况；然后通过 LDY-50 型岩芯渗透系数测试恒压系统，对试验后岩石试样进行不同围压下的渗透试验，分析应力路径和渗透试验围压对岩石试样渗透特性的影响。

(2) 法向应力作用下粗糙单裂隙剪切渗流试验研究

自主研发裂隙岩体渗流可视化综合模拟和分析系统，并预制含不同剪切位移的粗糙单裂隙板状花岗岩试样。开展一系列不同法向应力作用下裂隙岩体剪切渗流试验，分析荷载水平和剪切位移对粗糙单裂隙非线性流动特征、导水系数、临界水力梯度、临界雷诺数和等效水力隙宽的影响。

(3) 应力作用下裂隙网络岩体渗透特性试验研究

分别预制含不同裂隙网络夹角和不同裂隙网络交叉点个数的岩石试样。利用新型研发的裂隙渗流试验系统展开不同荷载作用下裂隙岩体的渗透特性试验。分析裂隙网络夹角和交叉点个数对裂隙岩体非线性流动特征的影响，同时通过改变板状试样边界荷载和侧压力系数，分析荷载水平对试样渗透特性的影响。

(4) 应力-导水系数理论模型建立和数值模拟研究

推导应力作用下裂隙导水系数的控制方程，并建立相关计算模型。采用 COMSOL Multiphysics 多物理场仿真软件对应力作用下裂隙岩体的渗透特性进行计算，研究裂隙开度、流体体积流速、导水系数和渗流通道的分布特征，讨论裂隙岩体渗透特性与裂隙分布形式的相关性。

1.3.2 技术路线

本书综合采用大尺度室内模型试验、理论分析和数值模拟的方法对应力作用下裂隙岩体的渗透特性展开研究，具体技术路线如图 1-3 所示，主要包括以下几个方面：

(1) 通过钻孔取芯获得标准花岗岩试样，对花岗岩材料的物理性质(SEM、XRD、密度、

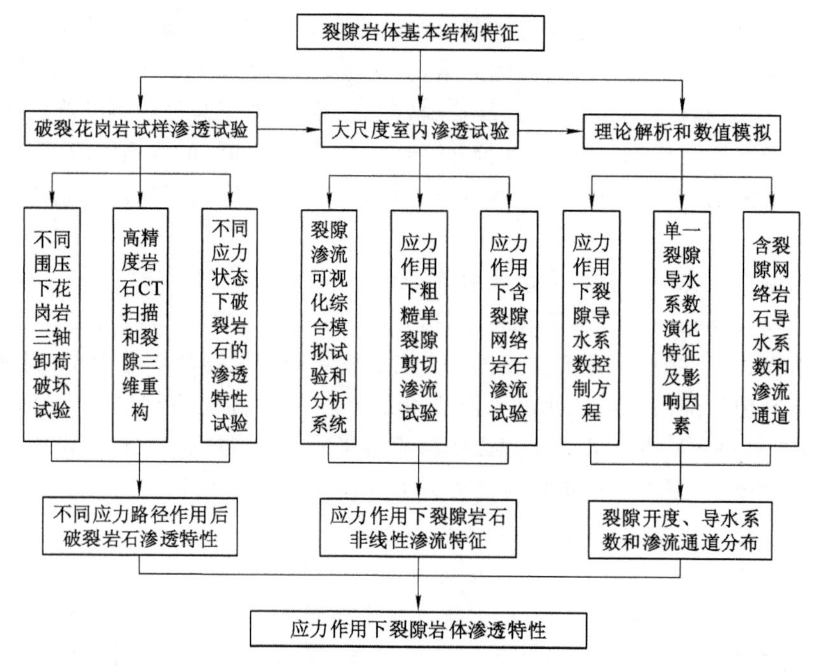

图 1-3　技术路线图

纵波波速)和力学性质(单轴抗压强度、弹性模量、黏聚力、内摩擦角、抗拉强度、声发射特征等)进行测试。三轴压缩峰前卸荷试验过程中保持所有试验工况具有相同的卸荷路径。

(2) 通过高分辨率岩石 CT 扫描系统对不同应力路径(单轴、常规三轴和峰前卸荷)作用后失稳破坏花岗岩试样进行三维重构并对试样进行渗透特性试验,渗透试验过程中分别改变围压和入水口流体压力,并对不同应力路径作用后岩石试样的渗透特性进行对比分析。

(3) 研发裂隙岩体渗流可视化综合模拟和分析系统,在考虑各个部位协调性的基础上,首先设计试验系统的主体框架,再研制可以进行施加不同方向荷载的加载装置和供水系统,最后设计模型试验过程中必需的辅助设备,如模型就位装置、体积流速测试装置和数据采集系统等。

(4) 人工预制含不同裂隙形式的花岗岩板状试样,其中含不同剪切位移的三维粗糙单裂隙是通过分形维数生成的,然后采用 BJD-S325F 型全自动岩石雕刻机进行预制,而含不同裂隙网络夹角和交叉点个数的板状岩石试样是通过高压水刀加工的。

(5) 通过新型研发的应力作用下裂隙岩体渗流试验装置对含不同裂隙形式的花岗岩板状试样进行渗透试验,研究裂隙/裂隙网络出水口处体积流速与水力梯度之间的相关性。同时对裂隙岩体非线性流动特征随荷载水平和裂隙形式的变化特征进行分析。

(6) 推导应力和渗流压力作用下裂隙隙宽的控制方程,获得裂隙导水系数与应力之间的相关性。采用 COMSOL Multiphysics 多物理场仿真软件对应力作用下裂隙隙宽、导水系数、流速和渗流通道的分布特征进行计算分析,进一步揭示应力作用下裂隙岩体的渗透机制。

2　不同应力路径作用后岩石试样渗透特性试验研究

受复杂的地质构造和开挖扰动等因素的影响，地下工程中的岩体通常受到不同形式的荷载作用，由此导致岩石内部的裂隙发育形式明显不同，随着裂隙的扩展贯通，岩体的渗透特性也会发生显著变化。本章主要研究不同应力路径作用后花岗岩试样渗透特性的变化情况。试验过程中分别选择3种不同的加载方式：① 单轴压缩；② 常规三轴加载；③ 三轴压缩峰前卸荷。

首先利用中国矿业大学深部岩土力学与地下工程国家重点实验室MTS815.02试验系统对花岗岩试样分别进行单轴、常规三轴和三轴峰前卸荷试验。待试样失稳破坏后通过CT扫描对试样内部裂隙扩展贯通特征进行三维数字重构，对破碎岩石试样内部的微观结构进行分析。然后采用LDY-50型岩芯渗透率测试恒压系统对不同围压和不同进水口压力作用下破碎花岗岩试样的渗透特性进行试验研究，探讨试样渗透特性与常规三轴压缩围压和三轴峰前卸荷围压之间的相关性。

2.1　试验材料选取及基本物理力学性质测试

2.1.1　材料选取及试样加工

试验选取地层结构中较为常见的二长花岗岩作为研究对象，岩石取自于山东省临沂市，质地坚硬，自然状态下呈灰白色，中粒似斑状花岗结构，表面无可见纹理，平均密度为2.68 g/cm^3。通过取芯、切割、打磨等工序，将采集到的花岗岩加工成直径50 mm、高100 mm的圆柱形标准试样(图2-1)，同时加工直径50 mm、厚度25～50 mm的圆盘状试样进行巴西劈裂试验，对花岗岩材料的劈裂抗拉强度进行测试。

图2-1　标准花岗岩试样

对完整花岗岩试样纵波波速进行测试，得到纵波波速的分布范围在3.846～4.348 km/s之间。通过X射线衍射(XRD)及扫描电子显微镜(SEM)对花岗岩材料的微观结构特征进行研究(图2-2)，结果表明该岩石材料的主要矿物成分为长石、石英和黑云母[251]。此类花岗岩材料无表面肉眼可见裂纹，自然状态下呈灰白色。

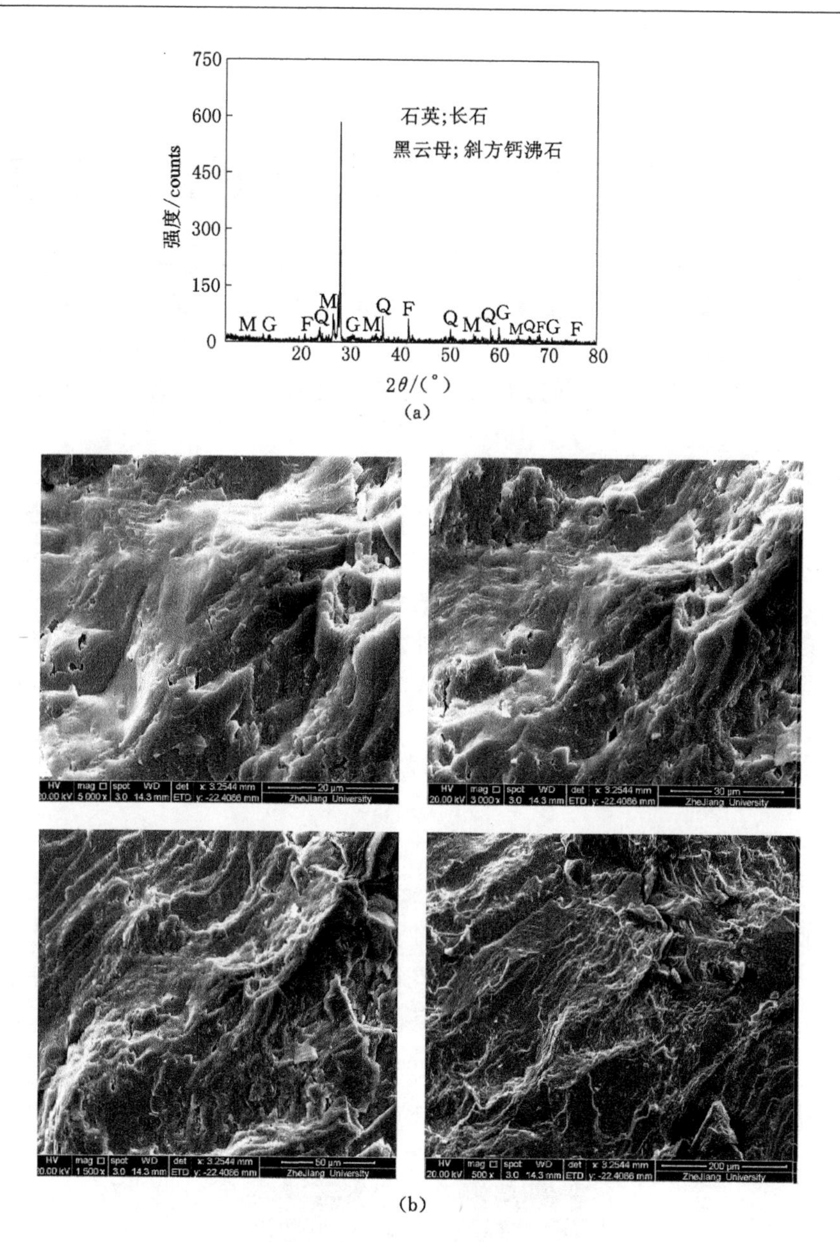

图 2-2 花岗岩材料微观特征测试

(a) X 射线衍射(XRD);(b) 电镜扫描(SEM)

2.1.2 花岗岩试样不同应力路径加载试验

试验过程中,首先采用 MTS815.02 岩石力学试验系统(图 2-3)对花岗岩试样分别进行单轴、常规三轴压缩、三轴压缩峰前卸荷和巴西劈裂试验,试验系统轴向荷载加载范围为 0～1 700 kN,最大围压 45 MPa,最大孔隙水压 45 MPa,最大渗透压差为 2 MPa,全程由计算机程序控制。通过试验对花岗岩材料的单轴抗压强度、弹性模量、抗拉强度、黏聚力、内摩擦角及声发射特征等力学参数进行测试,具体分析如下。

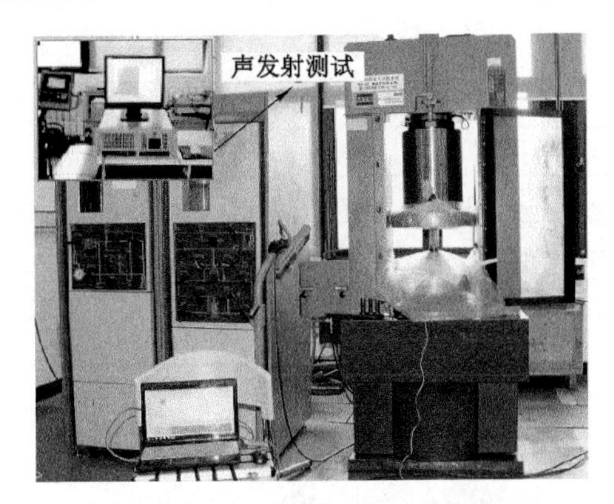

图 2-3 MTS815.02 岩石力学伺服控制试验系统

2.1.2.1 巴西劈裂试验

共加工 5 个圆盘状花岗岩试样(t1#～t5#)进行巴西劈裂试验,对花岗岩材料的抗拉强度进行测试,试验过程中典型的荷载一位移曲线及劈裂破坏模式如图 2-4 所示,具体试验结果见表 2-1。

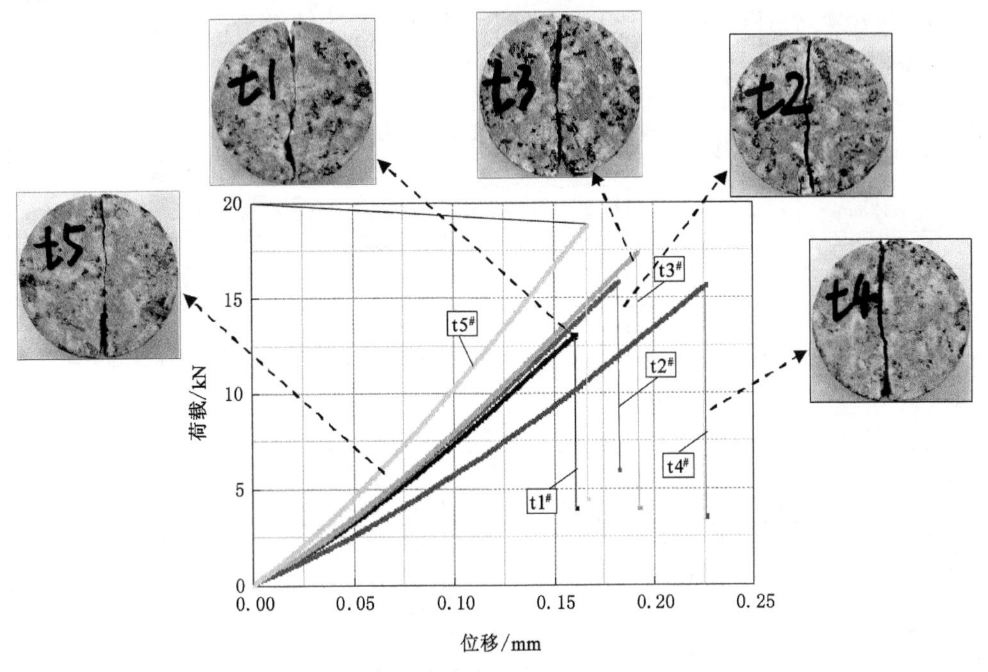

图 2-4 巴西劈裂荷载-位移曲线及最终破坏模式

由图 2-4 可以看出,随着圆盘试样轴向位移的增加,荷载-位移曲线总体上经历了压密阶段、弹性阶段及峰值点跌落的演化过程。加载过程中,裂纹均最先从试样中心位置开始起裂,之后沿着加载直径方向向加载点附近扩展。劈裂破坏模式表明,主裂纹均沿加载直径扩展且破裂面比较平直。

由表 2-1 可知,5 个圆盘试样的抗拉强度分别为 6.22(t1#)、6.52(t2#)、6.88(t3#)、6.45(t4#)和 6.80 MPa(t5#),平均值为 6.574 MPa,相应的离散系数(标准差与平均值的比值)仅为 3.65%。

表 2-1　巴西劈裂试样及试验结果

试样编号	厚度/mm	峰值荷载/kN	抗拉强度/MPa	平均值/MPa
t1#	26.76	13.05	6.22	6.574
t2#	30.98	15.84	6.52	
t3#	32.17	17.37	6.88	
t4#	30.99	15.67	6.45	
t5#	35.35	18.84	6.80	

2.1.2.2　单轴(常规三轴)压缩试验

对花岗岩试样进行单轴及常规三轴压缩试验。对于每一种工况，均加工 3～5 个试样以消除岩石材料非均质性对试验结果的影响。试验过程中，轴向加载均采用位移控制，加载速率为 0.18 mm/min。常规三轴压缩试验围压 σ_3 分别取 5、10、15、20 和 25 MPa，围压施加速率为 0.2 MPa/s，以保证试样处于均匀的静水压力。

试验过程中，分别对 w1#～w3# 花岗岩试样进行单轴压缩试验，分别对 5-1#～5-3#、10-1#～10-5#、15-1#～15-5#、20-1#～20-5# 和 25-1#～25-5# 试样进行围压为 5、10、15、20 和 25 MPa 的常规三轴压缩试验。各试样的尺寸规格及试验结果见表 2-2，具体应力-应变曲线如图 2-5 所示。

表 2-2　花岗岩试样单轴、常规三轴压缩试验结果

编号	d /mm	h /mm	m /g	ρ_0 /(g/cm³)	σ_3 /MPa	σ_{1c} /MPa	E_0 /GPa	$\bar{\sigma}_{1c}$ /MPa	c /MPa	φ /(°)
w1#	49.50	101.68	526.10	2.69	0	95.45	29.69	97.54	19.08	49.96
w2#	49.58	102.00	525.53	2.67	0	98.75	31.11			
w3#	49.53	100.87	491.46	2.53	0	98.41	30.73			
5-1#	49.48	100.62	493.12	2.55	5	142.67	—	145.25		
5-2#	49.12	100.55	535.15	2.81	5	144.23	—			
5-3#	49.50	100.31	486.21	2.52	5	148.85	—			
10-1#	49.50	100.43	494.52	2.56	10	202.30	—	195.23		
10-2#	49.43	100.44	545.19	2.83	10	196.83	—			
10-3#	49.35	100.90	516.98	2.68	10	198.02	—			
10-4#	49.41	100.45	515.92	2.68	10	191.13	—			
10-5#	49.33	100.70	496.30	2.58	10	187.89	—			
15-1#	49.37	100.58	517.68	2.69	15	218.49	—	213.94		
15-2#	49.32	100.91	518.33	2.69	15	209.78	—			
15-3#	49.42	100.62	528.58	2.74	15	213.24	—			
15-4#	49.23	100.95	539.69	2.81	15	216.72	—			
15-5#	49.07	99.72	529.65	2.81	15	211.49	—			
20-1#	49.46	100.73	526.15	2.72	20	247.66	—	245.08		
20-2#	49.42	100.59	501.42	2.60	20	236.79	—			
20-3#	49.25	100.44	512.54	2.68	20	251.97	—			
20-4#	49.17	100.57	511.53	2.68	20	243.99	—			
20-5#	49.25	100.48	520.39	2.72	20	244.98	—			

续表 2-2

编号	d /mm	h /mm	m /g	ρ_0 /(g/cm³)	σ_3 /MPa	σ_{1c} /MPa	E_0 /GPa	$\bar{\sigma}_{1c}$ /MPa	c /MPa	φ /(°)
25-1#	49.32	100.54	504.91	2.63	25	291.39	—	287.93	19.08	49.96
25-2#	49.30	100.40	534.44	2.79	25	281.02	—			
25-3#	49.43	100.52	518.63	2.69	25	287.80	—			
25-4#	49.46	100.38	524.32	2.72	25	298.58	—			
25-5#	49.52	100.46	518.27	2.68	25	280.86	—			

注：w1# ～w3#（单轴压缩）；5-1# ～5-3#（5 MPa 围压常规三轴）；10-1# ～10-5#（10 MPa 围压常规三轴）；15-1# ～15-5#（15 MPa 围压常规三轴）；20-1# ～20-5#（20 MPa 围压常规三轴）；25-1# ～25-5#（25 MPa 围压常规三轴）；σ_{1c}为峰值荷载；$\bar{\sigma}_{1c}$为平均峰值荷载；ρ_0为密度；E_0为弹性模量；c，φ 分别为黏聚力和内摩擦角。

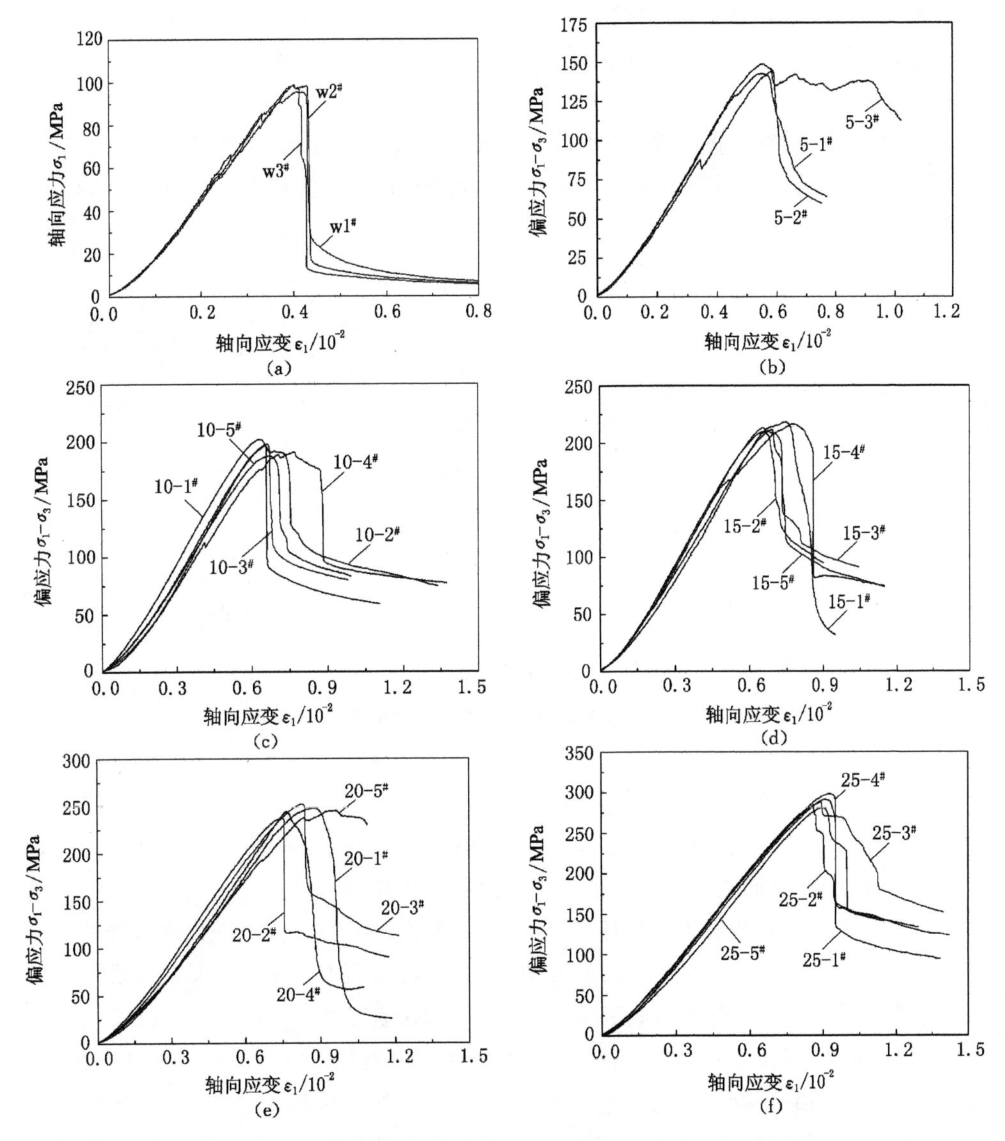

图 2-5 花岗岩试样单轴(常规三轴)压缩应力-应变曲线

(a) 单轴压缩；(b) 5 MPa；(c) 10 MPa；(d) 15 MPa；(e) 20 MPa；(f) 25 MPa

花岗岩试样单轴压缩应力-应变曲线如图 2-5(a)所示，由图可知，单轴压缩作用下，应力-应变曲线总体上经历了压密阶段、弹性变形阶段、峰前应力波动阶段及峰后脆性破坏阶段。w1#、w2# 和 w3# 的应力-应变曲线表现出良好的一致性：3 个试样的峰值荷载分别为 95.45、98.75 和 98.41 MPa，离散系数仅为 1.52%；峰值应变分别为 0.419×10^{-2}、0.401×10^{-2} 和 0.403×10^{-2}，离散系数为 1.93%；弹性模量分别为 29.69、31.11 和 30.73 GPa，离散系数为 1.97%。由以上分析可知，试验选用的花岗岩材料均质性较好，离散性相对较小，可用于进行不同加载路径破坏后岩石渗透特性的定量研究。

对于常规三轴压缩，不同围压下各组花岗岩试样的应力-应变曲线如图 2-5(b)～(f)所示。不同围压作用下试样的三轴压缩峰值抗压强度平均值分别为 145.25(σ_3=5 MPa)、195.23(σ_3=10 MPa)、213.94(σ_3=15 MPa)、245.08(σ_3=20 MPa)和 287.93 MPa(σ_3=25 MPa)。随着围压的增加，花岗岩峰值抗压强度逐渐增大，在围压 σ_3 由 0 MPa 增加到 25 MPa 的过程中，平均峰值抗压强度 $\bar{\sigma}_{1c}$ 由 97.54 MPa 增加到 287.93 MPa，增加了 195.19%[图 2-6(a)]。

根据单轴(三轴)压缩试验结果，获得花岗岩试样三轴压缩试验莫尔圆，如图 2-6(b)所示。根据 Mohr 强度公式，得到花岗岩试样三轴压缩抗剪强度参数：黏聚力 c 为 19.08 MPa，内摩擦角 φ 为 49.96°。

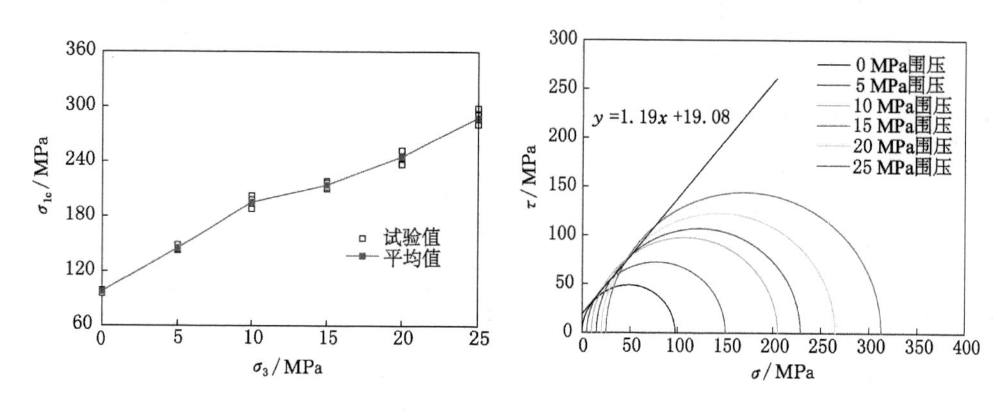

图 2-6 摩尔库仑强度包络线

(a) 三轴压缩围压与峰值荷载之间的关系；(b) 三轴压缩试验莫尔圆

2.1.2.3 三轴压缩峰前卸荷试验

深部地下工程硐室开挖过程中，围岩应力场急剧调整，对于硐室周边围岩，其应力变化可以近似看作一个围压卸荷而轴向应力逐渐增大的过程。因此，试验过程中，对花岗岩试样进行了三轴压缩峰前卸荷试验，研究不同围压(5、10、15、20 和 25 MPa)卸荷后花岗岩试样的强度变形特征和次生裂纹发育情况。卸荷方式采用围压卸荷，轴压缓慢加载，围压卸荷采用应力控制，卸荷速率为 0.05 MPa/s，轴压加载采用位移控制，加载速率为 0.18 mm/min。图 2-7 为初始围压 25 MPa(试样 2-25-4#)三轴压缩峰前卸荷实测应力路径。加载过程分为 4 个阶段：首先逐渐施加围压 σ_3 至指定值(S1)，加载速率为 0.2 MPa/s；然后保持 σ_3 值不变，以轴向应力控制(0.8 kN/s)施加轴向荷载至相应围压下常规三轴压缩峰值强度的 70%左右(S2)时，缓慢降低 σ_3，卸荷速率为 0.05 MPa/s，同时以 0.18 mm/min 的加载速率施加轴向位移(S3)；当 σ_1 达到峰值点之后，保持围压不变，继续施加轴向位移(S4)，当偏应力 $\sigma_1-\sigma_3$ 不随轴向应变的增加发生变化时，停止加载。对于每一种试验工况，均重复试验 3～5 个试样。

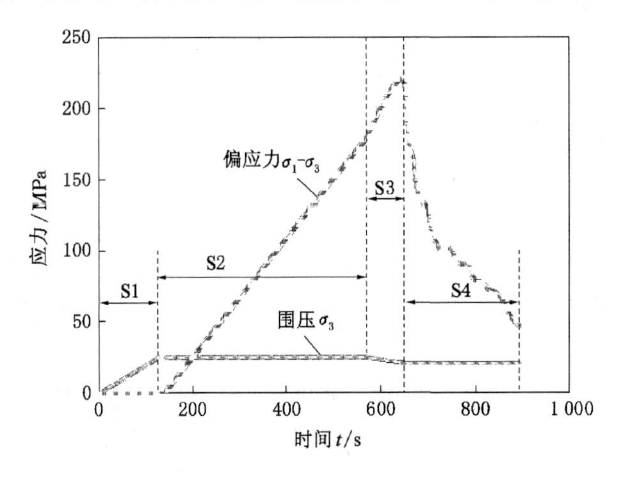

图 2-7 三轴压缩峰前卸荷典型时间-应力路径曲线

不同初始围压下，花岗岩试样三轴压缩峰前卸荷全过程应力-应变曲线如图 2-8 所示，具体试样规格及试验结果见表 2-3。

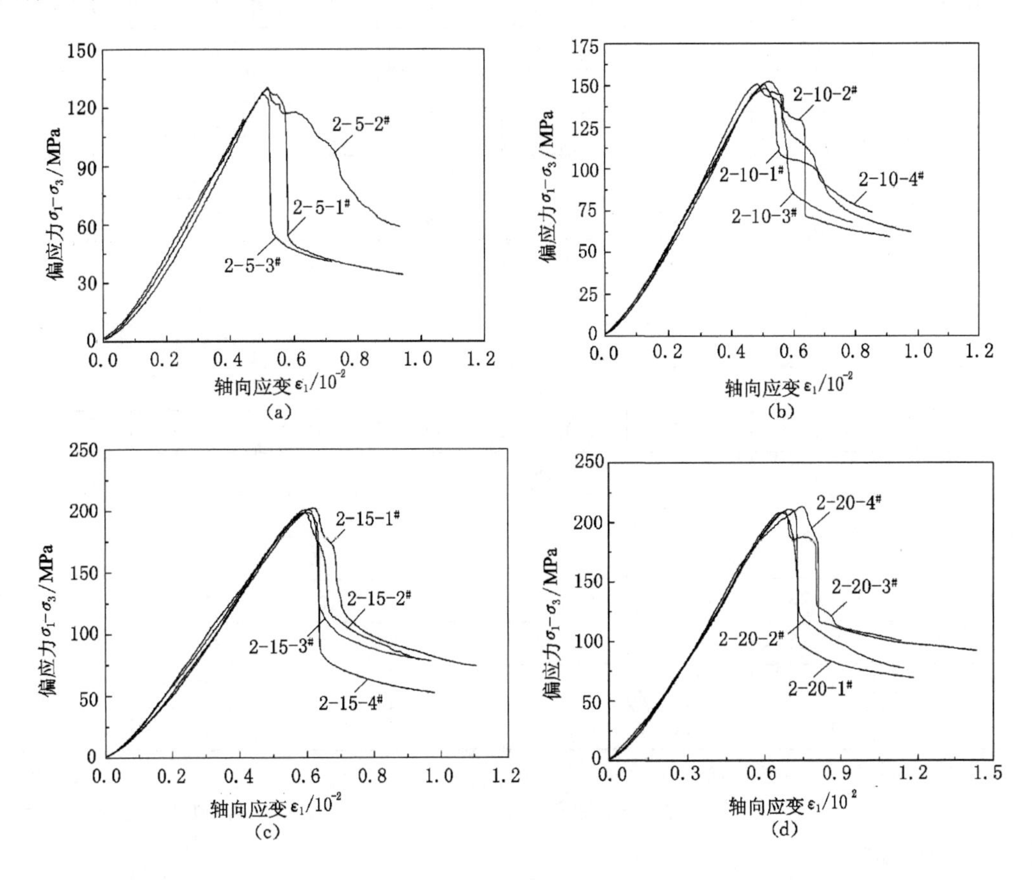

图 2-8 不同初始围压三轴压缩峰前卸荷应力-应变曲线

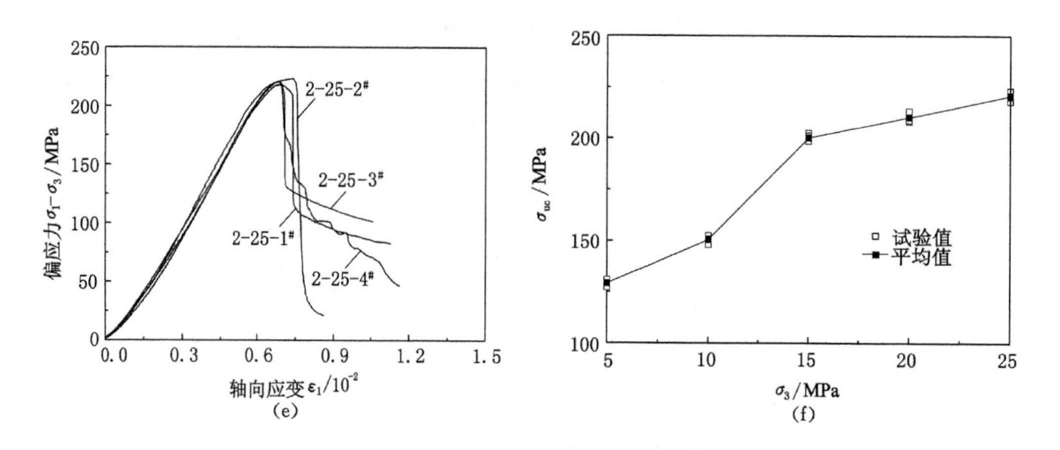

续图 2-8　不同初始围压三轴压缩峰前卸荷应力-应变曲线

(a) 5 MPa;(b) 10 MPa;(c) 15 MPa;(d) 20 MPa;(e) 25 MPa;(f) σ_{uc}与σ_3之间的关系

表 2-3　　三轴压缩峰前卸荷试验试样规格及试验结果

编号	d/mm	h/mm	m/g	ρ_0/(g/cm^3)	σ_3/MPa	σ_{uc}/MPa	$\bar{\sigma}_{uc}$/MPa
2-5-1#	49.24	100.56	512.94	2.68	5	129.54	129.12
2-5-2#	49.44	100.27	511.78	2.66	5	130.64	
2-5-3#	49.32	100.30	486.46	2.54	5	127.19	
2-10-1#	49.28	100.61	487.18	2.54	10	148.25	150.60
2-10-2#	49.37	100.41	537.94	2.80	10	150.61	
2-10-3#	49.38	100.37	493.75	2.57	10	152.51	
2-10-4#	49.33	100.77	504.34	2.62	10	151.04	
2-15-1#	49.43	100.34	542.72	2.82	15	202.56	200.32
2-15-2#	49.34	100.23	511.42	2.67	15	198.86	
2-15-3#	49.41	100.53	514.41	2.67	15	201.19	
2-15-4#	49.43	100.79	500.69	2.59	15	198.65	
2-20-1#	49.37	99.54	510.42	2.68	20	210.95	210.43
2-20-2#	49.42	100.44	516.08	2.68	20	208.42	
2-20-3#	49.41	100.48	525.70	2.73	20	208.93	
2-20-4#	49.40	100.58	539.50	2.80	20	213.43	
2-25-1#	49.45	100.49	540.11	2.80	25	218.23	220.73
2-25-2#	49.43	100.53	522.54	2.71	25	223.19	
2-25-3#	49.46	100.58	507.98	2.63	25	220.48	
2-25-4#	49.41	100.57	514.61	2.67	25	221.01	

注:2-5-1#～2-5-3#(5 MPa 围压峰前卸荷);2-10-1#～2-10-4#(10 MPa 围压峰前卸荷);2-15-1#～2-15-4#(15 MPa 围压峰前卸荷);2-20-1#～2-20-4#(20 MPa 围压峰前卸荷);2-25-1#～2-25-4#(25 MPa 围压峰前卸荷);σ_{uc}为峰值荷载;$\bar{\sigma}_{uc}$为平均峰值荷载。

由图 2-8 和表 2-3 可以看出,随着围压的增加,三轴压缩峰前卸荷花岗岩试样峰值强度逐渐增大，当初始围压由 5 MPa 增加到 25 MPa 时，平均峰值强度 $\bar{\sigma}_{uc}$ 由 129.12 MPa 增加到 220.73 MPa，增加了 70.95%。此外，相同围压下，三轴压缩峰前卸荷花岗岩试样峰值强度与相应的常规三轴压缩试验相比均明显降低。围压 5、10、15、20 和 25 MPa 围压下三轴压缩峰前卸荷花岗岩平均峰值强度 $\bar{\sigma}_{uc}$ 分别为 129.12、150.60、200.32、210.43 和 220.73 MPa，与相应的常规三轴压缩试验相比，分别减小了 11.10%、22.86%、6.37%、14.14% 和 23.34%。

2.1.2.4 纵波波速测试

试验开始前，首先对完整花岗岩试样的纵波波速进行测试，如图 2-9(a)所示。可以看出，14 个完整花岗岩试样的纵波波速总体上波动较小，平均值约为 4.11 km/s，离散系数仅为 2.81%。这也进一步说明试验选取的花岗岩材料均质性能相对较好。

试验结束后，对常规三轴和三轴压缩峰前卸荷两种应力路径作用后的花岗岩试样纵波波速进行实测，研究不同加载路径作用下失稳破坏花岗岩试样纵波波速的变化规律，如图 2-9(b)～(d)所示。可以看出，两种试验工况下花岗岩试样的纵波波速平均值分别在 0.33～3.56 km/s(单轴、常规三轴) 以及 2.54～3.46 km/s(三轴峰前卸荷) 之间。与完整花岗岩相比，试验后花岗岩试样的纵波波速均明显减小，降低幅度分别在 13.38%～91.97%(单轴、常规三轴) 以及 15.82%～38.20%(三轴峰前卸荷) 之间。

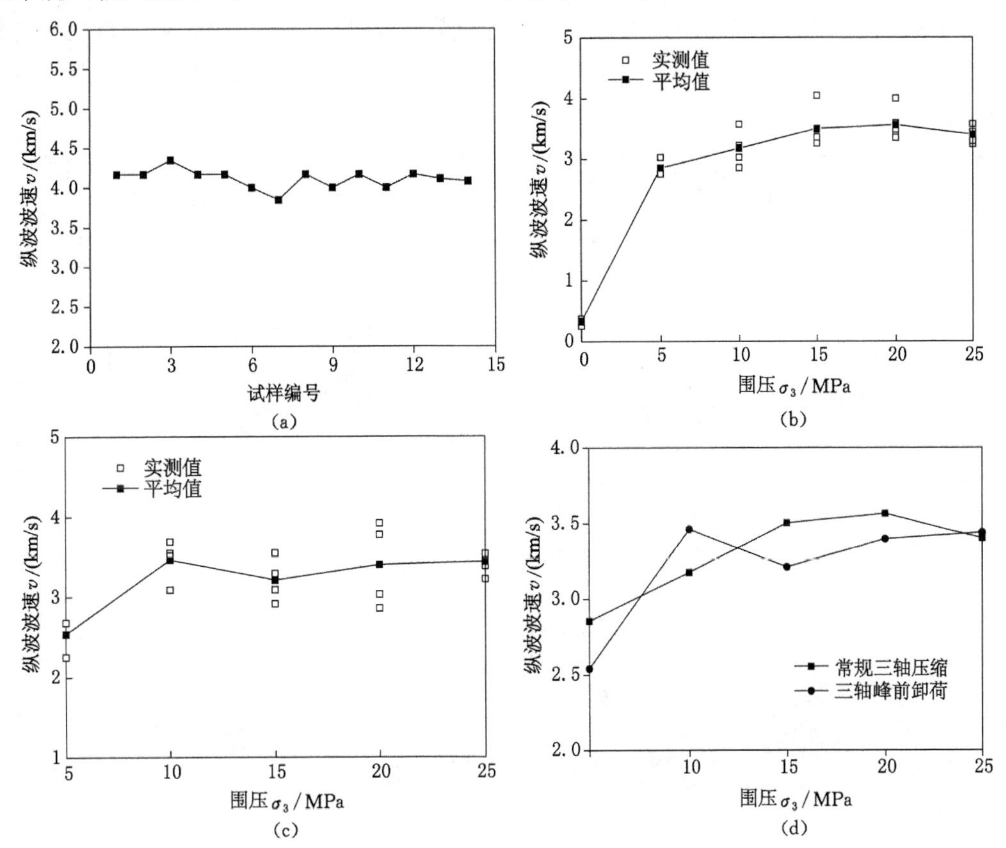

图 2-9 完整花岗岩纵波波速及不同工况试验后花岗岩试样纵波波速与围压之间的关系

(a) 完整试样；(b) 单轴、常规三轴压缩；(c) 三轴峰前卸荷；(d) 波速对比从图 2-9 还可以看出，两种试验工况下，随着围压 σ_3 的增加，试样纵波波速 v 均总体上表现出逐渐增大的趋势。从图 2-9(b)可以看出：由于单轴压缩下花岗岩试样发生典型的脆性劈裂破坏，失稳破坏时内部裂隙较为发育，试样松散破裂，因此实测得到的纵波波速相对较低，平均值仅为 0.33 km/s；随着围压 σ_3 的增加，花岗岩试样逐渐由拉破坏转变为拉剪混合破坏，主破裂面逐渐变得较为单一且明显，因此试样的纵波波速也逐渐增大。当围压由 5 MPa 增加到 20 MPa 时，纵波波速 v 由 2.86 km/s 增加到 3.56 km/s，增加了 24.48%；而当围压由 20 MPa 继续增加至 25 MPa，波速 v 发生小幅度下降，由 3.56 km/s 减小至 3.40 km/s，减小了 4.49%。对于三轴峰前卸荷花岗岩试样[图 2-9(c)]，随着围压的增加，试样纵波波速的变化趋势没有明显规律。当 $\sigma_3=5$ MPa 时，试样纵波波速相对较小，为 2.54 km/s；当 $\sigma_3=10$ MPa 时，试样纵波波速获得最大值 3.46 km/s；而当围压 σ_3 在 15～25 MPa 之间时，试样纵波波速缓慢上升，但增加幅度相对较小。从图 2-9(d)两种应力路径下花岗岩试样纵波波速的对比结果可以看出，在相同的围压区间，与常规三轴压缩试样相比，三轴压缩峰前卸荷花岗岩试样的纵波波速整体相对较小。

2.1.2.5 声发射特征测试

由于不同应力路径作用下，花岗岩试样的声发射(Acoustic Emission，简称 AE)事件也会呈现不同的变化特征，因此 AE 活动可作为岩石损伤破坏预警的重要依据。试验过程中分别对单轴、不同围压常规三轴压缩和三轴峰前卸荷试验过程中花岗岩试样的声发射特征进行测试(图 2-10 和图 2-11)，进一步探索不同加载路径下岩石试样的损伤信息。从图中可以看出，不同的加载方式下，岩石试样声发射活动与应力路径具有明显的对应特征。

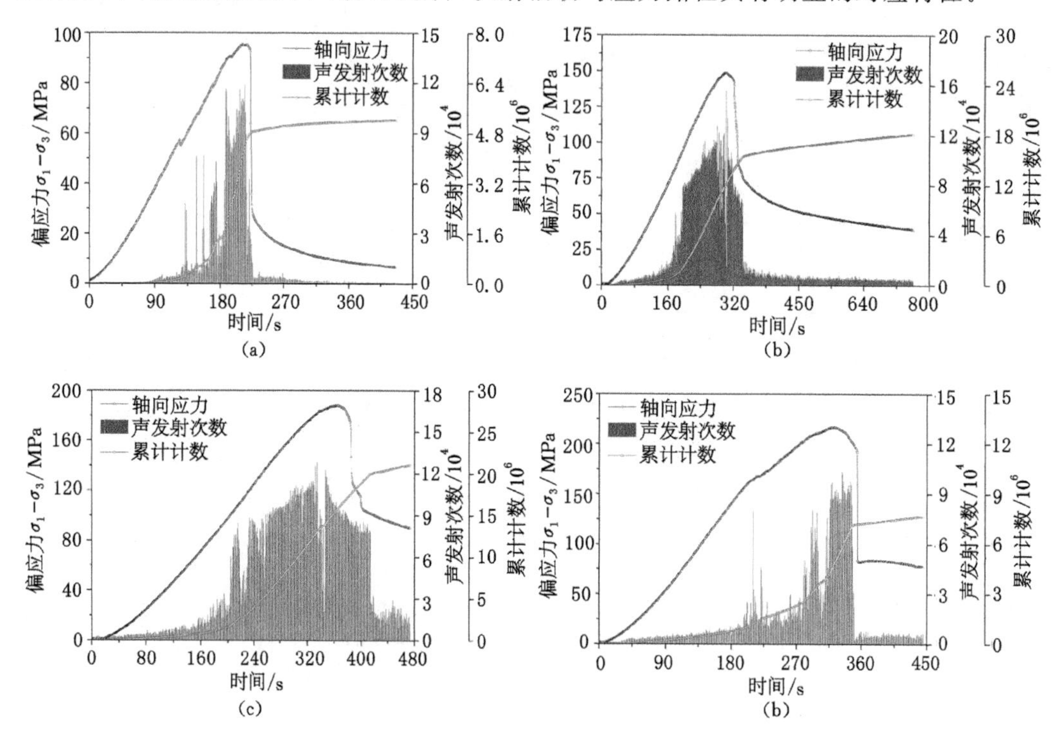

图 2-10 单轴及不同围压常规三轴压缩花岗岩试样声发射特征测试结果

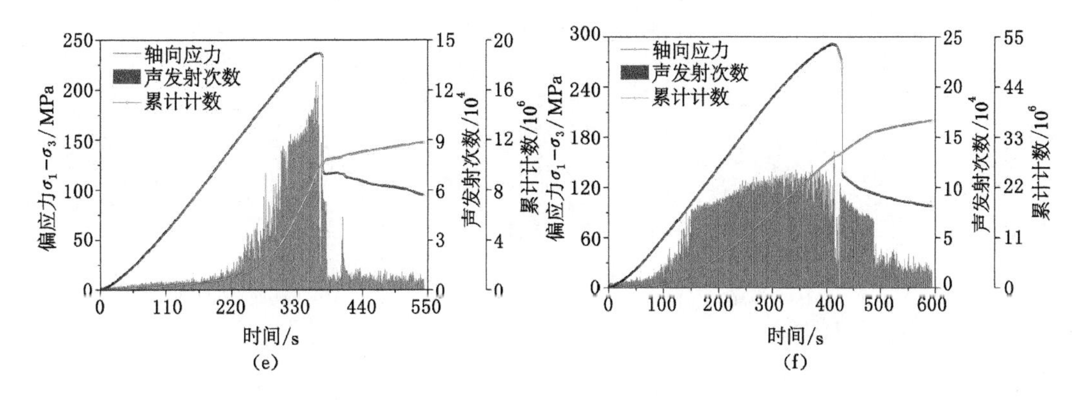

续图 2-10 单轴及不同围压常规三轴压缩花岗岩试样声发射特征测试结果

(a) 单轴压缩(试样 w1#);(b) 5 MPa(试样 5-2#);(c) 10 MPa(试样 10-3#);

(d) 15 MPa(试样 15-4#);(e) 20 MPa(试样 20-3#);(f) 25 MPa(试样 25-1#)

从图 2-10 不同围压常规三轴压缩花岗岩试样声发射活动特征可以得出以下信息:在试样初始压密阶段,声发射活动较为平静,在一些试样中间隔出现频率较低的声发射事件,这是由应力作用下岩石内部原始缺陷压密所致。随着轴向应力的继续增加,应力应变曲线逐渐进入线弹性阶段,在此过程中基本上没有萌生新的裂隙,声发射次数依然较少。在试样屈服阶段,由于应力作用下试样内部裂隙的扩展和新裂纹的萌生,声发射活动趋于活跃。当轴向应力达到试样峰值强度进入失稳破坏阶段,试样内部裂隙扩展贯通并相互作用形成宏观破裂面,此阶段声发射事件异常激烈,同时该阶段大体上对应了声发射累计计数随时间变化曲线的拐点。在试样残余强度阶段,由于试样内部破裂面基本稳定,声发射事件又趋于平静。

图 2-11 表示不同初始围压三轴压缩峰前卸荷花岗岩试样声发射特征测试结果,可以看出,在卸围压之前,试样应力-时间曲线呈现良好的线性关系,随着应力的增加,试样声发射事件基本呈现逐渐增大的趋势,但是总体表现较为平静。当应力达到相应围压岩石试样常规三轴压缩峰值强度的 70%左右时,随着围压逐渐减小和轴向应变继续增加,应力-时间曲线出现明显的拐点,在岩石试样达到峰值强度的区间内,AE 事件逐渐趋于活跃,且声发射累计计数随时间增加幅度较大。峰值强度之后,随着试样内部裂隙面继续扩展贯通,岩石试样声发射事件仍然较为激烈。当试样轴向应力急剧降低,声发射事件又迅速减小并趋于平静。

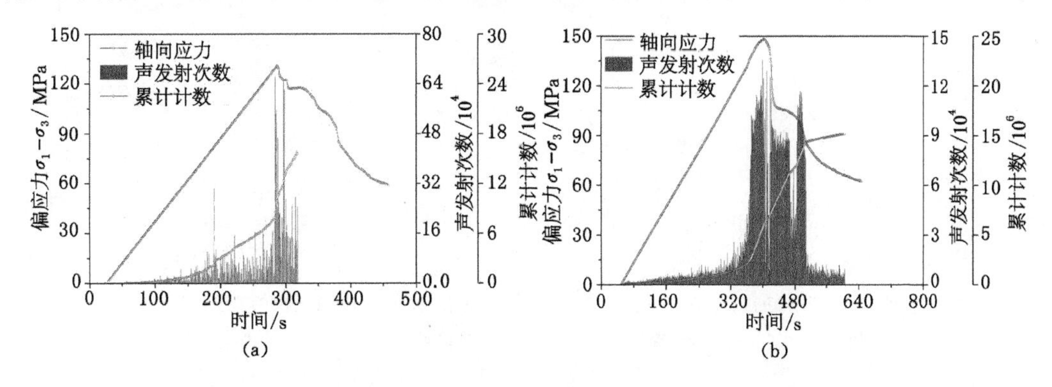

图 2-11 不同初始围压三轴压缩峰前卸荷花岗岩试样声发射特征测试结果

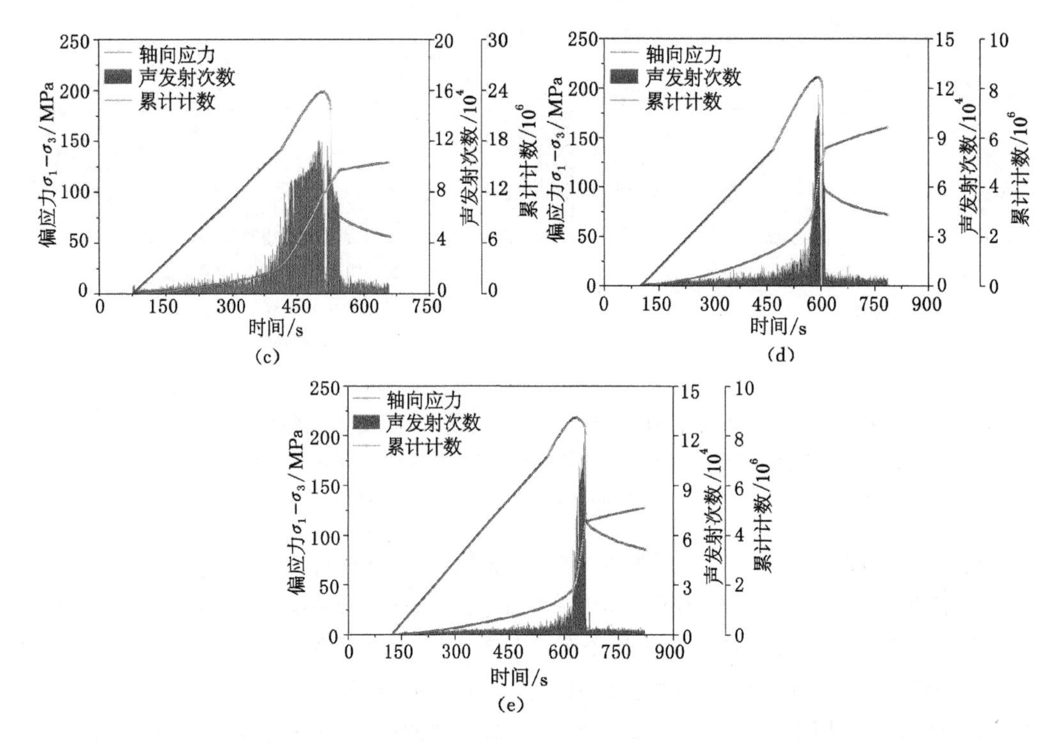

续图 2-11　不同初始围压三轴压缩峰前卸荷花岗岩试样声发射特征测试结果

(a) 5 MPa(试样 2-5-1#);(b) 10 MPa(试样 2-10-2#);(c) 15 MPa(试样 2-15-4#);

(d) 20 MPa(试样 2-20-1#);(e) 25 MPa(试样 2-25-1#)

图 2-12 为不同加载方式下花岗岩试样最大声发射次数与围压之间的关系,可以看出,两种应力路径下,最大声发射次数与围压之间均没有表现出明显的相关性,这一点与李浩然等[252]提出的三轴多级加载下盐岩声发射活动随围压应力水平的增大而趋于平静的结论是有所差异的,这种差异性可能是由应力加载路径和试验材料岩性的不同导致的。

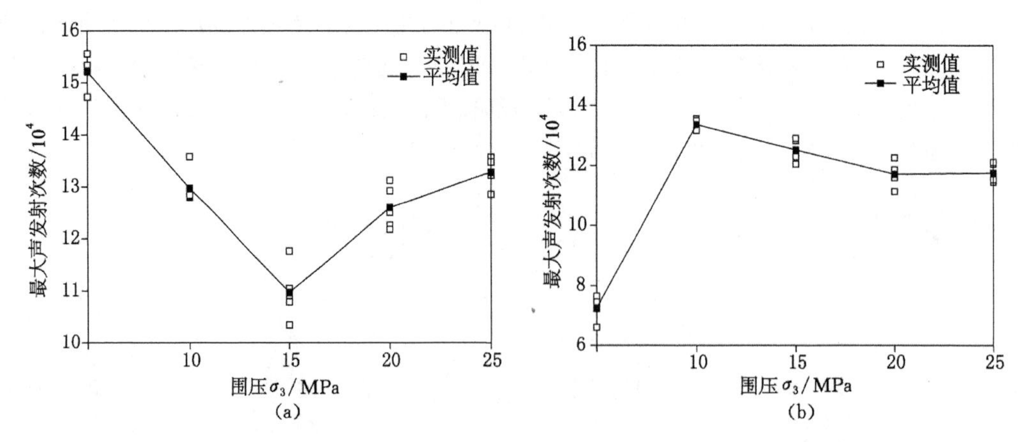

图 2-12　不同加载方式下花岗岩试样最大声发射次数随围压的变化特征

(a) 常规三轴压缩;(b) 三轴峰前卸荷

2.2 花岗岩试样破坏形态及裂隙发育CT扫描

单(三)轴压缩以及三轴压缩峰前卸荷花岗岩试样的破坏特征和裂隙扩展模式有所不同，且均受围压的影响。采用高分辨率岩石CT扫描系统[图2-13(a)]对不同应力路径作用后失稳破坏试样进行扫描并通过Avizo软件进行三维重构，分析不同试验工况和不同围压作用下花岗岩试样内部裂隙的发育特征。

CT扫描过程中，首先根据扫描试样的尺寸确定电流和电压，试样尺寸越大，CT扫描所需要的电流就越大。根据经验，本次CT扫描选用70 μA电流和148 kV电压。为了能够更好地识别和捕捉图像，图像应该调节至整个屏幕的中心位置。为了方便获取高质量的扫描图像，本次试验选用相对较低的扫描速度且最终确定扫描图像的分辨率为1 024像素×1 024像素。试样均采用由上至下的扫描顺序，试样上表面与扫描起始位置之间的距离为5 mm，图像的层厚和层间距均为0.05 mm。具体扫描原理示意图如图2-13(b)所示。

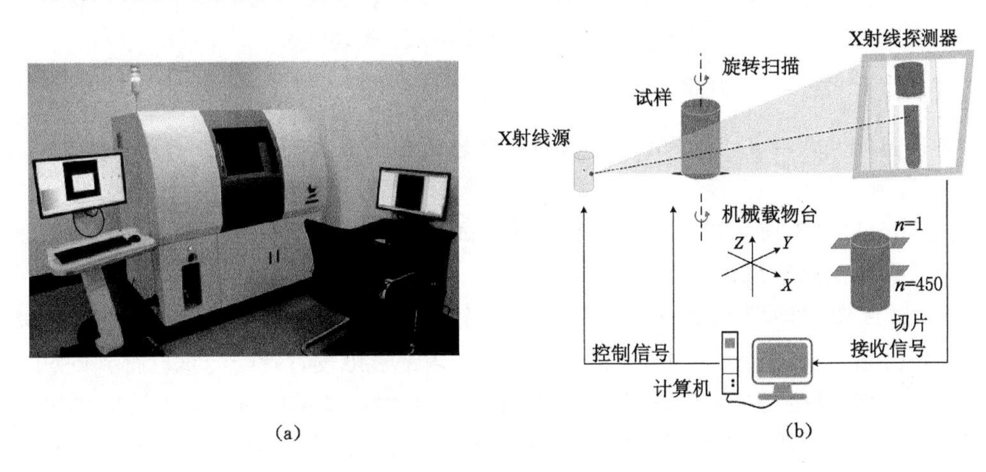

图2-13 高分辨率岩石CT扫描系统及原理示意图

(a) 高分辨率岩石CT扫描系统；(b) CT扫描原理示意图

CT图像展现的是数字图像的灰度特征，它直接反映了图像在不同位置的灰度值范围。一个原始的CT扫描图像包括以下3个部分：① 试样在应力作用下产生的次生裂隙；② 除去裂隙以外的花岗岩基质；③ CT扫描范围内除去试样的其他部分，如图2-14(b)所示(单轴压缩试样w1#，图像层$n=381$)。由花岗岩材料X射线衍射(XRD)和电镜扫描(SEM)结果可知，试验用花岗岩材料呈现中粒似斑状结构，内部富含大量的黑色斑点，这一特征从CT扫描图像中也可以清楚地反映。然而值得说明的是，这些黑色斑状结构给裂隙灰度区间的确定带来很大挑战。通过Avizo软件可以确定CT扫描图像层中裂隙的灰度区间并将裂隙提取出来，当提取出一个试样所有图像层中的裂隙，即可重构出整个试样的裂隙分布情况，如图2-15和图2-16所示。

由二维CT扫描图像可以清楚地看出应力作用后花岗岩试样内部裂隙的发育情况，包括裂隙二维产状、走向、张开程度及裂隙网络连通特性等。在试样CT扫描结束之后，将扫描得到的所有图像层通过Avizo软件进行三维重构，得到不同试验工况下失稳破坏花岗岩

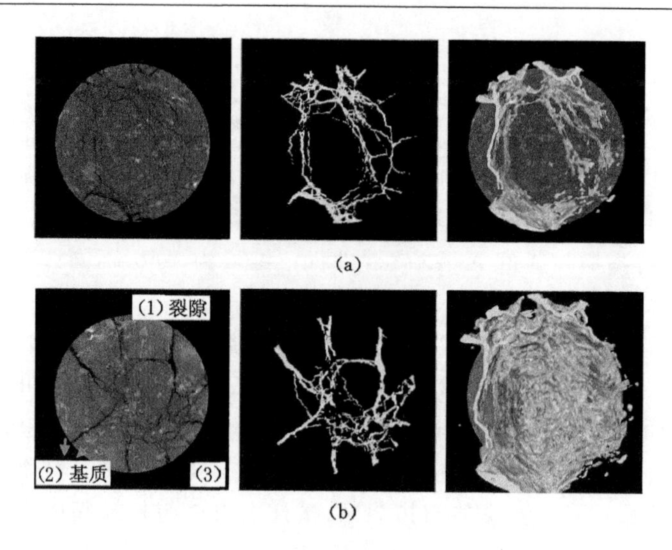

图 2-14　原始 CT 扫描图像、图像层裂隙提取及整体三维重构
（单轴压缩 w1#，图像层 $n=100$ 和 381）
(a) $n=100$;(b) $n=381$

试样内部裂隙的发育特征，并与试验得到的花岗岩破坏形态进行对比分析，具体如图 2-15 和图 2-16 所示。

由图 2-15 和图 2-16 不同试验工况下花岗岩试样的破坏形态以及对应的岩石 CT 扫描重构结果可以得出以下结论：

(1) 总体来说，两种不同的试验工况（常规三轴加载和三轴峰前卸荷）下，通过高分辨率岩石 CT 扫描和 Avizo 三维重构得到的花岗岩试样内部裂隙发育特征与试验得到的试样破坏形态较为相似，这也进一步验证了试验结果以及 CT 扫描结果的可靠性。同时，CT 扫描能够反映出不同应力路径作用后花岗岩试样内部次生裂隙的发育情况，这也弥补了试验仅能得到花岗岩试样宏观破裂面的不足。

(2) 从图 2-15 可以看出，由于花岗岩材料的脆性特征，单轴压缩作用下，花岗岩试样内部裂隙较为发育，试样破碎程度显著，且裂隙多以张拉裂隙为主，试样呈现典型的劈裂破坏。随着围压 σ_3 的增加，常规三轴压缩下，试样破坏形态逐渐简单。当 $\sigma_3=5$ MPa 和 10 MPa 时，试样破坏形态较为类似，整体上是由两条裂隙面引起的，试样呈现拉剪混合破坏。而当围压为 15、

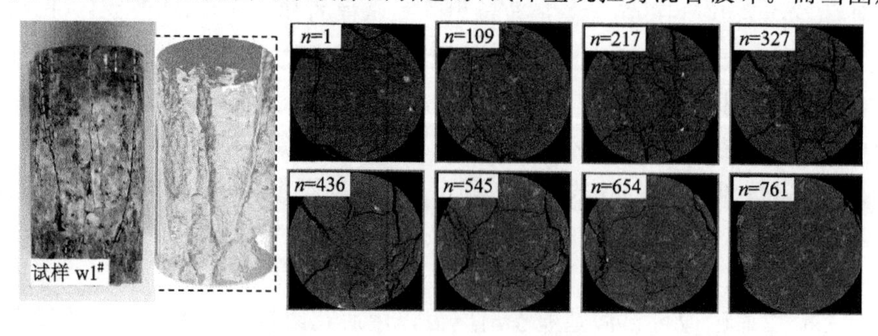

图 2-15　单轴及不同围压常规三轴压缩花岗岩试样破坏形态、裂隙面发育特征、若干原始 CT 扫描图像层以及相应的三维重构结果

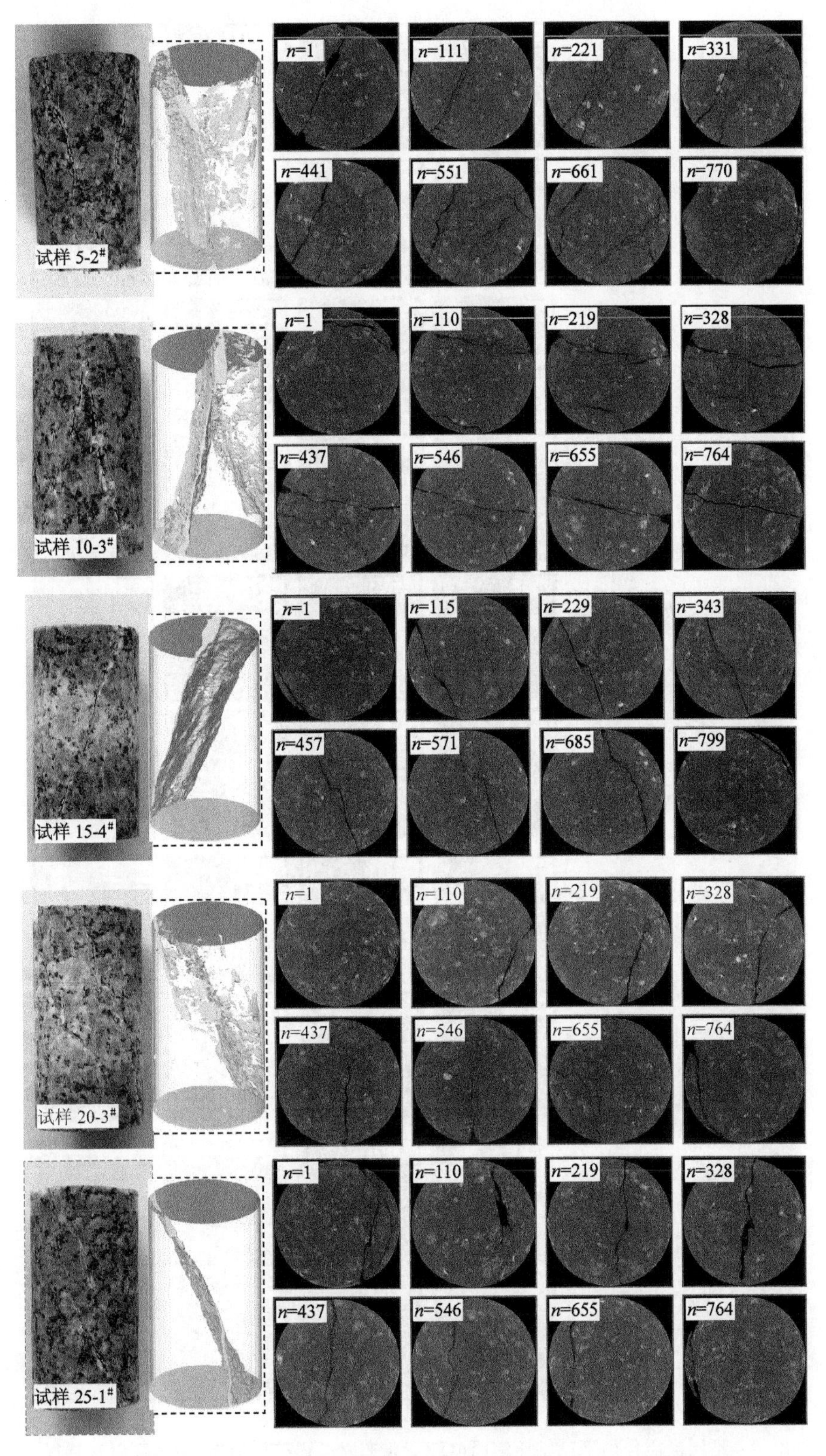

续图 2-15　单轴及不同围压常规三轴压缩花岗岩试样破坏形态、裂隙面发育特征、若干原始 CT 扫描图像层以及相应的三维重构结果

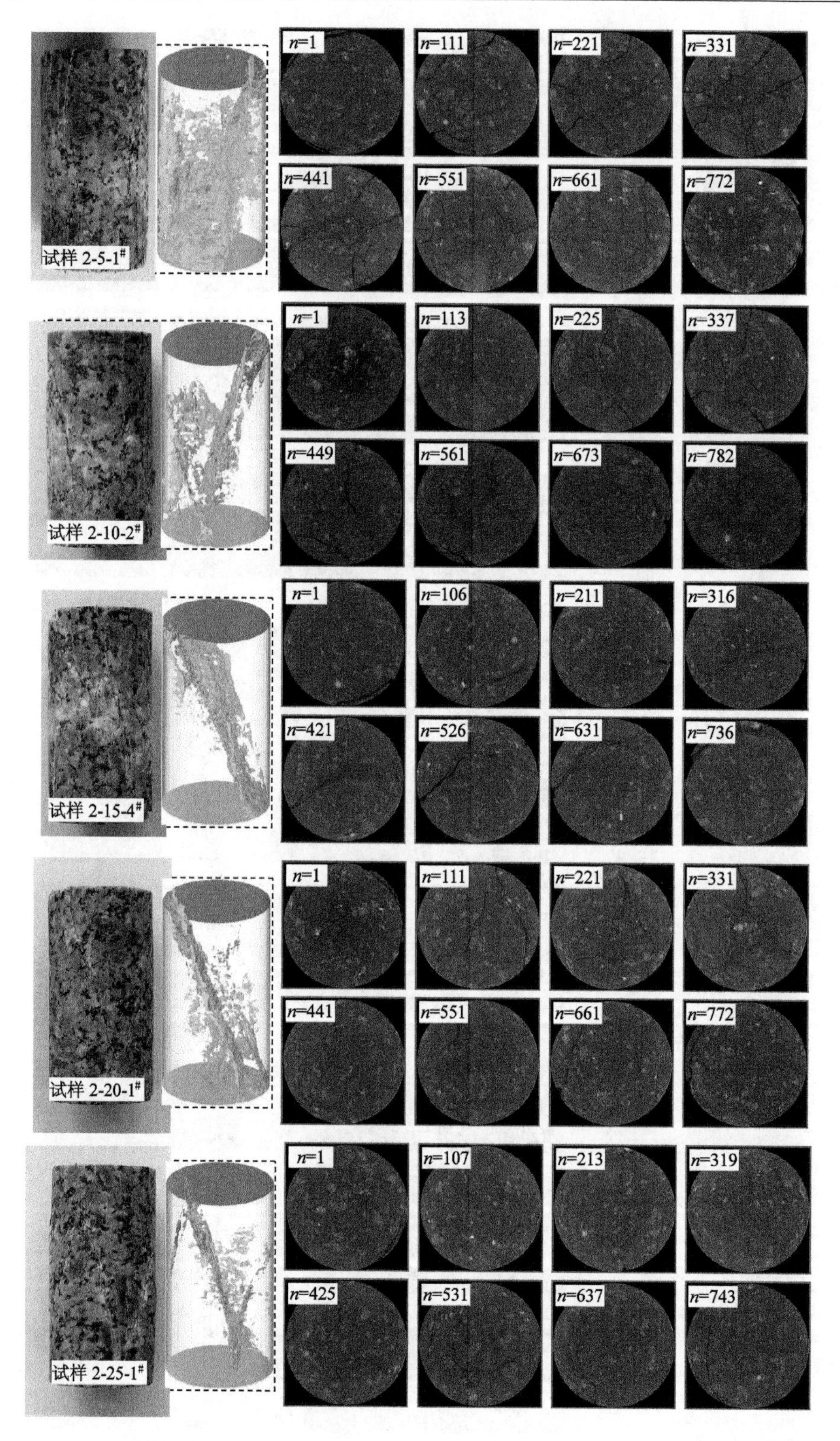

图 2-16　不同围压作用下三轴压缩峰前卸荷花岗岩试样破坏形态、裂隙面发育特征、若干原始 CT 扫描图像层以及相应的三维重构结果

20 和 25 MPa 时，从试样的破坏形态中仅能观察到一条裂隙面。同时，由 CT 扫描图像层可以看出，单轴压缩下，试样内部贯通裂隙较多，不规则裂隙网络较为明显，但随着围压的增加，贯通裂隙面逐渐减少，这也进一步给出了试样纵波波速随着围压的增加而逐渐增大的原因。

(3) 三轴压缩峰前卸荷花岗岩试样破坏形态的变化规律与常规三轴压缩相似。随着围压的增加，花岗岩试样的破坏程度逐渐减弱，且内部裂隙面逐渐减少，试样也是由张拉破坏逐渐转变为拉剪混合破坏。对比图 2-15 和图 2-16 可以看出，相同的围压下，与常规三轴压缩相比，三轴峰前卸荷花岗岩试样的破坏程度相对剧烈。以 5 MPa 围压为例，常规三轴压缩下，试样的破坏形态中仅能观察到两条裂隙面，而三轴峰前卸荷花岗岩试样的失稳破坏是由若干条张拉裂隙及剪切裂隙引起的。

通过 MATLAB 可以计算出单一 CT 扫描图像层中的裂隙面积，进而可以获得不同加载路径作用后损伤破坏岩石试样三维重构模型内部裂隙体积，具体如图 2-17 所示。可以看出，单轴压缩作用后试样破坏程度最为剧烈，裂隙面体积约为 6 817 mm^3，其次是常规三轴压缩和三轴压缩峰前卸荷作用后岩石试样内部裂隙体积，这些无疑对岩石试样的渗透特性产生影响。

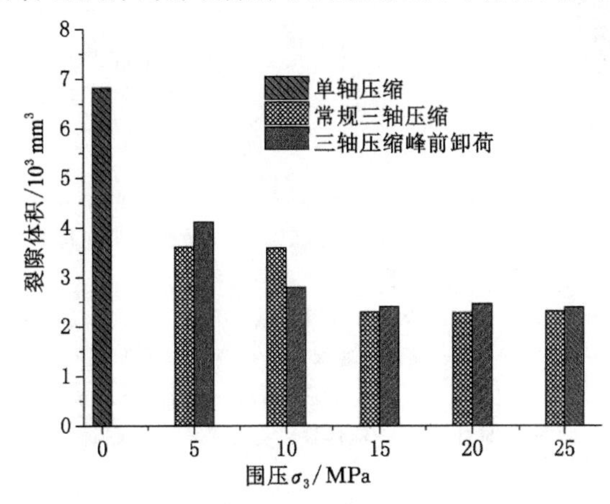

图 2-17　不同应力路径作用后损伤岩石试样内部裂隙体积

2.3　不同应力路径作用后花岗岩渗透特性试验及分析

由于不同应力路径作用后花岗岩试样内部形成的裂隙结构有着明显差异，而这些贯通的裂隙面或裂隙网络是流体流动和介质运移的通道，因此不同试验工况后失稳破坏花岗岩试样的渗透特性也会有所不同。本节将对上述试验中单轴压缩、常规三轴压缩和三轴压缩峰前卸荷花岗岩试样的渗透特性进行测试，并对不同应力路径作用后花岗岩试样渗透特性的差异性进行对比分析。

2.3.1　渗透试验测试方案

单(三)轴压缩和三轴压缩峰前卸荷试验结束之后，采用 LDY-50 型岩石渗透率测试恒压系统对不同应力路径作用后花岗岩试样的渗透特性进行测试，如图 2-18 所示。该试验系统包括进水装置、三轴岩芯夹持装置、恒速恒压泵加压装置、出水口流体采集装置和数据采集处理系统。三轴岩芯夹持装置内放置待测岩石试样，通过围压加载系统对岩石试样分别

施加围压 σ_s 和轴压 σ_z。渗透试验前，首先将花岗岩试样进行饱水处理，然后将试样放置在仪器渗透腔内并连接围压水管和进水口水管。试样渗透特性测试过程中，针对每一个花岗岩试样，首先对试样施加一定的围压 σ_s，待围压稳定后从试样左端施加流体渗透压力 p_s，岩石试样右端出口处的流量和渗透系数可以通过数据采集处理系统进行实时分析。该试验系统能够独立调节岩石试样围压、轴压和渗透压力，渗流试验过程中能自动计算并存储岩石试样渗透系数稳定值。采用该试验系统能够精确合理分析围压、轴压和渗流压力对试样渗透率的影响规律，从而对岩石试样的渗透特性进行评价分析。

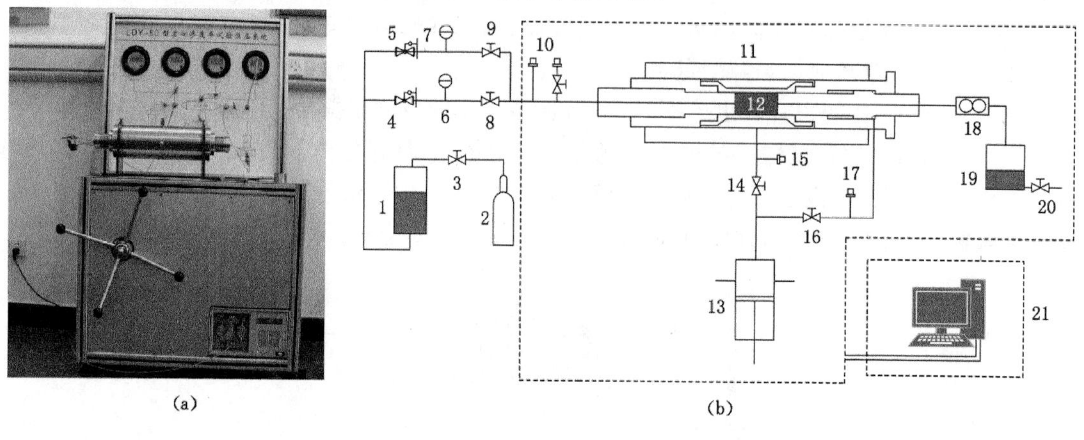

图 2-18　LDY-50 型岩芯渗透率测试恒压系统及其结构原理示意图

(a) 实物图；(b) 原理示意图

1——储水容器；2——氮气瓶；3——控制阀；4——低压减压阀；5——高压减压阀；6——第一压力表；7——第二压力表；8——第一连通阀；9——第二连通阀；10——第一压力传感器；11——三轴岩芯夹持装置；12——待测岩芯；13——恒速恒压泵；14——围压阀；15——第二压力传感器；16——轴压阀；17——第三压力传感器；18——流量计；19——流体收集装置；20——控制阀；21——数据采集处理系统

在本次渗透特性测试过程中，忽略试样轴压的影响，针对每一种试验工况(单轴压缩、常规三轴压缩和三轴压缩峰前卸荷)中的每一个花岗岩试样，分别设置 5 种不同的渗流试验围压(σ_s=4、8、12、16、20 MPa)，且针对每一种围压分别设计 8 种不同的进水口水压力(p_s=0.3、0.6、0.9、1.2、1.5、1.8、2.1、2.4 MPa)，以此研究围压和进水口水压力对试样渗透特性的影响规律，具体试验方案如图 2-19 所示。

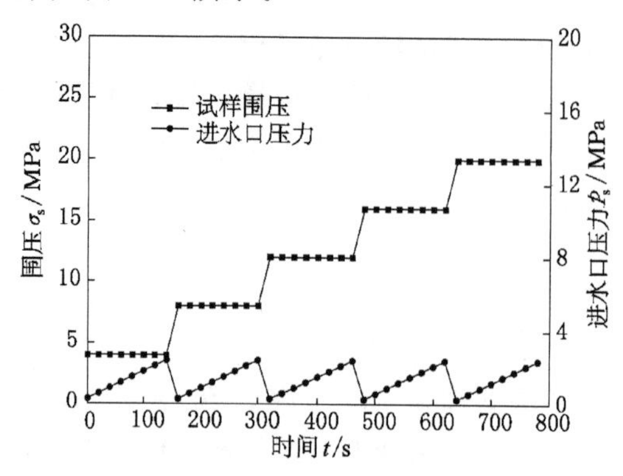

图 2-19　岩石试样渗透特性测试方案

2.3.2 试验结果及分析

2.3.2.1 常规三轴压缩后花岗岩试样渗透特性

图 2-20 给出了渗流试验过程中单轴和不同围压(σ_3＝5、10、15、20、25 MPa)常规三轴压缩试验后花岗岩试样出水口处流速 Q 与进水口水压力 p_s之间的相关性。渗流试验过程中

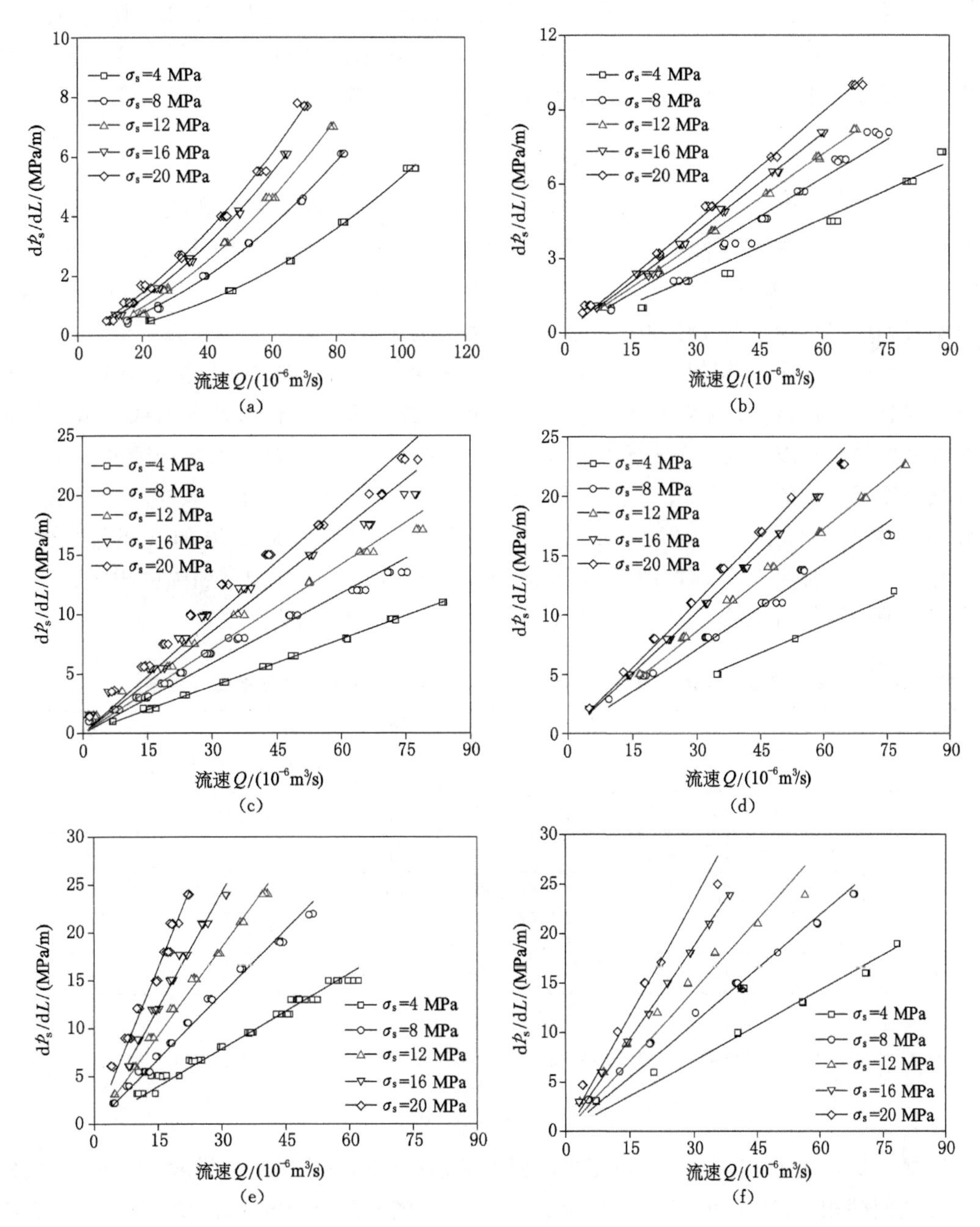

图 2-20 单轴及不同围压常规三轴压缩试验后花岗岩试样流速 Q 随压力梯度 $\mathrm{d}p_s/\mathrm{d}L$ 的变化特征

(a) 单轴压缩(试样 w1#);(b) 5 MPa(试样 5-2#);(c) 10 MPa(试样 10-3#);

(d) 15 MPa(试样 15-4#);(e) 20 MPa(试样 20-3#);(f) 25 MPa(试样 25-1#)

假设流体是不可压缩的且整个试验在恒温 20 ℃左右下进行。根据已拟定的试验方案,针对每一个花岗岩试样,均设置 5 种不同的渗流试验围压(σ_s=4、8、12、16、20 MPa)。对不同工况下的渗流试验结果进行零截距回归拟合,如图 2-20 所示实线部分。可以看出,单轴压缩试样与常规三轴压缩试样的渗透特性存在明显不同,具体分析如下。

由于花岗岩试样单轴压缩过程中产生的裂隙面较多,且局部范围内存在相对复杂的裂隙面网络结构,渗流试验结果中流速与压力梯度之间呈现明显的非线性特征,因此达西定律不适用于此种渗流过程的描述。对不同渗流围压 σ_s作用下的试验结果进行拟合发现,该非线性特征可以用 Forchheimer 方程很好地拟合[式(2-1)],拟合结果如图 2-20(a)所示。

$$-\frac{\mathrm{d}p_s}{\mathrm{d}L}=a'Q+b'Q^2 \tag{2-1}$$

式中,$\mathrm{d}p_s/\mathrm{d}L$ 表示渗流试验过程中沿着试样渗流长度方向上的压力梯度,这里定义为试样进水口的水压力 p_s与试样长度 L 的比值,MPa/m;Q 为试样出水口处的整体体积流速,10^{-6} m^3/s;a'和 b'为模型拟合系数,计算单位分别为 $10^{12}\mathrm{Pa}\cdot\mathrm{s/m}^4$和 $10^{18}\mathrm{Pa}\cdot\mathrm{s}^2/\mathrm{m}^7$,分别表示渗流试验过程中线性项与非线性项所引起的水压力降的比重。

不同围压 σ_s作用下单轴压缩试样渗流试验中流速与压力梯度之间的拟合方程如表 2-4 所列,由拟合评价系数 R^2可以看出,用 Forchheimer 方程进行拟合的理论曲线与试验结果具有较好的吻合程度。从表 2-4 还可以看出,拟合方程中回归系数 a'和 b'均随着围压 σ_s的增大呈现逐渐增加的趋势,其中线性项系数 a'的增加是由于围压作用下试样内部裂隙闭合导致的,具体变化趋势如图 2-21(a)所示。在围压 σ_s由 4 MPa 增加至 20 MPa 的过程中,系数 a'由 0.013 增加至 0.058,增加了 3.46 倍;但是非线性项系数 b'的增加幅度相对较小,在整个渗流围压区间内,系数 b'由 4.00 增加至 7.47,仅增加了 86.75%。

表 2-4　不同渗流围压作用下单轴压缩试样(w1#)流速与压力梯度之间的拟合关系

围压 σ_s/MPa	拟合方程	评价系数 R^2	临界水压力 p_{sc}/MPa	临界体积流速 $Q_c/(10^{-6}\mathrm{m}^3/\mathrm{s})$
4	$y=0.013x+4\times10^{-4}x^2$	0.999	5.22×10^{-3}	3.61
8	$y=0.026x+5.88\times10^{-4}x^2$	0.999	1.42×10^{-2}	4.91
12	$y=0.033x+7.25\times10^{-4}x^2$	0.998	1.85×10^{-2}	5.06
16	$y=0.047x+7.37\times10^{-4}x^2$	0.999	3.70×10^{-2}	7.09
20	$y=0.058x+7.47\times10^{-4}x^2$	0.998	5.56×10^{-2}	8.63

为了定量评价岩石渗流过程中流体流动的非线性效应,引入比例系数 E:

$$E=\frac{b'Q^2}{a'Q+b'Q^2} \tag{2-2}$$

根据表 2-4 中的拟合结果,可以得出不同渗流围压作用下试样压力梯度 $\mathrm{d}p_s/\mathrm{d}L$ 与比例系数 E 之间的相关性,如图 2-21(b)所示。可以看出,随着压力梯度 $\mathrm{d}p_s/\mathrm{d}L$ 的增加,对于所有的渗流试验围压水平,比例系数 E 均表现出逐渐增加的趋势,但是增加幅度逐渐变小且最终趋于平缓。

对于绝大多数裂隙岩石工程,裂隙渗流过程中非线性项 $b'Q^2$是不容忽视的,尤其是当

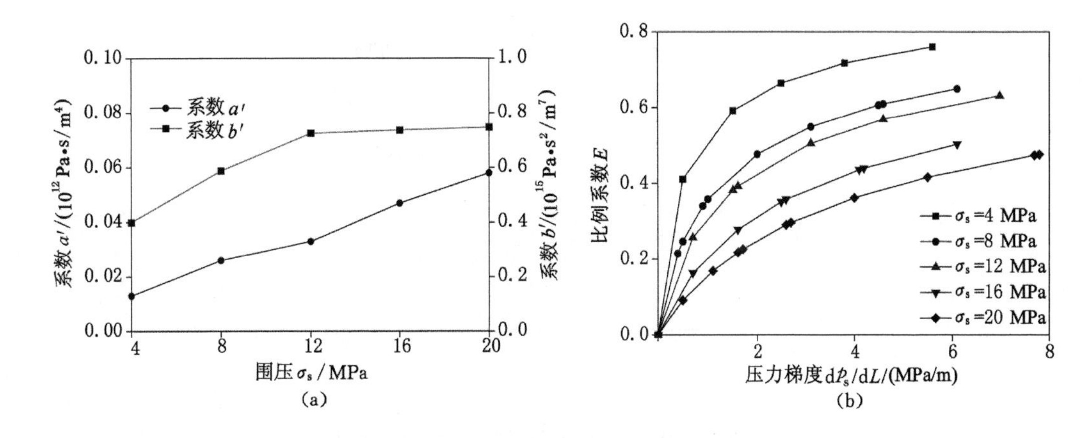

图 2-21　拟合方程中线性和非线性项系数 a'、b' 随渗流试验围压的变化特征以及比例系数 E 与压力梯度 $\mathrm{d}p_s/\mathrm{d}L$ 之间的关系曲线

(a) 线性与非线性项系数 a'、b' 随渗流围压的变化特征；(b) 比例系数 E 与压力梯度之间的关系

非线性项所引起的压力降超过整个水压力梯度的 10%时。许多学者定义比例系数 $E=0.1$ 所对应的压力梯度为裂隙岩体渗流的临界压力梯度[10,14,114]。不同围压下单轴压缩花岗岩试样渗流过程中的临界体积流速和临界水压力如表 2-4 所列。可以看出，随着渗流围压 σ_s 的增加，临界体积流速 Q_c 和临界水压力 p_{sc} 均表现出逐渐增加的趋势，当围压由 4 MPa 增加至 20 MPa 时，p_{sc} 由 5.22×10^{-3} MPa 增加至 5.56×10^{-2} MPa，增加了 9.65 倍。由此可知，围压越小，裂隙水力隙宽越大，渗流过程中流体越容易进入紊流状态。

在孔隙裂隙渗流过程中，导水系数 T 也可以作为评价流体非线性流动特征的指标，有：

$$-\frac{\mathrm{d}p_s}{\mathrm{d}L}=\frac{\mu}{T}Q \tag{2-3}$$

式中，μ 为流体的动力黏滞系数，10^{-3} Pa·s。

不同渗流围压作用下单轴压缩花岗岩试样渗流过程中导水系数 T 与压力梯度 $\mathrm{d}p_s/\mathrm{d}L$ 之间的关系如图 2-22 所示。由图中可以看出，单轴压缩后花岗岩试样导水系数 T 并不是一个定值，而是随着压力梯度的增加呈现逐渐下降的趋势，且总体上来说，渗流试验围压 σ_s 越小，导水系数下降幅度越明显，由此进一步验证了单轴压缩作用后花岗岩试样渗流试验过程中非线性流动特征的存在。

从图 2-20 还可以看出，与单轴压缩作用后花岗岩试样 w1# 的渗流特征不同，在试验设定的渗流压力区间内，不同围压常规三轴压缩试验后花岗岩试样渗流过程中出水口处流速 Q 与压力梯度 $\mathrm{d}p_s/\mathrm{d}L$ 之间均呈现近似线性关系，可以用达西定律很好地描述，具体试验结果及相应的零截距拟合曲线如图 2-20(b)～(f)所示，拟合方程及评价系数 R^2 如表 2-5 所列。可以看出，用达西定律拟合的理论曲线与试验结果具有较好的一致性。对于所有的花岗岩试样，渗流试验过程中围压 σ_s 的变化并没有引起流体线性流动状态的改变；但是随着围压的增加，流速与压力梯度之间拟合直线的斜率逐渐变大，具体变化趋势如图 2-23(a)所示。以 10 MPa 围压常规三轴压缩试样 10-3# 为例，当围压 σ_s 由 4 MPa 增加至 20 MPa 时，拟合直线的斜率由 0.132×10^{12} Pa·s/m^4 逐渐增加至 0.320×10^{12} Pa·s/m^4，增加了 1.42 倍。

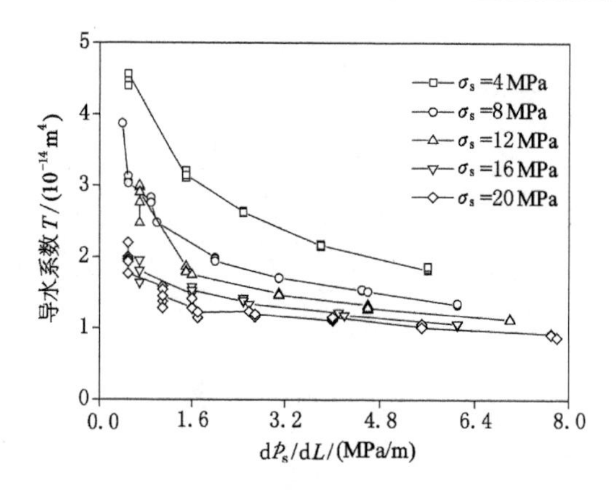

图 2-22　单轴压缩后花岗岩试样渗流试验过程中导水系数 T 与压力梯度 dp_s/dL 之间的关系

表 2-5　常规三轴压缩试验后花岗岩试样出水口处流速 Q 与压力梯度 dp_s/dL 之间的线性拟合特征

试样编号（围压 σ_3）	渗流试验围压 σ_s/MPa	拟合方程	拟合评价系数 R^2	等效渗透系数 $K_0/(10^{-12}\ m^2)$	导水系数 $T/(10^{-15}\ m^4)$
5-2#（5 MPa）	4	$y=7.65\times10^4x$	0.993	6.705	13.158
	8	$y=1.04\times10^5x$	0.996	4.900	9.615
	12	$y=1.20\times10^5x$	0.999	4.246	8.333
	16	$y=1.34\times10^5x$	0.998	3.803	7.463
	20	$y=1.48\times10^5x$	0.998	3.443	6.757
10-3#（10 MPa）	4	$y=1.32\times10^5x$	0.999	3.860	7.576
	8	$y=1.96\times10^5x$	0.992	2.600	5.102
	12	$y=2.36\times10^5x$	0.989	2.159	4.237
	16	$y=2.85\times10^5x$	0.986	1.788	3.509
	20	$y=3.20\times10^5x$	0.988	1.592	3.125
15-4#（15 MPa）	4	$y=1.51\times10^5x$	0.998	3.375	6.623
	8	$y=2.37\times10^5x$	0.995	2.150	4.219
	12	$y=2.88\times10^5x$	0.999	1.769	3.472
	16	$y=3.41\times10^5x$	0.999	1.494	2.932
	20	$y=3.71\times10^5x$	0.997	1.373	2.695
20-3#（20 MPa）	4	$y=2.62\times10^5x$	0.996	1.945	3.817
	8	$y=4.52\times10^5x$	0.997	1.127	2.212
	12	$y=6.15\times10^5x$	0.998	0.829	1.626
	16	$y=8.06\times10^5x$	0.997	0.632	1.241
	20	$y=10.85\times10^5x$	0.996	0.470	0.922
25-1#（25 MPa）	4	$y=2.38\times10^5x$	0.993	2.141	4.202
	8	$y=3.65\times10^5x$	0.995	1.396	2.740
	12	$y=4.75\times10^5x$	0.985	1.073	2.105
	16	$y=6.26\times10^5x$	0.998	0.814	1.597
	20	$y=7.80\times10^5x$	0.991	0.653	1.282

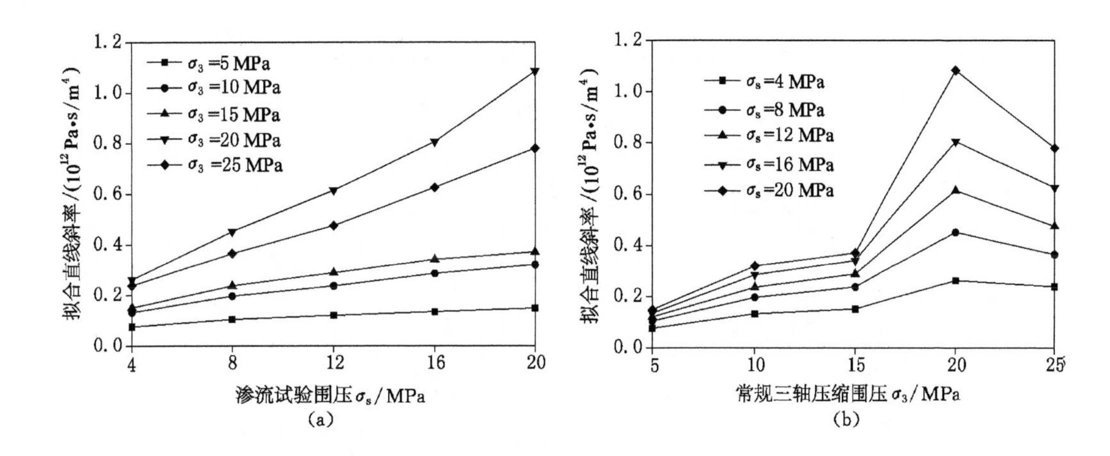

图 2-23　常规三轴压缩试验后花岗岩试样渗流试验过程中流速与压力梯度线性拟合直线的斜率随围压 σ_s 和 σ_3 的变化特征

(a) 围压 σ_s；(b) 围压 σ_3

由于不同围压(σ_3＝5，10，15，20，25 MPa)作用后常规三轴压缩花岗岩试样破坏形态有所差异，内部贯通裂隙也有所不同，因此渗流试验过程中，对于相同的渗流试验围压 σ_s，不同围压 σ_3 作用后花岗岩试样的渗流特征也有所不同，如图 2-24 所示。

可以看出，对于相同的渗流围压 σ_s，围压 σ_3 对试样渗流过程中流速与压力梯度线性拟合直线的斜率有所影响。总体上来说，在围压 σ_3 由 5 MPa 增加至 20 MPa 的过程中，拟合直线的斜率呈现逐渐增加的趋势，而当围压 σ_3 由 20 MPa 增加至 25 MPa 时，斜率又有所下降，如图 2-23(b)所示。以 σ_s＝12 MPa 为例，当围压 σ_3 由 5 MPa 增加至 20 MPa 时，拟合直线的斜率由 0.120×10^{12} Pa·s/m^4 逐渐增加至 0.615×10^{12} Pa·s/m^4，增加了 4.12 倍；而当围压 σ_3 为 25 MPa 时，拟合直线斜率为 0.475×10^{12} Pa·s/m^4，与 20 MPa 围压时相比，减小了 22.76%。

根据不同围压 σ_3 作用下常规三轴压缩试验后花岗岩试样渗流试验过程中流速与压力梯度之间的线性拟合关系，采用公式(2-3)和公式(2-4)分别对不同工况下花岗岩试样的导水系数 T 和等效渗透系数 K_0 进行计算分析，具体计算结果如图 2-25 和表 2-5 所示。

$$-\frac{\mathrm{d}p_s}{\mathrm{d}L}=\frac{\mu}{K_0A}Q \tag{2-4}$$

式中，μ 为流体的动力黏滞系数，10^{-3} Pa·s；A 为过流面积，m^2；K_0 为等效渗透系数，m^2。

从表 2-5 和图 2-25 可以看出：

(1) 对于不同围压常规三轴压缩试验后花岗岩试样，渗流试验中试样出水口处流速与压力梯度之间可以用达西定律很好地描述，试样等效渗透系数和导水系数均为定值。随着渗流试验围压 σ_s 的增加，对于相同的花岗岩试样，等效渗透系数 K_0 和导水系数 T 均呈现出逐渐减小的趋势，但是减小幅度有所差异。总体上来说，在低围压水平(σ_s＝4～8 MPa)下，等效渗透系数和导水系数的减小幅度相对较大，而随着围压水平的增加，K_0 和 T 的减小幅度逐渐降低。以 σ_3＝10 MPa 常规三轴压缩试样为例，在 σ_s＝4～8、8～12、12～16 和 16～20 MPa 的区间内，等效渗透系数 K_0 的减小幅度分别为 32.65%、16.95%、17.19%和 10.94%，减小幅度总体逐渐降低。

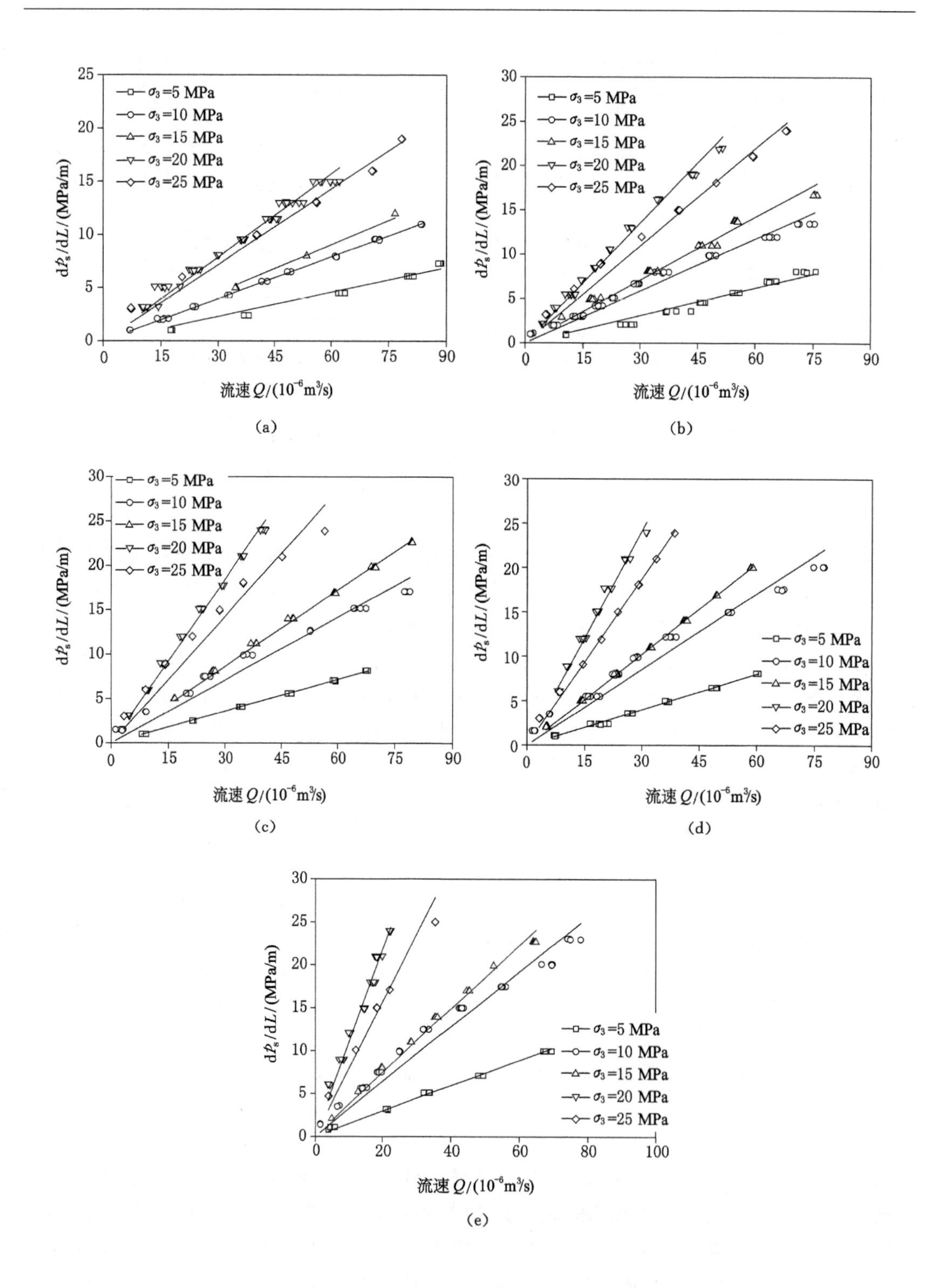

图 2-24 围压σ_3对常规三轴压缩试验后花岗岩试样渗流特性的影响特征

(a) σ_s=4 MPa;(b) σ_s=8 MPa;(c) σ_s=12 MPa;(d) σ_s=16 MPa;(e) σ_s=20 MPa

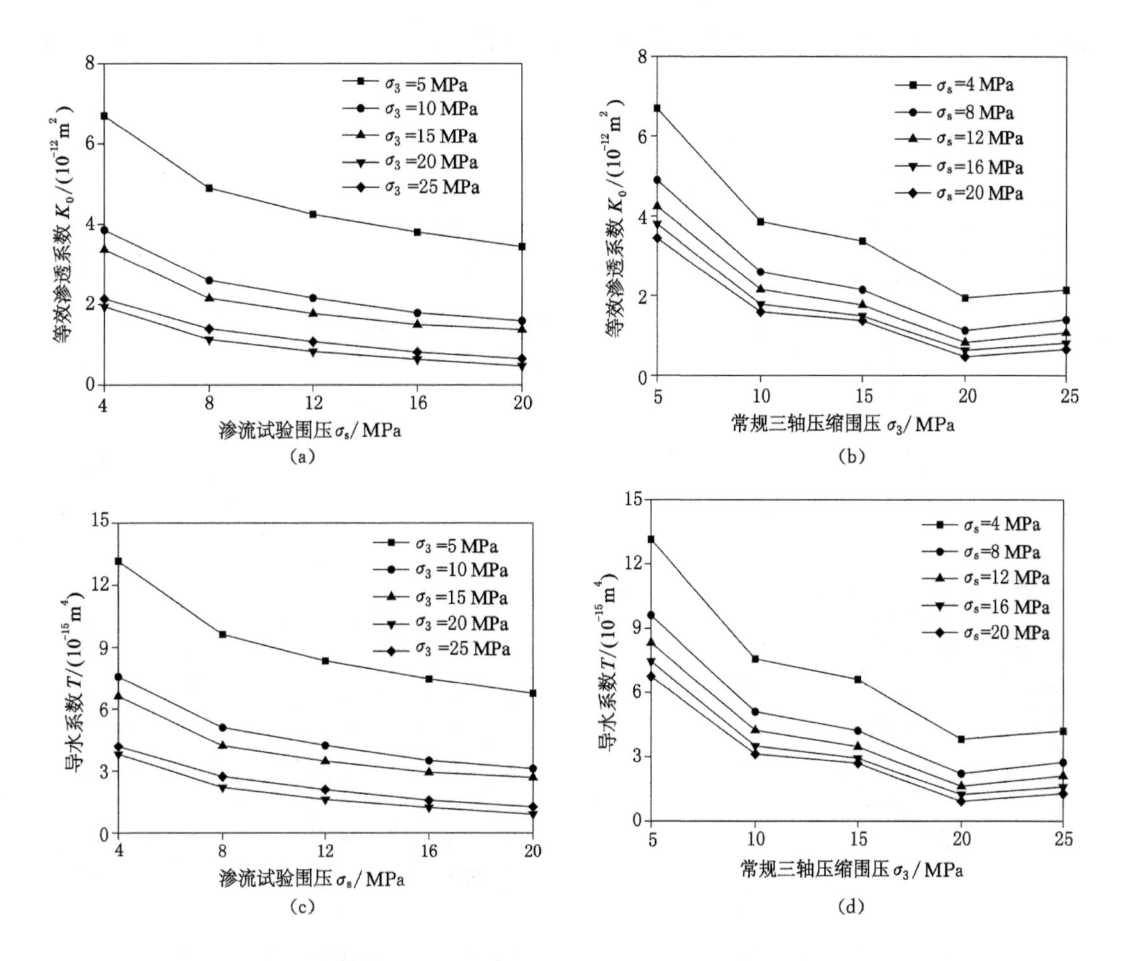

图 2-25　常规三轴压缩试验后花岗岩试样等效渗透系数 K_0 和导水系数 T 随围压 σ_s 和围压 σ_3 的变化特征

(a) σ_s-K_0；(b) σ_3-K_0；(c) σ_s-T；(d) σ_3-T

(2) 对于不同围压常规三轴压缩花岗岩试样，由于试样失稳破坏后内部裂隙发育特征有所不同，因此试样的等效渗透系数 K_0 和导水系数 T 均存在明显差异。总体上来说，随着围压 σ_3 的增加，等效渗透系数和导水系数均呈现逐渐减小的趋势。然而需要说明的是，当 σ_3 由 20 MPa 增加至 25 MPa 时，等效渗透系数和导水系数均有小幅度上升，从试样破坏形态和 CT 扫描三维重构结果可以看出，20 MPa(试样 20-3#)和 25 MPa(试样 25-1#)三轴压缩后试样内部裂隙发育较为相似，均为一条贯通的剪切裂隙面；但是与试样 20-3# 相比，试样 25-1# 内部裂隙面的连通性相对较好，因此试样渗透系数和导水系数均相对较大。以 σ_s =20 MPa 为例，当围压 σ_3 由 5 MPa 增加至 20 MPa 时，等效渗透系数由 $3.44\times10^{-12}\ m^2$ 减小到 $0.47\times10^{-12}\ m^2$，减小了 86.38%；而当 $\sigma_3=25$ MPa 时，$K_0=0.65\times10^{-12}\ m^2$，与 $\sigma_3=20$ MPa 时相比，增加了 39.10%。

2.3.2.2　三轴压缩峰前卸荷试验后花岗岩试样渗透特性

与 2.3.2.1 节常规三轴压缩试验后花岗岩试样渗流试验过程中流速与压力梯度之间的拟合关系相似，不同围压峰前卸荷花岗岩试样的渗流特征同样可以用达西定律进行描述，渗

流试验中流速 Q 与压力梯度 dp_s/dL 之间满足线性拟合关系，如图 2-26 所示，具体拟合方程见表 2-6。

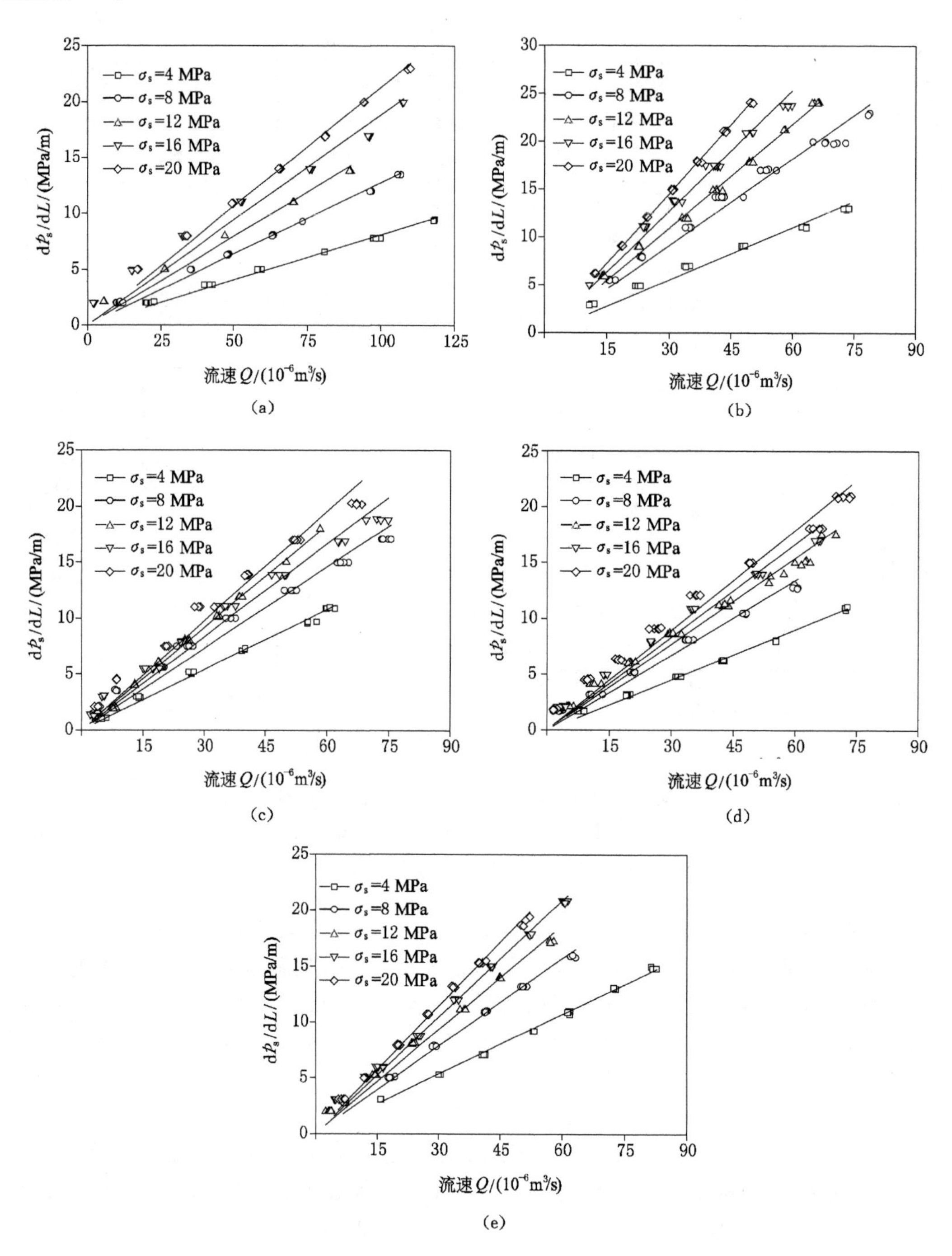

图 2-26　不同围压峰前卸荷试验后花岗岩试样渗流试验过程中流速 Q 随压力梯度 dp_s/dL 的变化特征

(a) 5 MPa(试样 2-5-2#)；(b) 10 MPa(试样 2-10-1#)；(c) 15 MPa(试样 2-15-4#)；

(d) 20 MPa(试样 2-20-1#)；(e) 25 MPa(试样 2-25-1#)

表 2-6　三轴压缩峰前卸荷花岗岩试样出水口处流速 Q 与压力梯度 dp_s/dL 之间的线性拟合特征

试样编号（围压 σ_3）	渗流试验围压 σ_s/MPa	拟合方程	拟合评价系数 R^2	等效渗透系数 $K_0/(10^{-12}\ m^2)$	导水系数 $T/(10^{-15}\ m^4)$
2-5-2#（5 MPa）	4	$y=8.11\times10^4x$	0.998	6.291	12.346
	8	$y=1.28\times10^5x$	0.997	3.981	7.813
	12	$y=1.59\times10^5x$	0.993	3.205	6.289
	16	$y=1.88\times10^5x$	0.984	2.710	5.319
	20	$y=2.13\times10^5x$	0.998	2.392	4.695
2-10-1#（10 MPa）	4	$y=1.84\times10^5x$	0.995	2.769	5.435
	8	$y=3.03\times10^5x$	0.995	1.682	3.300
	12	$y=3.64\times10^5x$	0.999	1.400	2.747
	16	$y=4.23\times10^5x$	0.998	1.204	2.364
	20	$y=4.84\times10^5x$	0.999	1.053	2.066
2-15-4#（15 MPa）	4	$y=1.80\times10^5x$	0.997	2.831	5.556
	8	$y=2.43\times10^5x$	0.999	2.097	4.115
	12	$y=2.77\times10^5x$	0.991	1.840	3.610
	16	$y=3.05\times10^5x$	0.991	1.671	3.279
	20	$y=3.26\times10^5x$	0.989	1.563	3.067
2-20-1#（20 MPa）	4	$y=1.50\times10^5x$	0.997	3.397	6.667
	8	$y=2.24\times10^5x$	0.990	2.275	4.464
	12	$y=2.57\times10^5x$	0.992	1.983	3.891
	16	$y=2.78\times10^5x$	0.988	1.833	3.597
	20	$y=2.99\times10^5x$	0.991	1.704	3.344
2-25-1#（25 MPa）	4	$y=1.78\times10^5x$	0.999	2.863	5.618
	8	$y=2.61\times10^5x$	0.998	1.952	3.831
	12	$y=3.10\times10^5x$	0.995	1.644	3.226
	16	$y=3.48\times10^5x$	0.998	1.464	2.874
	20	$y=3.81\times10^5x$	0.998	1.337	2.625

从图 2-26 和表 2-6 可以看出，对于不同围压峰前卸荷花岗岩试样，渗流试验中围压 σ_s的变化并没有引起流体线性流动状态的改变，但是随着渗流试验围压的增加，流速与压力梯度之间拟合直线的斜率逐渐变大，如图 2-27(a)所示。以 $\sigma_3=15$ MPa 三轴压缩峰前卸荷花岗岩试样 2-15-4# 为例，在 σ_s由 4 MPa 增加至 20 MPa 的过程中，拟合直线的斜率由 0.180×10^{12} Pa·s/m⁴逐渐增加至 0.326×10^{12} Pa·s/m⁴，增加了 81.11%。

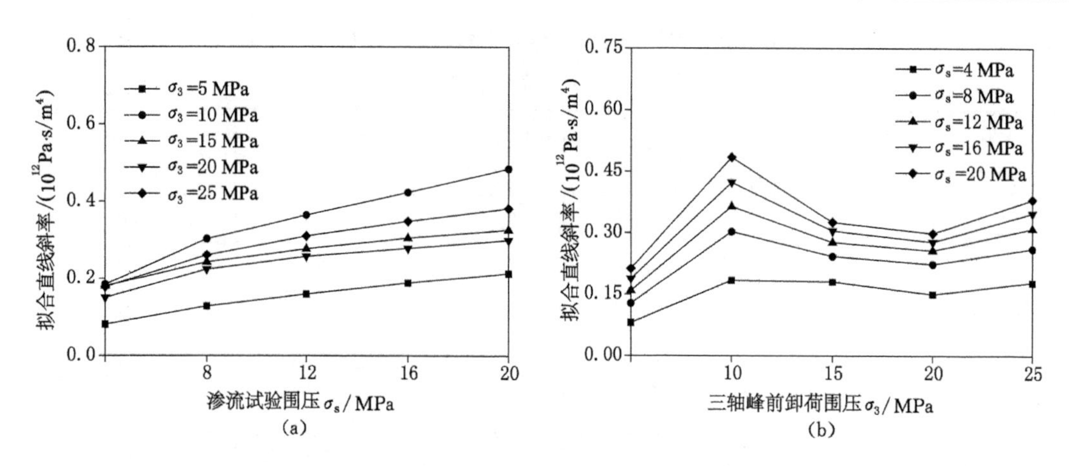

图 2-27　峰前卸荷试验后花岗岩试样渗流试验过程中流速与压力梯度线性拟合直线的斜率随围压 σ_s 和围压 σ_3 的变化特征

(a) 围压 σ_s；(b) 围压 σ_3

由于不同围压作用下，三轴压缩峰前卸荷试验后花岗岩试样内部裂隙发育特征有所差异，因此试样的渗透特性有所不同。图 2-28 对不同围压 σ_3 作用下峰前卸荷花岗岩试样渗流试验过程中出水口处流速与压力梯度之间的线性拟合关系进行描述。

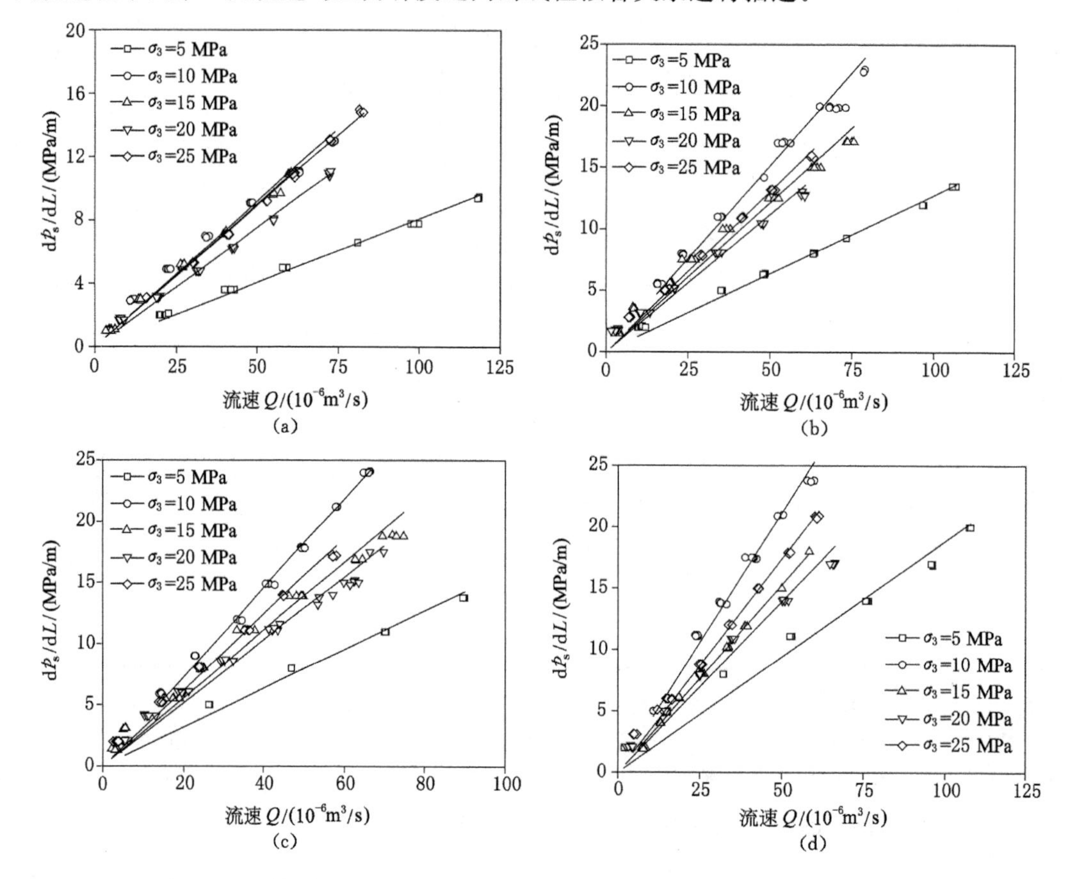

图 2-28　三轴压缩峰前卸荷围压 σ_3 对试验后花岗岩试样渗流特性的影响特征

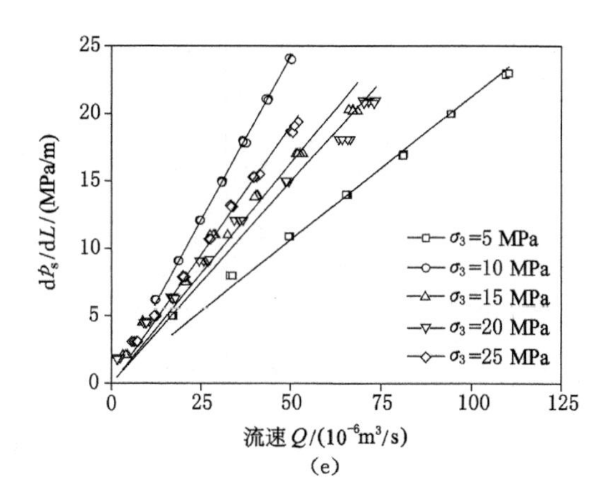

续图 2-28 三轴压缩峰前卸荷围压σ_3对试验后花岗岩试样渗流特性的影响特征

(a) σ_s=4 MPa;(b) σ_s=8 MPa;(c) σ_s=12 MPa;(d) σ_s=16 MPa;(e) σ_s=20 MPa

可以看出,对于相同的渗流试验围压σ_s,不同的三轴压缩峰前卸荷围压σ_3作用后试样渗流过程中流速与压力梯度线性拟合直线的斜率明显不同。总体上,当围压σ_3由 5 MPa 增加至 10 MPa,拟合直线的斜率逐渐增大;当围压由 10 MPa 增加至 25 MPa,斜率又呈现出先减小后增加的趋势,但是变化幅度相对较小,如图 2-27(b)所示。以σ_s=4 MPa 为例,当围压σ_3由 5 MPa 增加至 10 MPa,拟合直线的斜率由 0.081×10^{12} Pa · s/m^4逐渐增加至 0.184×10^{12} Pa · s/m^4,增加了约 1.27 倍;而当围压σ_3在 10～25 MPa 之间时,拟合直线的斜率有所波动,但是基本上稳定在 0.150～0.184 Pa · s/m^4范围内。

由图 2-26 和表 2-6 中不同围压峰前卸荷花岗岩试样渗流过程中流速与压力梯度之间的线性拟合特征,可以得出不同围压作用下岩石试样的等效渗透系数K_0和导水系数T,具体计算结果如表 2-6 和图 2-29 所示,可以看出:

(1) 对于同一个三轴压缩峰前卸荷花岗岩试样,渗流试验过程中,随着渗流围压σ_s的增加,岩石试样等效渗透系数K_0和导水系数T均呈现出逐渐减小的趋势,但是减小幅度有所差异。低围压水平(σ_s=4～8 MPa)下,等效渗透系数和导水系数的减小幅度相对较大,随着围压水平的增加,等效渗透系数和导水系数的减小幅度逐渐变小,这一点与常规三轴压缩试验后花岗岩试样渗透特性的变化特征是一致的。以σ_3=5 MPa 三轴压缩峰前卸荷花岗岩试样 2-5-2# 为例,在σ_s=4～8、8～12、12～16 和 16～20 MPa 四个渗流围压区间内,K_0的减小幅度分别为 36.72%、19.50%、15.43%和 11.74%,总体上呈现逐渐降低的趋势。

(2) 由于不同围压作用下,峰前卸荷花岗岩试样的破坏形态存在明显差异,因此试验后岩石试样的等效渗透系数和导水系数也有所不同,如图 2-29(b)和(d)所示。可以看出,总体上,随着围压σ_3的增加,试样等效渗透系数和导水系数呈现先减小(σ_3=5～10 MPa)、后缓慢增加(σ_3=10～20 MPa)、再减小(σ_3=20～25 MPa)的趋势。需要指出的是,在σ_3=10～25 MPa 围压区间内,K_0和T虽然有所变化,但是变化幅度均在一较小范围内波动。以σ_s=4 MPa 为例,当围压σ_3由 5 MPa 增加至 10 MPa,等效渗透系数由 6.29×10^{-12} m^2减小到 2.77×10^{-12} m^2,减小了 55.98%;而当σ_3=10、15、20、25 MPa 时,K_0分别为 2.77×10^{-12}、2.83×10^{-12}、3.40×10^{-12}和 2.86×10^{-12} m^2,变化区间总体较小。

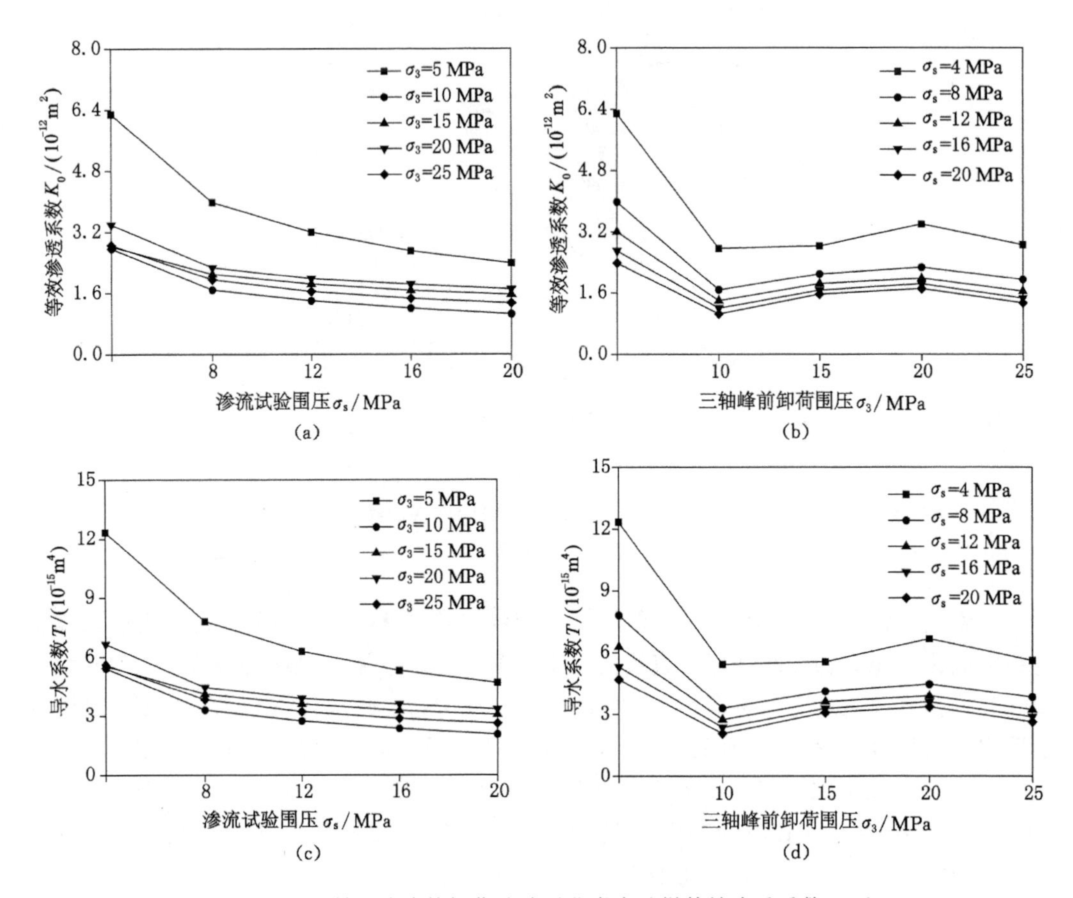

图 2-29　三轴压缩峰前卸荷试验后花岗岩试样等效渗透系数 K_0 和导水系数 T 随围压 σ_s 和围压 σ_3 的变化特征

(a) σ_s-K_0；(b) σ_3-K_0；(c) σ_s-T；(d) σ_3-T

由图 2-22 和图 2-26 中不同渗流试验围压作用下常规三轴压缩和三轴压缩峰前卸荷岩石试样渗透特性可以看出，尽管采用线性的达西定律可以较好地描述渗流试验过程中流体体积流速与压力梯度之间的相关性，但随着压力梯度的增加，Q 与 dp_s/dL 之间呈现 3 种典型的非线性相关性，如图 2-30 所示。具体分析如下：

(1) 惯性效应引起的非线性渗流行为。当渗流试验围压 σ_s 较小时[图 2-30(a)]，压力梯度 ∇p 的增加幅度大于体积流速 Q 的增加幅度，这种非达西渗流是由较大流速引起的惯性效应导致的，此时惯性力与黏性力相比是不可忽视的。体积流速与压力梯度之间的非线性关系可采用 Forchheimer 函数[公式(2-1)]进行拟合。

(2) 裂隙扩张引起的非线性渗流行为。图 2-30(b)表示了试样 20-3# 在渗流试验围压 σ_s=16 MPa 时的非线性渗流行为。当水压力 p_s 小于 σ_s 的 10%左右时，流体流动偏离线性达西定律，Forchheimer 函数[公式(2-1)]可以准确地描述渗流数据。随着水压力 p_s 的继续增加，由于水力耦合(HM)作用，裂隙显著扩张，流体流动呈现“过度流出”的非线性特征(曲线 B)。这种非线性渗流行为主要发生在较大的渗流试验围压导致裂隙压缩闭合的情况下，随着进水口水压力的增加，有效围压逐渐减小，由此引起裂隙扩张和过量的流体流出。

(3) 流固相互作用引起的非线性渗流行为。图 2-30(c)描述了试样 2-15-4# 在渗流试验

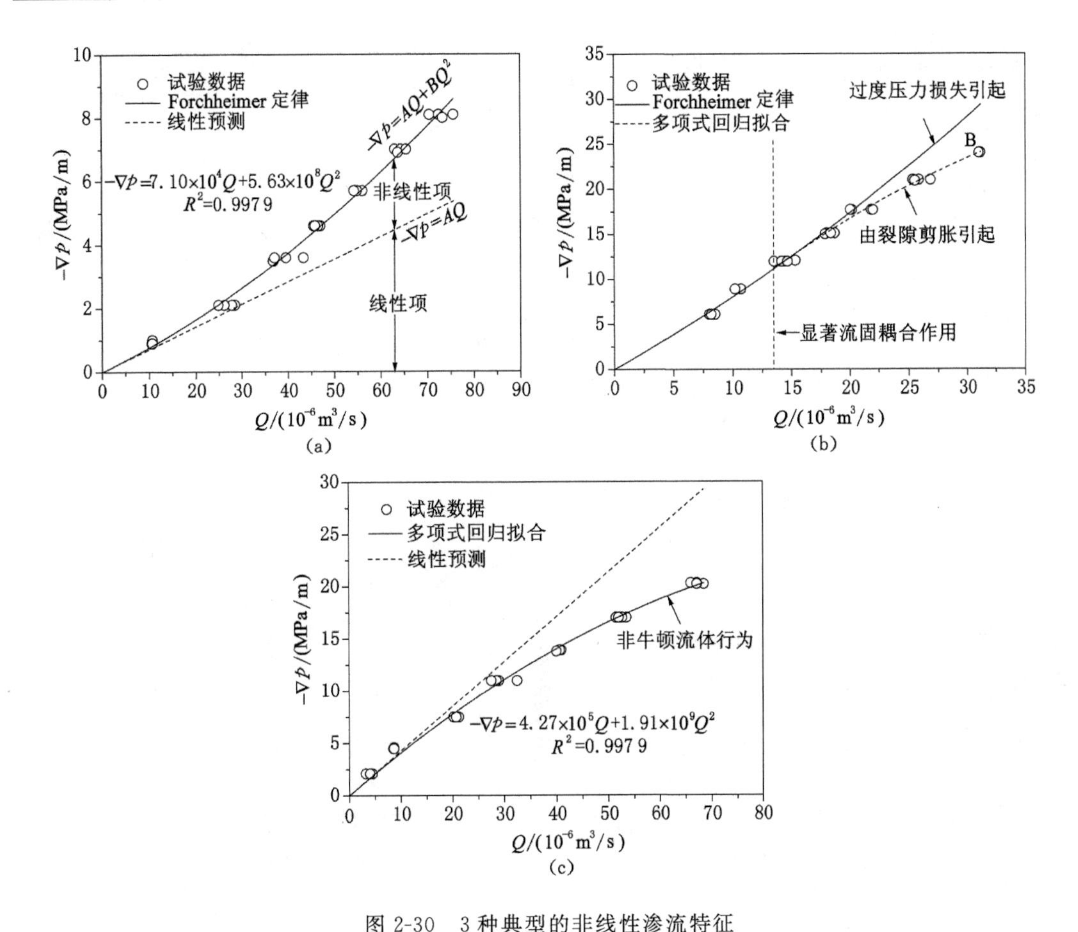

图 2-30　3 种典型的非线性渗流特征

(a) 试样 5-2#，σ_s=8 MPa；(b) 试样 20-3#，σ_s=16 MPa；(c) 试样 2-15-4#，σ_s=20 MPa

围压 σ_s=20 MPa 时的渗流特征。∇p 与 Q 之间的非线性关系呈现典型"过度流出"的特征，这与非牛顿流体的渗流特征相似。这种非线性特征是由于强烈的流固相互作用引起的。当进水口压力 p_s小于某一阈值时，由于流固相互作用，基质表面附近流体的性质会发生变化。但是当 p_s大于这一阈值时，水力耦合作用导致流体流动向非线性渗流区域转变并呈现"过度流出"的特征。

2.3.2.3　不同应力路径作用后花岗岩试样渗透特性对比分析

由上述试验结果和分析可知，常规三轴压缩和三轴压缩峰前卸荷两种应力路径作用后，岩石试样的渗透特征均满足线性拟合关系，可以用达西定律进行描述，但两者之间又存在显著差异，本节将对这两种工况试验后花岗岩试样的等效渗透系数进行对比分析，具体如图 2-31 和图 2-32 所示。

从图 2-31 可以看出，对于相同的围压 σ_3，随着渗流试验围压 σ_s的增大，两种应力路径作用后花岗岩试样的等效渗透系数均呈现出逐渐减小的趋势。当围压水平 σ_3较小(σ_3=5～10 MPa)时，常规三轴压缩试验后岩石试样渗透系数相对较大；当 σ_3=15 MPa 时，两种应力路径作用后岩石试样渗透系数较为接近；而当围压水平 σ_3相对较大(σ_3=20～25 MPa)时，三轴压缩峰前卸荷试验后岩石试样等效渗透系数 K_0相对较大，以围压 σ_3=20 MPa 为例，与常

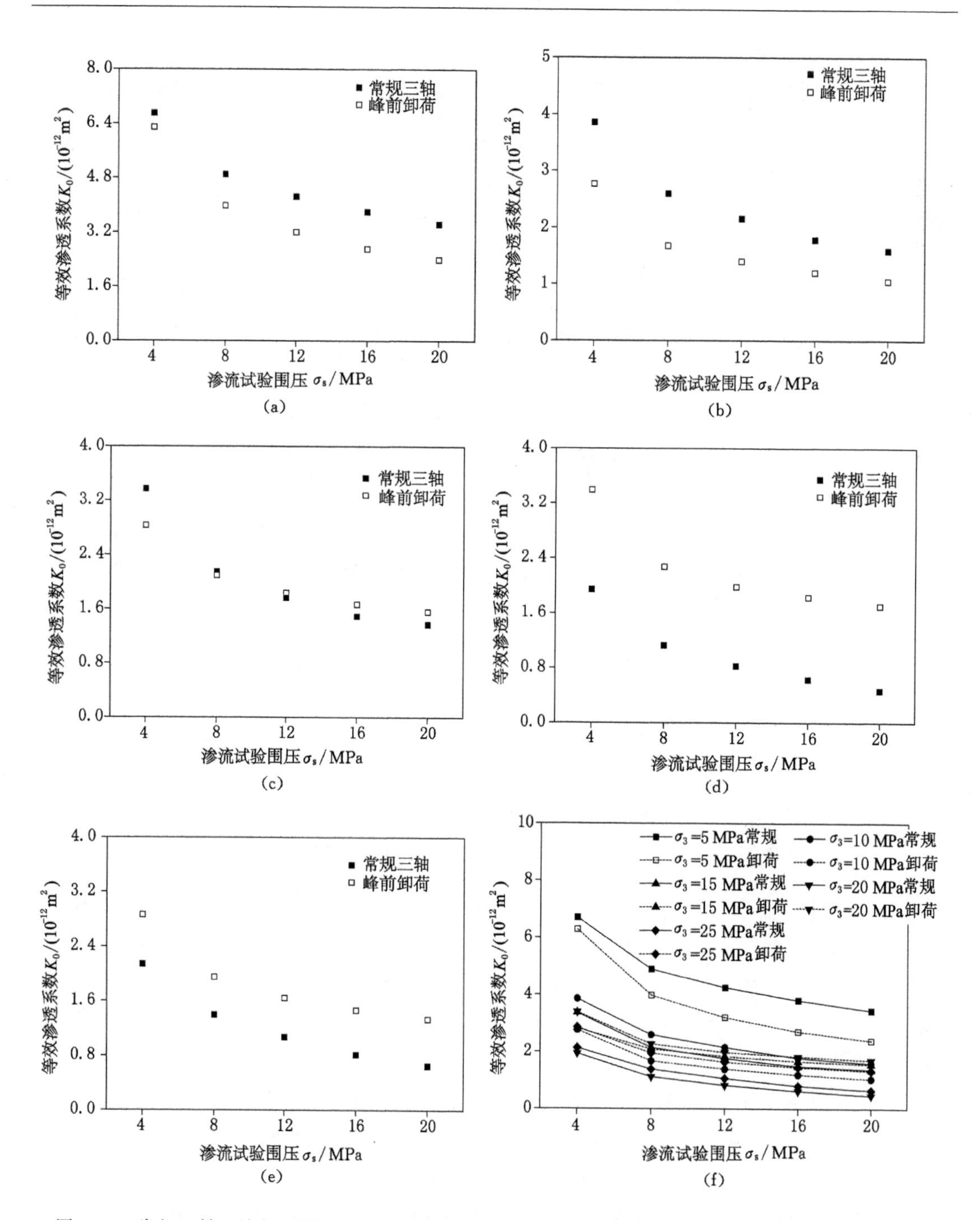

图 2-31 常规三轴压缩与三轴压缩峰前卸荷试验后花岗岩试样等效渗透系数 K_0对比结果(相同 σ_3)

(a) σ_3 = 5 MPa;(b) σ_3 = 10 MPa;(c) σ_3 = 15 MPa;(d) σ_3 = 20 MPa;(e) σ_3 = 25 MPa;(f) 汇总对比

规三轴压缩试样相比,三轴压缩峰前卸荷试样的等效渗透系数 K_0分别增加了 74.67%(σ_s=4 MPa)、101.79%(σ_s = 8 MPa)、139.30%(σ_s = 12 MPa)、189.93%(σ_s = 16 MPa)和262.88%(σ_s=20 MPa)。这一对比结果与前文中花岗岩试样纵波波速和 CT 扫描三维重构的结果是大体一致的。

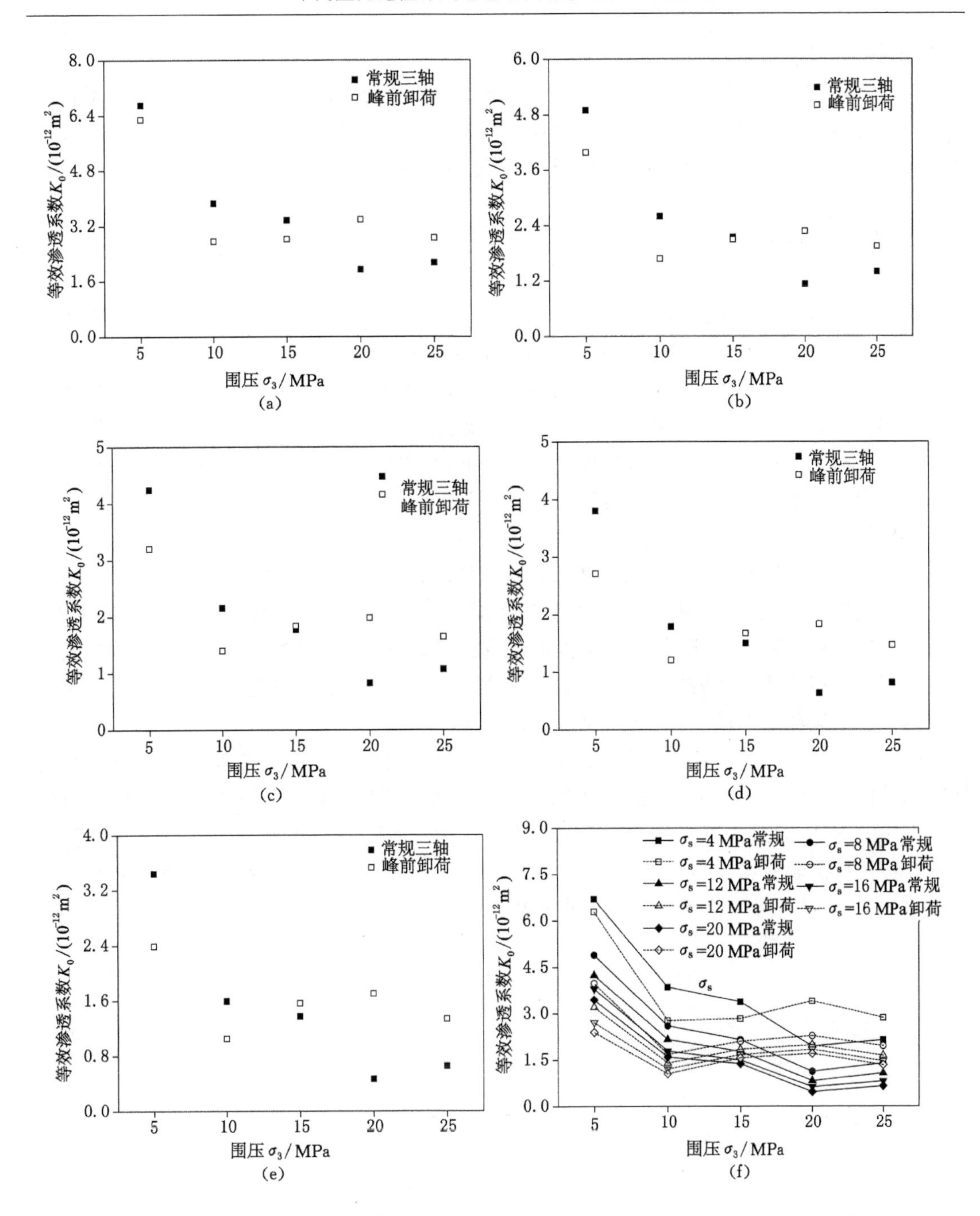

图 2-32 常规三轴压缩与三轴压缩峰前卸荷试验后花岗岩试样等效渗透系数K_0对比结果(相同σ_s)

(a) σ_s=4 MPa;(b) σ_s=8 MPa;(c) σ_s=12 MPa;(d) σ_s=16 MPa;(e) σ_s=20 MPa;(f) 汇总对比

相同渗流试验围压σ_s作用下,两种试验工况后岩石试样等效渗透系数随围压σ_3的变化特征存在一定差异,如图 2-32 所示。对于常规三轴压缩试验后花岗岩试样,随着围压σ_3的增加,等效渗透系数K_0先快速减小后又有所增加,在σ_3=20 MPa 时取得最小值;而对于峰前卸荷花岗岩试样,等效渗透系数呈现先减小后在一较小范围内波动的趋势,在σ_3=10 MPa 时取得最小值。整体来说,对于两种应力路径作用后花岗岩破裂试样,随着围压σ_3的增加，试样的等效渗透系数均呈现下降的趋势。

通过上述对比分析结果可以发现，当岩体所处地质环境中围压应力水平较低、而工程开挖扰动或地质活动所引起的岩体卸荷活动较为剧烈时，应力作用下岩体内部贯通裂隙面较为发育，则渗透特性相对显著，工程施工和支护过程中需要对此类岩体工程重点对待。

2.4 本章小结

本节通过对不同应力路径（单轴压缩、常规三轴压缩、三轴压缩峰前卸荷）作用后损伤破裂花岗岩试样进行不同围压作用下的渗透特性试验，主要得到以下结论：

(1) 由完整试样纵波波速和单轴压缩应力-应变曲线可以看出，试验用花岗岩材料的均质性能相对较好；常规三轴压缩和三轴压缩峰前卸荷两种试验工况作用后，花岗岩试样的纵波波速与完整试样相比明显减小；两种试验工况下，随着围压 σ_3 的增加，试样纵波波速 v 均总体上表现出逐渐增大的趋势；不同的加载方式下，岩石试样声发射活动与应力路径具有明显的对应特征。

(2) 通过高分辨率岩石 CT 扫描和 Avizo 软件对试验后花岗岩试样内部裂隙发育特征进行三维重构，结果表明，重构出来的裂纹扩展模式与试验得到的试样破坏形态较为相似。由于花岗岩材料的脆性特征，单轴压缩作用下，花岗岩试样内部裂隙以张拉裂隙为主，试样呈现典型的劈裂破坏。随着围压 σ_3 的增加，常规三轴和三轴峰前卸荷两种工况下，花岗岩试样内部次生裂隙逐渐单一，表现为拉剪混合破坏。

(3) 单轴压缩后花岗岩试样渗流试验过程中体积流速与压力梯度之间呈现明显的非线性特征，可以用 Forchheimer 方程进行描述，拟合方程中回归系数 a' 和 b' 均随着围压 σ_s 的增大呈现逐渐增加的趋势；试样导水系数随着压力梯度的增加逐渐降低；不同围压常规三轴及三轴峰前卸荷试验后花岗岩试样流速与压力梯度之间均呈现近似线性关系，随着渗流试验围压 σ_s 的增加，试样等效渗透系数和导水系数均逐渐减小，而试样的渗透特性随围压 σ_3 的变化特征存在一定差异。

3 应力作用下粗糙单裂隙剪切渗流试验研究

自然状态下粗糙裂隙面通常承受原岩应力或其他荷载作用，这些荷载直接影响着裂隙的开度和流体的流动状态。近年，国内外学者对粗糙裂隙面在法向应力作用下渗透特性的变化特征展开大量研究，并取得一定的成果和进展；而针对应力作用下粗糙单裂隙剪切渗流过程中非线性流动特征的研究则相对较少。通过自主研发的应力作用下裂隙岩体渗流综合模拟和分析系统，本章通过试验研究重点阐述了法向应力作用下剪切位移对三维粗糙单裂隙非线性流动特征的影响规律。

3.1 应力作用下裂隙岩体渗流综合模拟和分析系统

3.1.1 试验系统研发

裂隙网络岩石渗流综合模拟和分析系统是自主研发的先进岩石室内试验设备，用于含裂隙网络板状岩石应力-渗流及剪切-渗流室内试验模拟研究，该试验系统具有良好的密封特性和高精度的控制系统，具体外观如图 3-1 所示。

该设备主要由不规则裂隙网络渗流平台、主裂隙剪切渗流平台、水平向加载机构、竖向加载机构、试验平台转换机构、自动送样机构、自动控制系统、视觉摄录系统、数据自动采集和分析系统等部分组成。水平向加载采用气液增压系统，通过加载端连接的压力传感器进行反馈控制，可实现加载力及加载位移的精确量测。竖向加载采用步进电机。板状岩石试样底部设置了可实现水平向 360°旋转的试验平台转换机构，以实现裂隙网络岩石渗流试验及主裂隙剪切渗流试验的自由切换。板状岩石的定位安装通过自动送样机构实现。装样时水平向加载机构竖向提升，待自动送样机构将岩石试样推送到试验位置后，回降水平向加载机构并定位。试验过程中板状岩石试样通过密封橡胶整体密封。试验全程通过自动控制系统进行控制。位于岩石试样正上方的视觉摄录系统可对试验全过程进行实时监测。试验过程中数据及图像信息自动记录存储并可通过自动采集和分析系统进行处理分析。

试验系统主要技术指标：

(1) 板状岩石试样尺寸：495 mm×495 mm×16 mm；

(2) 最大水平向加载力：200 kN；

(3) 最大渗流压力：2 MPa；

(4) 视觉摄录系统有效像素：1 200 万。

试验过程中，在板状岩石试样安装完成后，首先通过水平向加载机构对试样分别施加 x 和 y 方向水平荷载，根据需要设定不同的侧压力系数，待水平荷载稳定且满足要求后，打开 x 或 y 方向水流阀门施加水压力。待裂隙岩体渗流稳定后，x 或 y 方向出水口的体积流速可通过不同量程流量计读取。

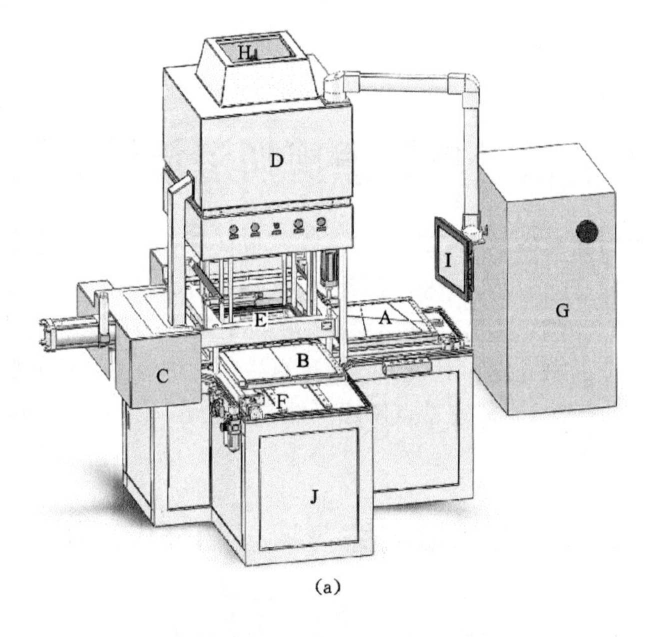

(a)

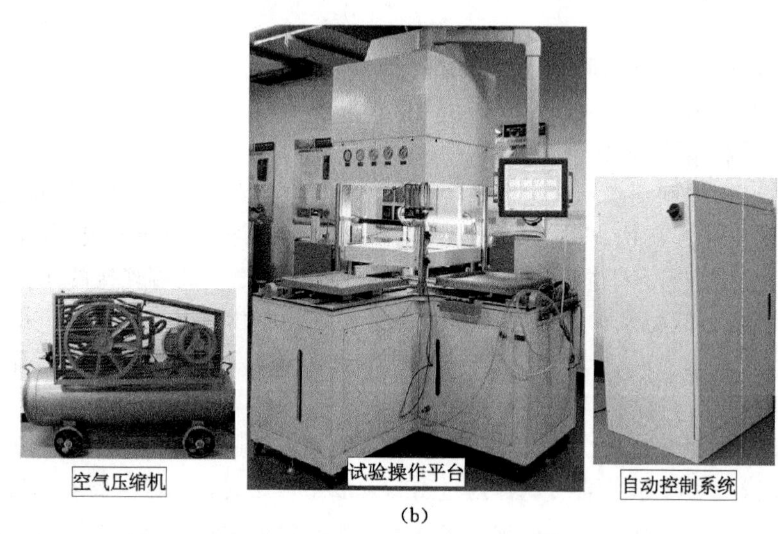

(b)

图 3-1　应力作用下裂隙岩体渗流综合模拟和分析系统

(a) Solidworks 三维示意图；(b) 实物图

A——裂隙网络渗流平台；B——主裂隙剪切渗流平台；C——水平向加载机构；D——竖向加载机构；E——试验平台转换机构；F——自动送样机构；G——自动控制系统；H——视觉摄录系统；I——数据自动采集和分析系统；J——基座

3.1.2　试验系统主要组成结构

(1) 裂隙网络渗流平台(A)

裂隙网络渗流平台是用于进行应力作用下不规则裂隙网络渗流试验的工作平台(图 3-2)。平台由岩石板底座、底板密封、底部滑轨、连接若干进水管的侧向加载接头、侧向密封接头、顶部密封垫、高强度透明有机玻璃盖板等部分组成。开展渗流试验之前，将预制有裂隙网络的板状岩石放置于加设了底板密封的岩石板底座上，四周安装侧向密封接头及侧向加载接头，通过底部滑轨送入竖向加载区，上部施加顶部密封垫和玻璃盖板，然后进行加载。水平向荷载和水压力均施加在板状试样边界上[图 3-2(b)]。

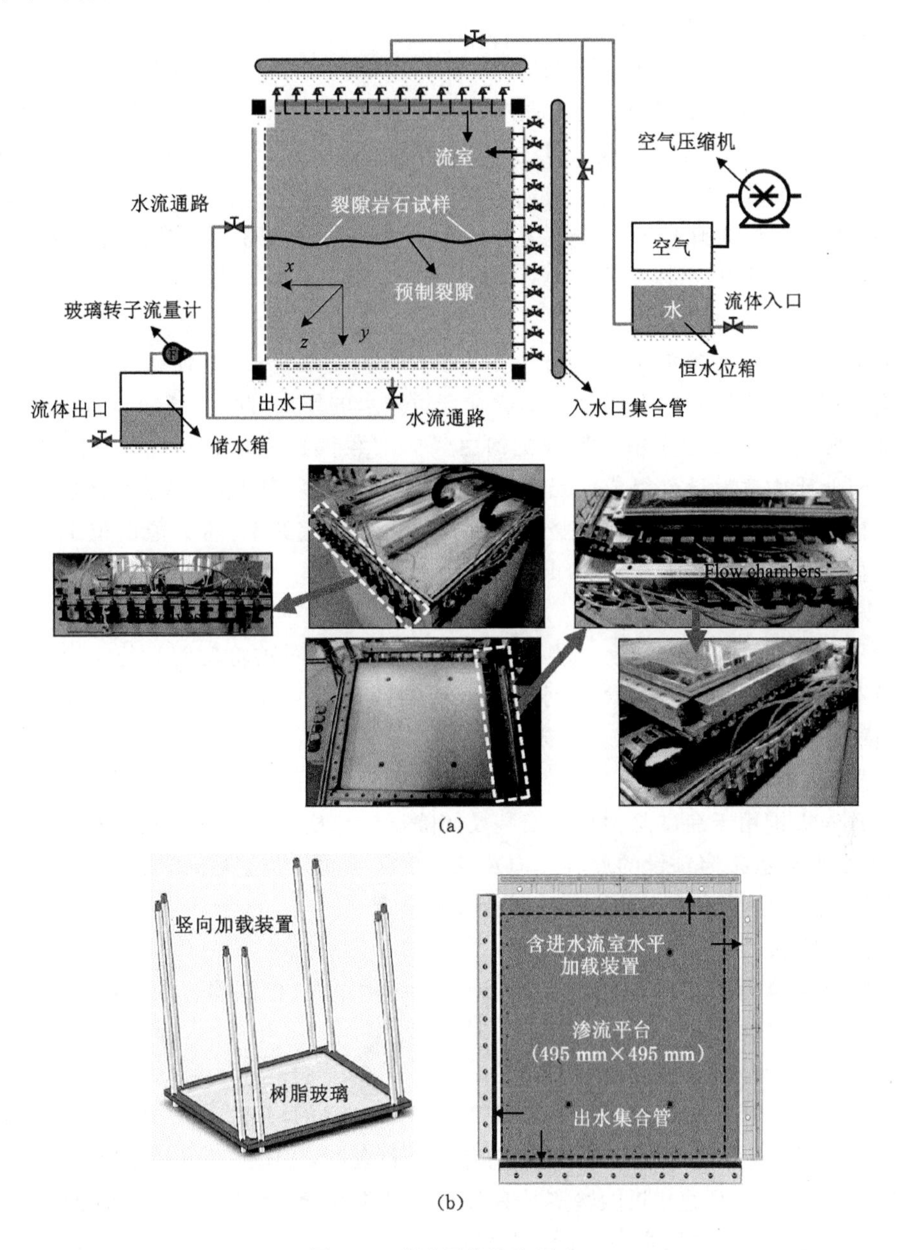

图 3-2　裂隙网络渗流平台

(a) 渗流试验平台俯视图(恒压水箱中的水是通过空气压缩机驱动且由流量调节阀门控制)；

(b) 水平向和竖向加载单元

(2) 主裂隙剪切渗流平台(B)

主裂隙剪切渗流平台是用于进行主裂隙剪切渗流试验的工作区。平台由岩石板底座、底板密封、底部滑轨、侧向加载接头、侧向密封接头、顶部密封垫、玻璃盖板等部分组成。进行主裂隙剪切渗流试验时，将预制有主裂隙的岩石试样放置于加设了底板密封的岩石板底座上，四周安装侧向密封接头及侧向加载接头，通过底部滑轨送入竖向加载区，上部施加顶部密封垫和有机玻璃盖板，然后进行加载。

(3) 水平向加载机构(C)

水平向加载机构用于施加水平向加载力并提供加载反力。水平荷载(x 和 y 方向) 由连接空气压缩机的气液增压缸提供，空气压缩机能够提供最大量程为 3 MPa 的气体压力。此外，加载机构还包括压力调节阀、加载头、反力框架、机构外壳等部件。水平方向的荷载量程为 0～200 kN。两个加载头之一(记为 x 方向加载头) 可以沿水平方向移动，以适应不同试验。当进行主裂隙剪切渗流试验时，试样安装完毕后，将 x 方向加载头移动至端部，施加剪切力；当进行裂隙网络渗流试验时，试样安装完毕后，将 x 方向加载头移动至中部，施加轴力。

(4) 竖向加载机构(D)

竖向加载机构用于施加竖直加载力以固定板状岩石试样，同时使防水橡胶、岩石试样、高强度有机玻璃盖板紧密贴合以进一步达到密封防水的要求，此外，施加竖向荷载可以起到平衡裂隙中竖向水压力的作用。加载机构由竖向加载汽缸、压力调节阀、竖向加载钢化玻璃、机构外壳、压力表等部件组成。当进行试验时，试样安装完毕后，降落竖向加载钢化玻璃压紧岩石板试样。施加至岩石板的竖向力可由压力调节阀调节，压力值由位于机构外壳上的压力表显示。竖向加载量程为 20 kN。

(5) 试验平台转换机构(E)

试验平台转换机构用于切换试验平台，以实现两种不同试验功能间的切换。机构由水平转盘及滑轨组成。当进行试验时，水平转盘可按照预设的旋转方向及角度旋转至预设位置，之后试验平台通过滑轨滑动至加载位置。

(6) 自动送样机构(F)

自动送样机构用于在试验中自动安装及卸除试样。机构由滑轨及限位开关组成。当进行试验时，水平转盘按照预设的旋转方向及角度旋转至预设位置后，试验平台通过滑轨滑动至加载位置，加载位置的精确定位通过限位开关实现。

(7) 自动控制系统(G)

自动控制系统用于实现试验的自动控制。系统由电源、控制器、传感器、连线、散热器及控制软件等部件组成。

(8) 视觉摄录系统(H)

视觉摄录系统用于实现试验中板状岩石试样图像信息的摄录。系统主要由 CCD 相机、相机支架、照明光源、光源密封舱及电源等部件组成。试验时，可按照预设的拍照间隔/录制时间进行拍照/录像。通过高速相机能够实时追踪裂隙(裂隙网络) 中带有颜色流体的流动路径。

(9) 供水及数据自动采集和分析系统(I)

流体入口集合管中的恒定流体压力是通过连接空气压缩机的恒压水箱持续提供，水压力的量程范围为 0～2 MPa。为了能够给岩石试样提供均匀变化的水压力场，两个进水口方向(x 和 y 方向)上分别均匀布置 12 个流室。通过控制阀门能够分别调节出入口集合管处的液压通路，然后岩石试样中的水流方向($x_{进}-x_{出}$、$y_{进}-y_{出}$、$x_{进}-y_{出}$、$y_{进}-x_{出}$) 可以选择性地控制[图 3-2(a)]。每个方向上的 12 个进水流室能够给岩石试样边界提供均匀的水压力。裂隙出水口处的整体体积流速可以通过玻璃转子流量计进行实时监测，流量计的量程为 0.000 4～11.0 L/min。

(10) 基座(J)

基座用于支撑上部结构并容纳控制部件。基座由机架、台板及导柱、x向轨道滑块组件、y向轨道滑块组件、x向丝杆螺母组件、y向丝杆螺母组件、渗流工作台组件、剪切工作台组件、中央转盘组件、x向加载滑块组件等部分构成。在机座内部安装有电磁阀阀岛、压力水罐、储气罐、水位计、安全阀、进出水电磁阀等部件。在机座侧面安装有供气调压三联件、压力水罐增压阀、气液增压缸供气调压阀、按钮盒以及给水手动阀组件等部件。在按钮盒下方安装有气源总开关(此开关推进为开、拉出为关)。

3.2 含不同剪切位移粗糙单裂隙岩石试样制作和试验流程

3.2.1 含不同剪切位移粗糙单裂隙板状岩石试样预制

试验同样选择第2章中的脆性花岗岩材料制作裂隙板状岩石试样。首先,将花岗岩材料加工成尺寸为600 mm×600 mm×16 mm的完整板状试样,试样上下表面的平行度控制在0.02 mm之内。然后,根据Ju等[52]提出的方法建立粗糙单裂隙的分形模型,其中粗糙裂隙面的形态由Weierstrass-Mandelbrot方程定义的分形维数D来表征[253-254]:

$$W(t)=\sum_{n=-\infty}^{\infty}(1-e^{ib^{n}t})e^{i\varphi_n}/b^{(2-D)n} \tag{3-1}$$

式中,b表示分形曲线偏离直线的程度,本书中选择$b=1.4$;φ_n表示任意相位角。理论上,分形维数D在1~2之间。取公式(3-1)的实部作为分形控制方程$C(t)$:

$$C(t)=\sum_{n=-\infty}^{\infty}(1-\cos b^{n}t)/b^{(2-D)n} \tag{3-2}$$

这里,方程$C(t)$是一个分形维数为D、连续的、不可微分的方程。

根据不同分形维数D所生成曲线的长度和波动特征,本书中粗糙单裂隙选用分形维数$D=1.1$。然后,开发MATLAB程序建立分形维数$D=1.1$的分形曲线,采用公式(3-3)和公式(3-4)对曲线的JRC值进行计算[255],得到分形曲线的$JRC=15.17$。这里,JRC为裂隙表面粗糙度系数的缩写并被岩石力学与岩石工程领域广泛接受和认可[11]。

$$Z_2=\left[\frac{1}{M}\sum\left(\frac{z_{i-1}-z_i}{x_{i-1}-x_i}\right)^2\right]^{1/2} \tag{3-3}$$

$$JRC=32.2+32.47\log Z_2 \tag{3-4}$$

式中,x_i和z_i表示裂隙表面的点坐标;M表示沿裂隙长度方向上取得的样本点个数。

将分形维数$D=1.1$生成的分形曲线作为参考曲线,将曲线沿着$+z$方向平移16 mm的距离生成三维裂隙面,图3-3表示含不同剪切位移粗糙裂隙面板状试样加工原理图。

图3-3中包含初始分形曲线相对波动信息的灰色曲面定义为裂隙的下表面,而裂隙面的上表面是通过沿着$-y$方向将灰色曲面向上平移4 mm,这样一个初始平均裂隙力学开度$b_{ma}=4$ mm的三维粗糙裂隙面就生成了。理论上,裂隙面的上下表面是相互平行的。然后,将裂隙面的下表面沿着$-x$方向每隔3 mm平移一次用来预制含不同剪切位移的粗糙裂隙面,试验中共研究6种不同的剪切位移,分别为$u=0$、3、6、9、12和15 mm。

当所有裂隙的裂隙面形貌确定之后,沿着上下裂隙面轮廓采用BJD-S325F型全自动岩

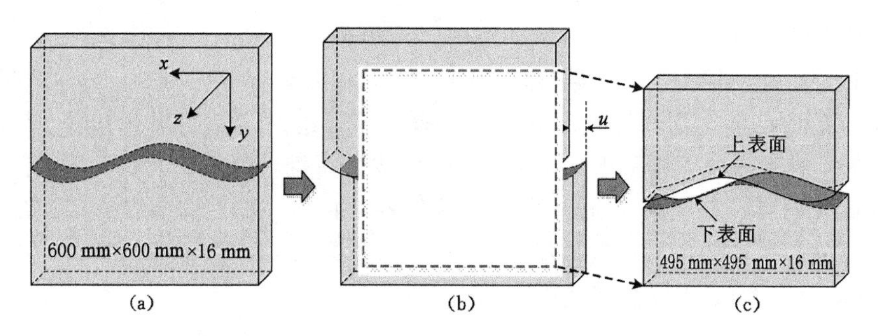

图 3-3 粗糙裂隙面下表面沿着 $-x$ 方向平移模拟剪切过程示意图

(a) 初始状态;(b) 剪切;(c) 提取板状试样

石雕刻机加工出含不同剪切位移粗糙单裂隙花岗岩板状试样(尺寸为 495 mm×495 mm×16 mm),裂隙加工过程中保持雕刻机钻头转速稳定在 18 000 r/min,如图 3-4 所示。预制裂隙过程中,裂隙均贯穿板状试样整体厚度,成型试样如图 3-5 所示,含不同剪切位移粗糙单裂隙花岗岩板状试样的具体信息见表 3-1。

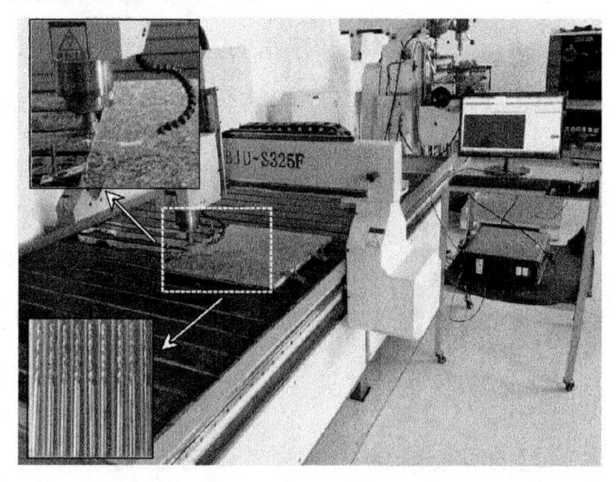

图 3-4 岩石雕刻机加工含预制裂隙花岗岩板状试样示意图

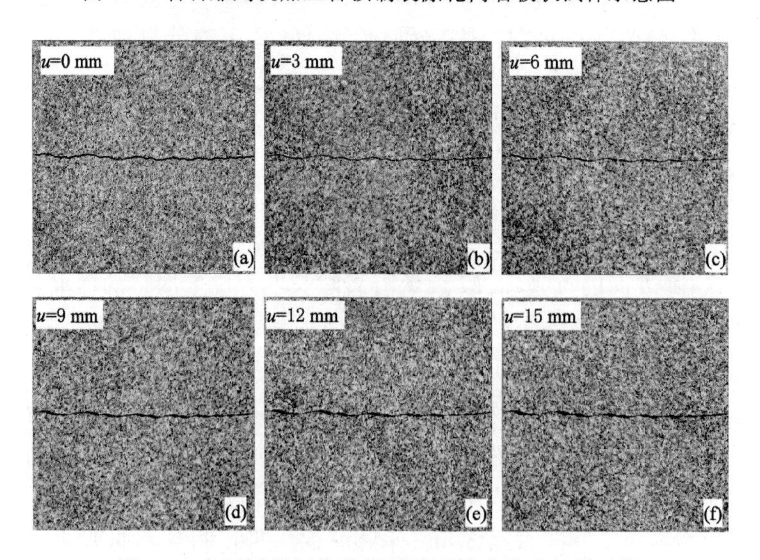

图 3-5 含不同剪切位移粗糙单裂隙花岗岩板状试样

(a) $u=0$ mm;(b) $u=3$ mm;(c) $u=6$ mm;(d) $u=9$ mm;(e) $u=12$ mm;(f) $u=15$ mm

表 3-1　　含不同剪切位移粗糙单裂隙花岗岩板状试样

u/mm	L/mm	W/mm	H/mm	b_{ma}/mm	σ_m	b_h/mm	b_h/b_{ma}
0	496.0	494.5	17.0	4.000	0.000	3.744	0.936
3	498.5	493.5	16.0	4.010	0.788	3.365	0.839
6	496.0	494.0	17.5	4.023	1.267	2.972	0.739
9	495.5	493.5	15.0	4.029	1.646	2.402	0.596
12	496.0	494.5	14.8	4.031	1.966	1.928	0.478
15	496.0	495.0	17.0	4.034	2.236	1.669	0.414

注：u 为裂隙剪切位移；L、W 和 H 分别表示板状花岗岩试样的长度、宽度和厚度；b_{ma}为裂隙平均力学开度；σ_m为裂隙力学开度标准差；b_h为裂隙等效水力隙宽。

3.2.2　含裂隙花岗岩板状试样的防水流程

含预制裂隙花岗岩板状试样加工完成之后，首先精确量测每个板状试样的尺寸，然后采用已调试完成的裂隙岩体渗流综合模拟和分析系统进行试验操作，具体试样防水和安装流程如图 3-6 所示。

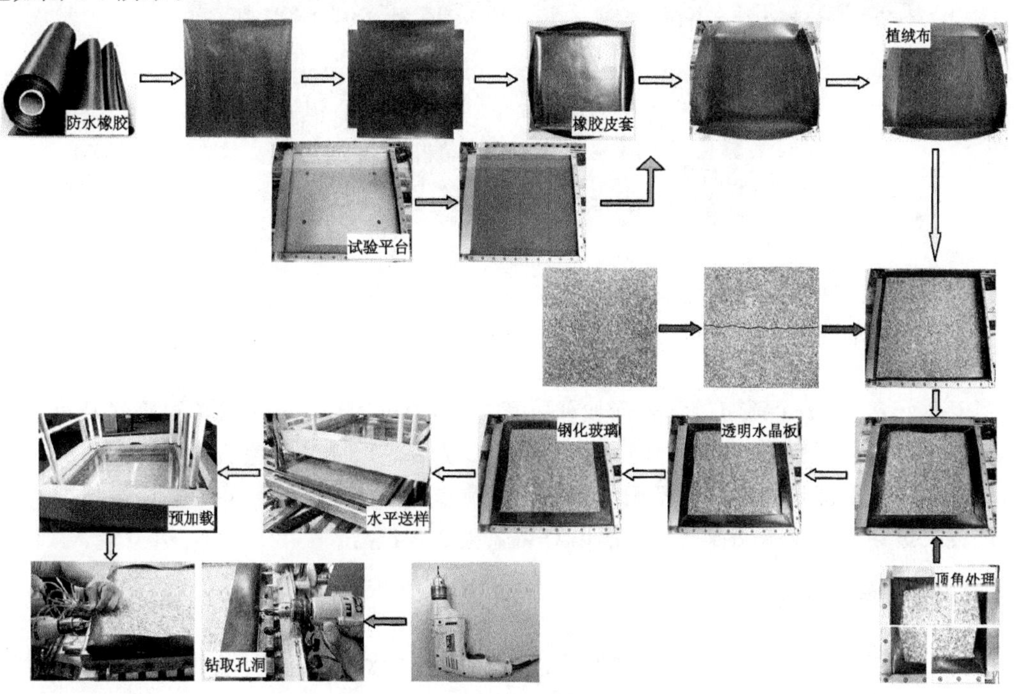

图 3-6　含裂隙花岗岩板状试样防水及安装流程

试验选用厚度 3 mm 的黑色三元乙丙防水橡胶对含预制裂隙花岗岩板状试样进行防水处理，该类型橡胶具有耐老化性能好、拉伸性好、延伸率大等优点，并广泛应用于建筑屋面、地下室等结构的防水施工。根据花岗岩板状试样尺寸(495 mm×495 mm×16 mm)加工一个 635 mm×635 mm 的正方形橡胶垫，然后在正方形橡胶垫四角各减掉一个 70 mm×70 mm 的正方形，砂纸打磨[图 3-7(a)]之后采用安特固强力胶水[图 3-7(b)、(c)]粘贴橡胶垫加工符合板状试样尺寸的橡胶套并放置于裂隙网络渗流平台之内。在此之前，裁剪一个厚度 2 mm、尺寸 495 mm×495 mm 的橘黄色橡胶垫并放置于裂隙网络渗流平台之内，以减小花岗岩板状试样因加工厚度不足 16 mm 或整体厚度不均匀而无法适应裂隙网络渗流平台所造成的试验结果误差。之后加工一个尺寸 495 mm×495 mm 的黑色植绒布以保护防水橡胶并允许板状试样产生一定的竖向位移。整个防水橡胶加工完成之后，将含预制裂隙花岗岩板状试样放置于防水橡胶皮套之内并保证试样的 4 个角点与防水橡胶完全贴合。将板状试样四周多余出来的防水橡胶粘贴在试样表面。

然后，为了更好地密封裂隙边界，在板状试样表面除去裂隙的部分均匀涂抹一层玻璃胶，加工一块与防水橡胶厚度相同(3 mm)且尺寸适合的透明水晶板[图 3-7(d)]置于试样表面并与玻璃胶贴合。当玻璃胶固化之后，将防水处理好的板状裂隙岩石试样放置在试验平台之内并在试样表面覆盖一个尺寸 500 mm×500 mm×25 mm 透明双层高强度有机钢化玻璃加工形成的盖板以增加整体刚度[图 3-7(e)]。

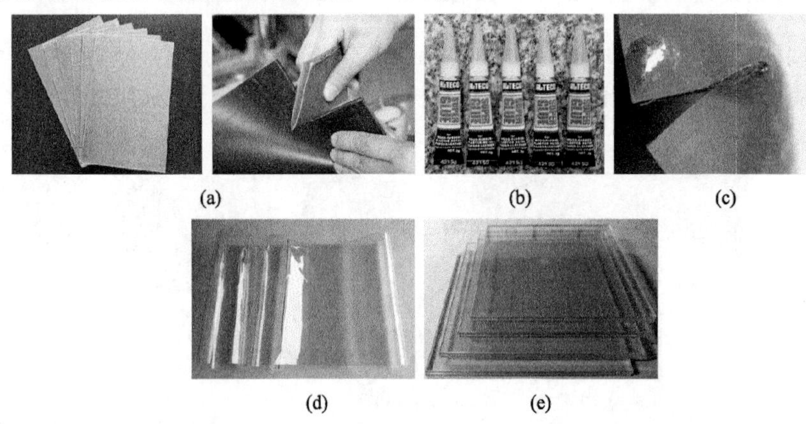

图 3-7 砂纸、安特固强力胶水、透明水晶板及高强度有机钢化玻璃盖板

(a) 打磨砂纸；(b) 安特固强力胶水；(c) 粘贴防水橡胶；(d) 透明水晶板；(e) 高强度有机钢化玻璃

当安装好含有 12 个流室的水平向加载装置之后，通过底部送样机构将试样送至试验区域。然后，对试样分别施加 7 kN 水平方向(x 和 y 方向)和 2 kN 垂直方向(z 方向)的预加载来进一步确认裂隙进出水口的精确位置。采用钻头直径 10 mm 的手头电钻在裂隙进出水口位置处贯穿橡胶皮套钻取圆形孔洞以对裂隙施加水压力。

3.2.3 剪切渗流试验方案

单裂隙剪切渗流试验过程中，流体通过连接水箱的进水集合管注入裂隙内部，其中空气压缩机保证水箱中能够提供连续不断的恒压水头[图 3-2(a)]。打开 x 方向上的阀门同时关闭 y 方向上的调节阀门就可以促使裂隙中的水流沿着 $+x$ 方向穿过裂隙，板状试样的其他边界认为是不透水的。

为了研究应力作用下裂隙岩体的剪切渗流特征，试验过程中裂隙花岗岩试样的边界荷载和进水口水压力如图 3-8 所示。对于含一定剪切位移 u 的裂隙岩石试样，x 方向上的水平边界荷载保持 $F_x=7$ kN 的恒定值；而 y 方向上的水平边界荷载 F_y 从 7 kN 每隔 7 kN 增加一次直至 35 kN。这里，F_y 被定义为垂直于裂隙表面的法向荷载。对于每一个剪切位移和水平边界荷载条件，裂隙进水口水压力 p 均由 0.05 MPa 每隔 0.05 MPa 逐渐增加至 0.6 MPa。

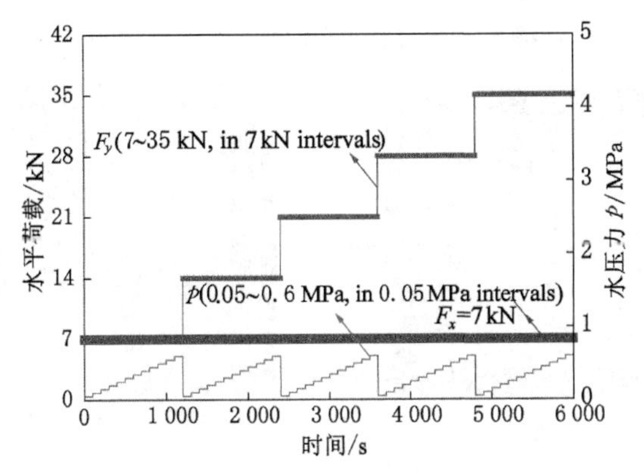

图 3-8　含不同剪切位移三维粗糙单裂隙岩体加载示意图

试验中，裂隙出水口处的整体体积流速由高精度玻璃转子流量计实时监测。对于一个特定的边界荷载和进水口水压力条件，当流量计中的玻璃转子相对稳定且没有波动时，就可以读取这一工况下裂隙出水口处的平均体积流速。此外，在储水箱中均匀混合搅拌红色食用色素，试验过程中，沿着裂隙方向移动的红色色素可以通过透明有机玻璃进行实时追踪，如图 3-9 所示。裂隙出水口处的流量可以收集到另外一个储水容器中并且能够被回收利用。

(a)　(b)　(c)

图 3-9　玻璃转子流量计及红色墨水

(a) 玻璃转子流量计；(b) 红色食用色素；(c) 流体体积流速测试

整个剪切渗流试验是在一个绝热环境下(20 ℃左右的室内环境)进行的，同时假设流体为黏性的、不可压缩的液体，密度为 1 000 kg/m^3。

3.2.4　板状试样防水密封性能验证

为了评估试验装置和防水措施的密封性能，试验过程中，首先对完整花岗岩板状试样(495 mm×494.5 mm×16 mm)在低应力水平下的渗透特性进行测试，研究整个密封系统的防水效果。由试验用花岗岩材料的力学特性可知，本书中花岗岩基质极为致密，因此被认为是不透水的。包裹好防水橡胶的完整花岗岩试样及渗流试验方案如图 3-10 所示。

完整花岗岩试样防水处理完成后，首先在板状试样 4 个边界中部均钻取一个进水孔

[图 3-10(b)],然后对试样施加 $F_x=F_y=7$ kN 的荷载水平,如图 3-10(a)所示。试验过程中分别展开 x 方向和 y 方向上的渗流试验,当关闭 x 方向打开 y 方向上的进出水口阀门,促使水流沿着 y 方向流动便可以测试试样在 y 方向上的渗流特性,反之亦然。

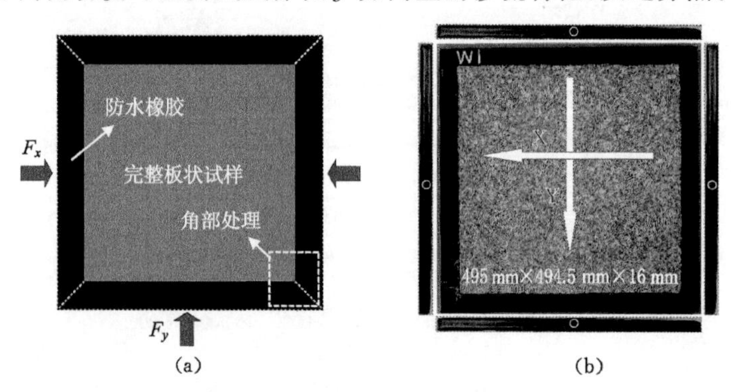

注:防水处理时,试样 4 个顶角处的防水橡胶通过安特固强力胶水粘贴,同时四周的防水橡胶与板状试样妥善贴合。

图 3-10　完整花岗岩板状试样防水处理及渗流试验方案

(a) 示意图;(b) 实物图

试验结果表明:在水压力 p 由 0 MPa 增加至 0.6 MPa 的过程中,防水橡胶和花岗岩板状试样之间的交界面均没有出现渗漏现象,且整个试验过程中用最小量程为 0.000 4 L/min 的玻璃转子流量计均没有测试到 x 方向或 y 方向上的体积流速。由以上分析可知,用厚度 3 mm 的黑色三元乙丙防水橡胶作为防水材料,并通过安特固强力胶和玻璃胶形成的防水橡胶皮套结构的防水效果较好,可用于不同应力作用下裂隙花岗岩试样渗透特性试验的防水处理。

3.3　三维粗糙单裂隙剪切渗流试验结果及讨论

3.3.1　无法向应力作用下花岗岩试样渗透特性

根据分形曲线($D=1.1$)的特征,无剪切位移作用下粗糙单裂隙初始力学开度 b_m 设定为 4 mm,然后,预制含不同剪切位移($u=3$、6、9、12、15 mm)的裂隙花岗岩板状试样。采用激光扫描轮廓曲线仪对含不同剪切位移裂隙的平均力学开度 b_{ma} 进行测量,具体结果如表 3-1 所列,其中 σ_m 为裂隙力学开度的标准差。图 3-11 表示含不同剪切位移裂隙沿裂隙长度方向(x 方向)上力学开度的变化趋势。可以看出,随着裂隙剪切位移的增加,裂隙轮廓在局部区域发生明显的波动现象,具体可以概括成以下 3 种不同的形式:隙宽增大、隙宽收缩和平滑过渡。由图 3-11 还可以看出,5

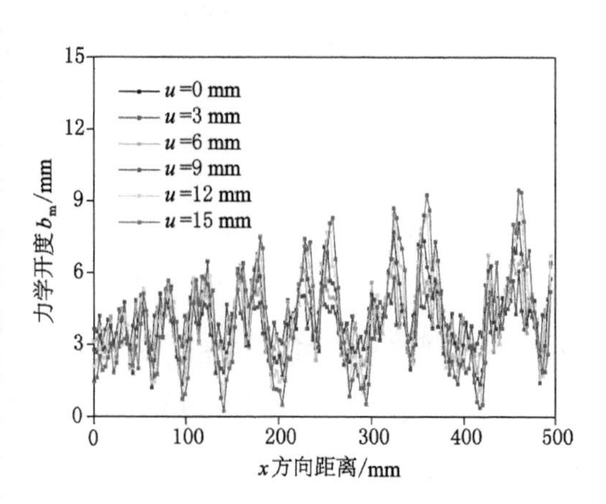

图 3-11　含不同剪切位移粗糙单裂隙力学开度统计特征

种不同剪切位移下，裂隙的最大力学隙宽为 9.45 mm。参考以往学者的研究经验，含不同剪切位移粗糙单裂隙力学隙宽的分布规律可以采用高斯分布很好地描述。因此，采用每隔 0.5 mm 设定为一组对含不同剪切位移粗糙裂隙力学隙宽的分布规律进行统计分析，如图 3-12 所示。可以看出，随着剪切位移的增加，裂隙隙宽出现的最大频率逐渐减小，而裂隙隙宽的分布范围逐渐变大。

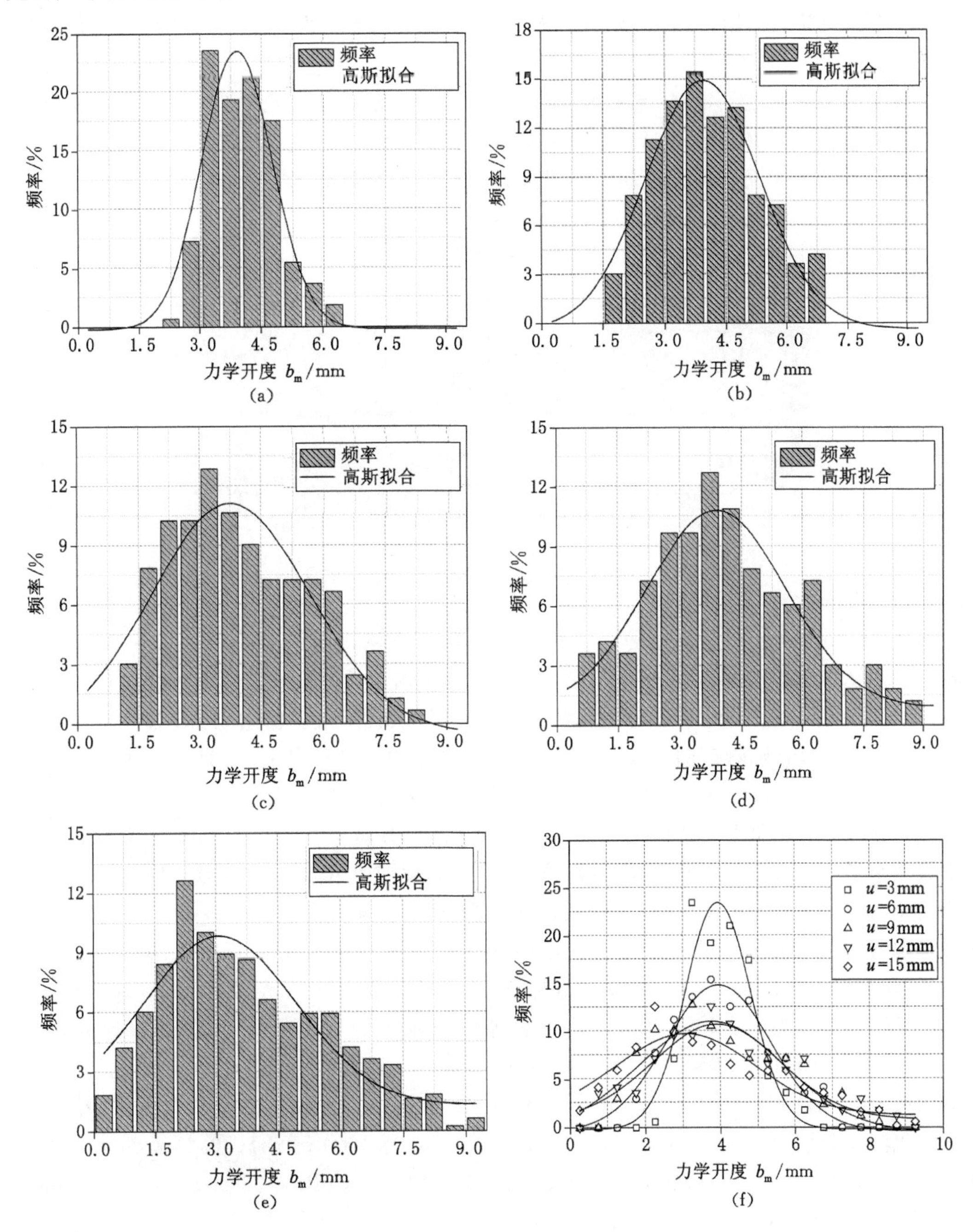

图 3-12　采用高斯拟合方程统计含不同剪切位移粗糙单裂隙力学开度的分布频率

(a) u=3 mm；(b) u=6 mm；(c) u=9 mm；(d) u=12 mm；(e) u=15 mm；(f) 高斯拟合曲线

表 3-1 同样列出了不同剪切位移下裂隙平均力学开度 b_{ma}变化的统计特征，可以看出，随着剪切位移的增加，裂隙平均力学开度呈现出逐渐增加的趋势，但增加幅度较小。当剪切位移 u=0 mm 时，裂隙平均力学开度 b_{ma}为 4.000 mm 左右，而当剪切位移 u=15 mm 时，平均力学开度增大到 4.034 mm，与 u=0 mm 时相比，仅增加了 0.85%。

对裂隙花岗岩板状试样进行防水处理之后，对试样施加一个 F_x=7 kN 的水平荷载，而 y 方向上无法向荷载作用，然后在裂隙进水口处施加一个恒定的 p=40 Pa 的水压力(对应于 0.4 cm 的位置水头)。

对于每一个裂隙岩石试样，当裂隙出水口处的体积流速 Q 稳定之后(图 3-13)，相应的裂隙等效水力隙宽 b_h便可以通过反算立方定律获得，等效水力隙宽 b_h定义为相同水力梯度下与粗糙单裂隙产生相同体积流速的光滑平行板模型的裂隙隙宽：

$$b_h = \sqrt[3]{\frac{12uQ}{w\ \nabla p}} \tag{3-5}$$

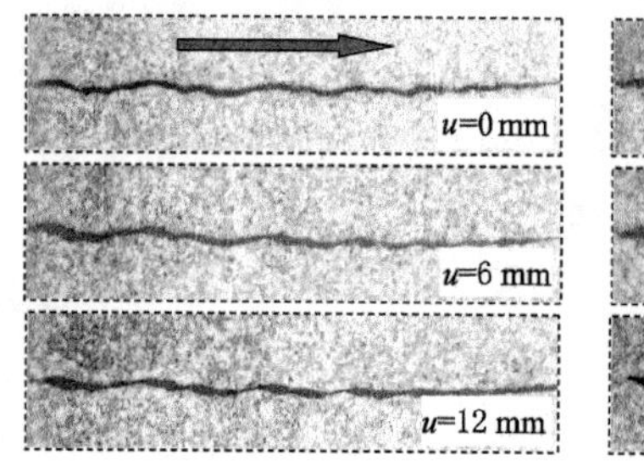

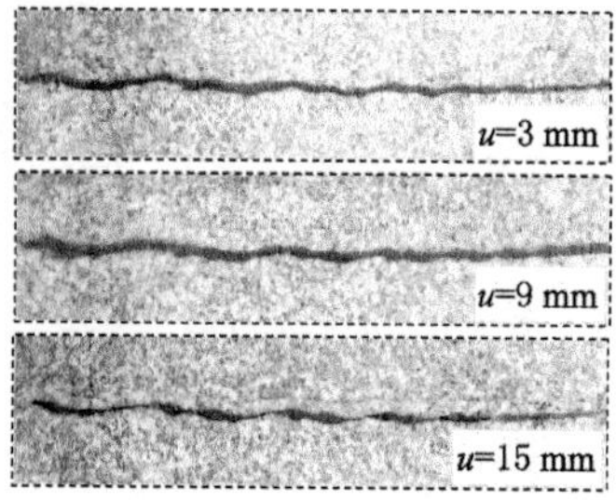

图 3-13　体积流速稳定后裂隙岩体渗流行为

表 3-1 中同样列出了含不同剪切位移裂隙等效水力隙宽 b_h的变化特征。一般地，对于相同的剪切位移，裂隙等效水力隙宽 b_h均小于相应的平均力学开度 b_{ma}，减小幅度在 6.39%～58.62%之间，如图 3-14 所示，这是由于裂隙粗糙度以及裂隙开度的不规则分布导致的。从图 3-14 还可以看出，随着裂隙剪切位移的增加，等效水力隙宽逐渐减小，且减小幅度相对剧烈，剪切位移 u=0、3、6、9、12、15 mm 对应的裂隙等效水力隙宽分别为 3.744、3.365、2.972、2.402、1.928 和 1.669 mm。与 u=0 mm 相比，剪切位移 u=15 mm 时裂隙等效水力隙宽减小了 55.42%。此外，随着剪切位移的增加，裂隙等效水力隙宽与平均力学开度之间的比率 b_h/b_{ma}也呈现出逐渐减小的趋势，在整个剪切过程中减小了 55.81%，这也进一步表明考虑剪切作用的裂隙渗透特性更为复杂。

通过对比图 3-14 和表 3-1 中的试验数据还可以得出，与 u=0 mm(Q=2.80×10^{-6} m^3/s，b_h=3.744 mm) 相比，后 5 种剪切位移下裂隙等效水力隙宽分别减小了 10.14%(u=3 mm，b_h=3.365 mm)、20.65%(u=6 mm，b_h=2.972 mm)、35.87%(u=9 mm，b_h=2.402 mm)、48.55%(u=12 mm，b_h=1.928 mm)和 55.43%(u=15 mm，b_h=1.669 mm)；稳定状态下体积流速分别减小了 27.43%(u=3 mm，Q=2.03×10^{-6} m^3/s)、50.04%(u=6 mm，Q=1.40×10^{-6} m^3/s)、73.62%(u=9 mm，Q=7.39×10^{-7} m^3/s)、86.38%(u=12 mm，Q=3.82×10^{-7} m^3/s)和 91.15%(u=15 mm，Q=2.48×10^{-7} m^3/s)。

图 3-15 表述了试验结果中不同剪切位移下裂隙等效水力隙宽与平均力学开度的比值 b_h/b_{ma}和裂隙力学开度标准差与平均力学开度的比值 σ_m/b_{ma}之间的关系。Xie 等[27]提出，在

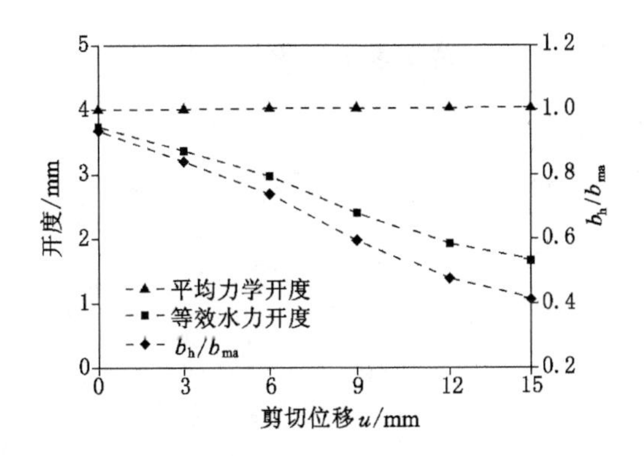

图 3-14 裂隙平均力学开度 b_{ma}、等效水力隙宽 b_h 以及两者之间的比率 b_h/b_{ma} 随剪切位移的变化特征

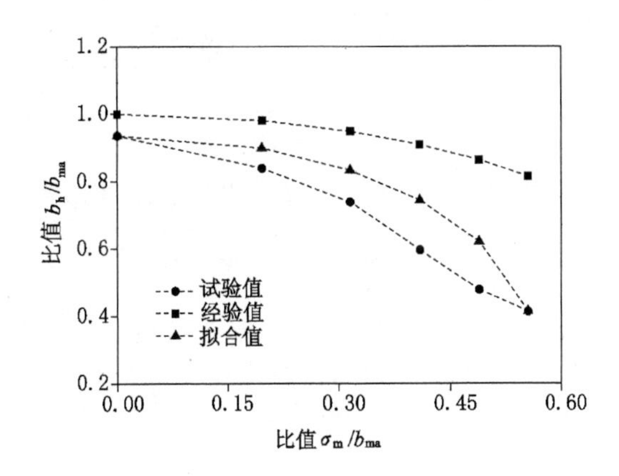

图 3-15 比值 σ_m/b_{ma} 与比值 b_h/b_{ma} 之间的关系曲线

不考虑裂隙表面分形维数的前提下，比值 b_h/b_{ma} 与比值 σ_m/b_{ma} 之间存在一定的相关性，并提出两者之间相应的经验公式：

$$\left(\frac{b_h}{b_{ma}}\right)^3 = 1 - 1.5\left(\frac{\sigma_m}{b_{ma}}\right)^2 \tag{3-6}$$

由公式(3-6)可以得出两个比值之间的经验关系，如图 3-15 所示。可以看出，随着 σ_m/b_{ma} 的增大，b_h/b_{ma} 的试验值和经验值均逐渐减小，变化趋势表现出良好的一致性。然而，对于相同的比值 σ_m/b_{ma}，b_h/b_{ma} 的经验值要显著大于相应的试验值，因此公式(3-6)中的经验公式不能较好地反映本次的试验结果，需要对其系数进行校对处理。根据表 3-1 试验结果中的点(0,0.936)以及点(0.554,0.414)对公式(3-6)中的系数进行修正，得到与试验结果较为吻合的公式：

$$\left(\frac{b_h}{b_{ma}}\right)^3 = 0.820 - 2.442\left(\frac{\sigma_m}{b_{ma}}\right)^2 \tag{3-7}$$

根据公式(3-7)得出比值 σ_m/b_{ma} 与比值 b_h/b_{ma} 之间的拟合关系，如图 3-15 所示。可以看出，经过校对修正公式得出的拟合值与先前的试验值之间的吻合程度大幅度提高，这样就进一步对不同剪切位移下裂隙力学开度和水力隙宽的演化特征进行评价分析。

3.3.2 法向应力作用下粗糙单裂隙剪切渗流特性

图 3-16 表示不同法向荷载 F_y(7、14、21、28、35 kN)作用下含不同剪切位移粗糙单裂隙水力梯度 J 与体积流速 Q 之间的关系，对于本节中所有的渗流试验，水平向荷载 F_x 保持定

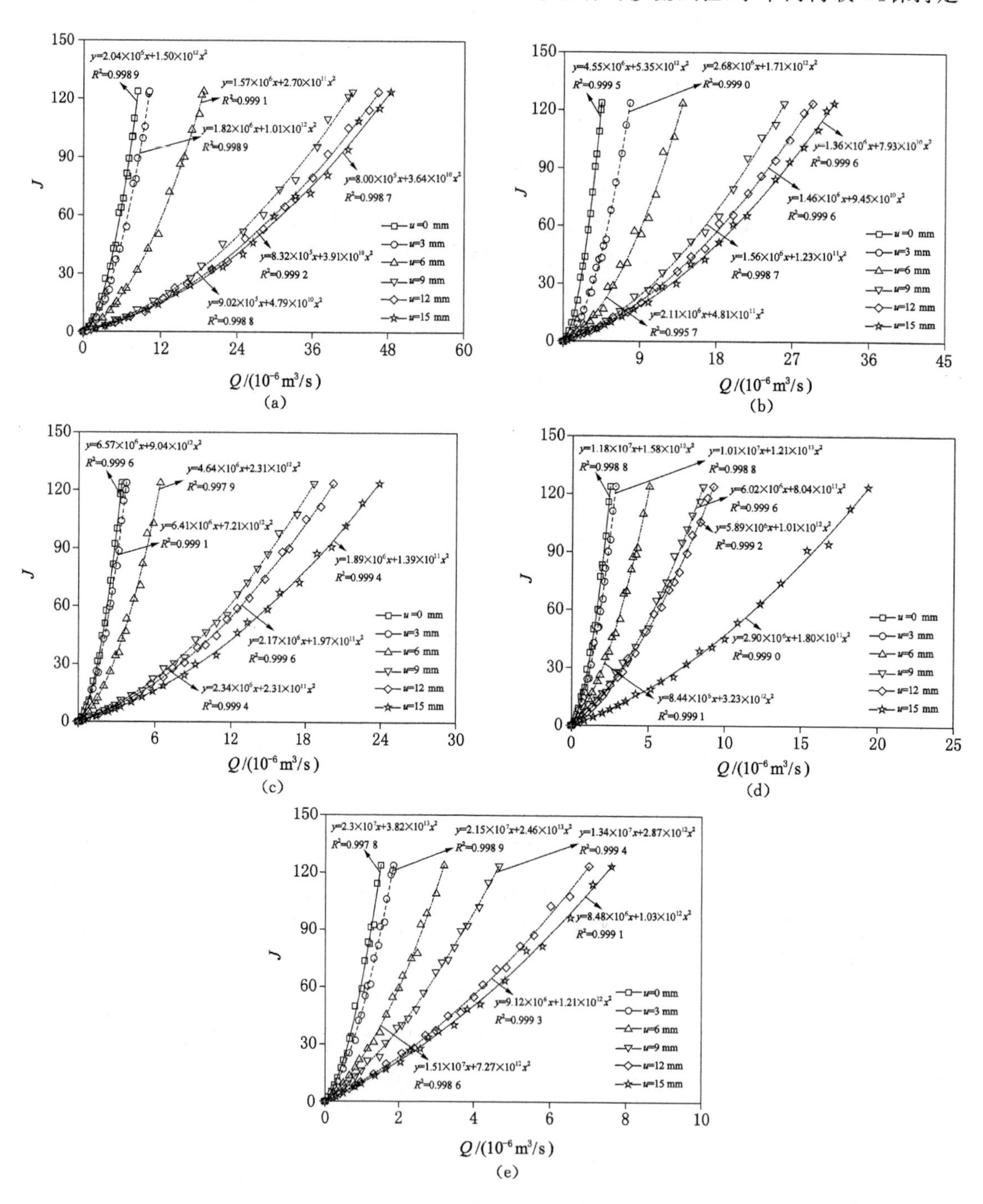

图 3-16 不同法向荷载作用下粗糙单裂隙水力梯度与体积流速之间的 Forchheimer 函数拟合关系

(a) $F_y=7$ kN;(b) $F_y=14$ kN;(c) $F_y=21$ kN;(d) $F_y=28$ kN;(e) $F_y=35$ kN

值 7 kN 不变。这里，J 定义为试样入水口处和出水口处的水头差与试样左右边界之间垂直距离的比值，可由公式(3-8)计算：

$$J = \frac{p}{\rho g L} \tag{3-8}$$

式中，ρ 为流体密度，kg/m^3；g 为重力加速度，N/kg；L 为试样左右边界之间的垂直距离，mm。

渗流试验过程中，假设裂隙出水口处的水头为零，在 0～0.6 MPa 的水压力范围内，试样在 x 方向上的水力梯度 J 在 0～123.69 范围内。

由图 3-16 可以看出，水力梯度 J 与体积流速 Q 之间的关系表现出明显的非线性特征，线性的达西定律不再适用于此种渗流过程的描述。在 1901 年，Forchheimer 提出了一个零截距二次方程来描述裂隙的非线性流动特征[公式(1-4)]，这个模型已经被众多学者广泛接受并使用[14,119,256-257]。由于水力梯度 J 与压力梯度之间呈线性相关：$J = \nabla p/(\rho g)$，公式(1-4)可以改写为：

$$J = aQ + bQ^2 \tag{3-9}$$

这里 $a = -\rho g a'$，$b = -\rho g b'$。

根据公式(3-9)对试验数据进行回归拟合分析，具体拟合方程如图 3-16 所示，对于所有的渗流试验结果，拟合曲线中相关系数 R^2 均大于 0.99(表 3-2)，表明试验值与拟合曲线具有较好的吻合程度。

表 3-2　粗糙单裂隙剪切渗流过程中 Forchheimer 函数非线性拟合方程中系数 a 和 b，以及临界水力梯度 J_c 和临界雷诺数 Re_c 的计算结果

u/mm	F_y/kN	a/(kg · Pa^{-1} · s^{-1} · m^{-4})	b/(kg · Pa^{-1} · m^{-7})	R^2	J_c	Re_c
0	7	2.045×10^6	1.504×10^{12}	0.998 9	0.343	8.87
	14	4.553×10^6	5.350×10^{12}	0.999 5	0.478	5.55
	21	6.567×10^6	9.045×10^{12}	0.999 6	0.589	4.74
	28	1.182×10^7	1.580×10^{13}	0.998 8	1.092	4.88
	35	2.380×10^7	3.819×10^{13}	0.997 7	1.831	4.07
3	7	1.816×10^6	1.010×10^{12}	0.998 9	0.403	11.73
	14	2.680×10^6	1.713×10^{12}	0.999 0	0.518	10.21
	21	6.409×10^6	7.214×10^{12}	0.999 1	0.703	5.80
	28	1.009×10^7	1.213×10^{13}	0.998 8	1.036	5.43
	35	2.149×10^7	2.462×10^{13}	0.998 9	2.316	5.69
6	7	1.567×10^6	2.704×10^{11}	0.999 1	1.121	37.81
	14	2.112×10^6	4.807×10^{11}	0.995 7	1.146	28.66
	21	4.636×10^6	2.309×10^{12}	0.997 9	1.149	13.10
	28	8.442×10^6	3.231×10^{12}	0.999 1	2.723	17.05
	35	1.513×10^7	7.266×10^{12}	0.998 6	3.890	13.59

续表 3-2

u/mm	F_y/kN	a/(kg · Pa^{-1} · s^{-1} · m^{-4})	b/(kg · Pa^{-1} · m^{-7})	R^2	J_c	Re_c
9	7	9.015×10^5	4.786×10^{10}	0.998 8	2.096	122.89
	14	1.562×10^6	1.225×10^{11}	0.998 7	2.459	83.19
	21	2.340×10^6	2.314×10^{11}	0.999 4	2.921	65.97
	28	5.888×10^6	1.010×10^{12}	0.999 2	4.238	38.03
	35	1.336×10^7	2.871×10^{12}	0.999 4	7.675	30.36
12	7	8.320×10^5	3.912×10^{10}	0.999 3	2.185	138.76
	14	1.457×10^6	9.448×10^{10}	0.999 6	2.774	100.61
	21	2.171×10^6	1.970×10^{11}	0.999 6	2.954	71.90
	28	6.025×10^6	8.044×10^{11}	0.999 6	5.571	48.87
	35	9.125×10^6	1.213×10^{12}	0.999 3	8.475	49.08
15	7	8.003×10^5	3.635×10^{10}	0.998 6	2.175	143.64
	14	1.361×10^6	7.928×10^{10}	0.999 6	2.884	112.00
	21	1.886×10^6	1.387×10^{11}	0.999 4	3.166	88.71
	28	2.898×10^6	1.803×10^{11}	0.999 0	5.751	64.86
	35	8.475×10^6	1.026×10^{12}	0.999 1	8.643	53.89

由图 3-16 可以得出以下结论：

(1) 不同荷载条件下，对于含不同剪切位移的花岗岩板状试样，随着水力梯度的增加，x 方向流速均表现出逐渐增大的趋势。在水力梯度由 0(p=0 MPa)增加到 123.69(p=0.6 MPa) 的过程中，5 种荷载水平下，含不同剪切位移单裂隙板状试样 x 方向的体积流速分别增加至 8.353×10^{-6}～4.840×10^{-5}(F_y=7 kN)、4.400×10^{-6}～3.185×10^{-5}(F_y=14 kN)、3.357×10^{-6}～2.387×10^{-5}(F_y=21 kN)、2.450×10^{-6}～1.933×10^{-5}(F_y=28 kN)和 1.516×10^{-6}～7.607×10^{-6} m^3/s(F_y=35 kN)。

(2) 对于一个给定的法向荷载 F_y，随着剪切位移 u 的增加，相同的水力梯度 J 所引起的体积流速 Q 呈现出逐渐增加的趋势。以 F_y=28 kN 为例，不同剪切位移下水力梯度 J=40 所引起的体积流速 Q 分别为 1.269×10^{-6}(u=0 mm)、1.453×10^{-6}(u=3 mm)、2.449×10^{-6}(u=6 mm)、4.039×10^{-6}(u=9 mm)、4.253×10^{-6}(u=12 mm)和 4.888×10^{-6} m^3/s(u=15 mm)，与 u=0 mm 相比，u=15 mm 时的体积流速增加了 2.85 倍。

(3) 对于含相同剪切位移的粗糙单裂隙岩石试样，随着荷载水平 F_y 的增加，水力梯度与体积流速之间的拟合曲线逐渐变得陡峭，如图 3-17 所示，表明随着法向荷载的增加，流速 Q 的增加幅度逐渐减小。以剪切位移 u=9 mm 为例，当 F_y 由 7 kN 增加至 35 kN，水压力 p=0.6 MPa 所引起的体积流速分别为 4.234×10^{-5}(F_y=7 kN)、2.599×10^{-5}(F_y=14 kN)、1.859×10^{-5}(F_y=21 kN)、8.526×10^{-6}(F_y=28 kN)和 4.639×10^{-6} m^3/s(F_y=35 kN)。与 F_y=7 kN 时的体积流速相比，F_y=35 kN 时的流速减小了 89.04%。因此，对于

一个较大的法向荷载水平 F_y，为了获得相同的体积流速，就需要施加一个较大的水力梯度 J。

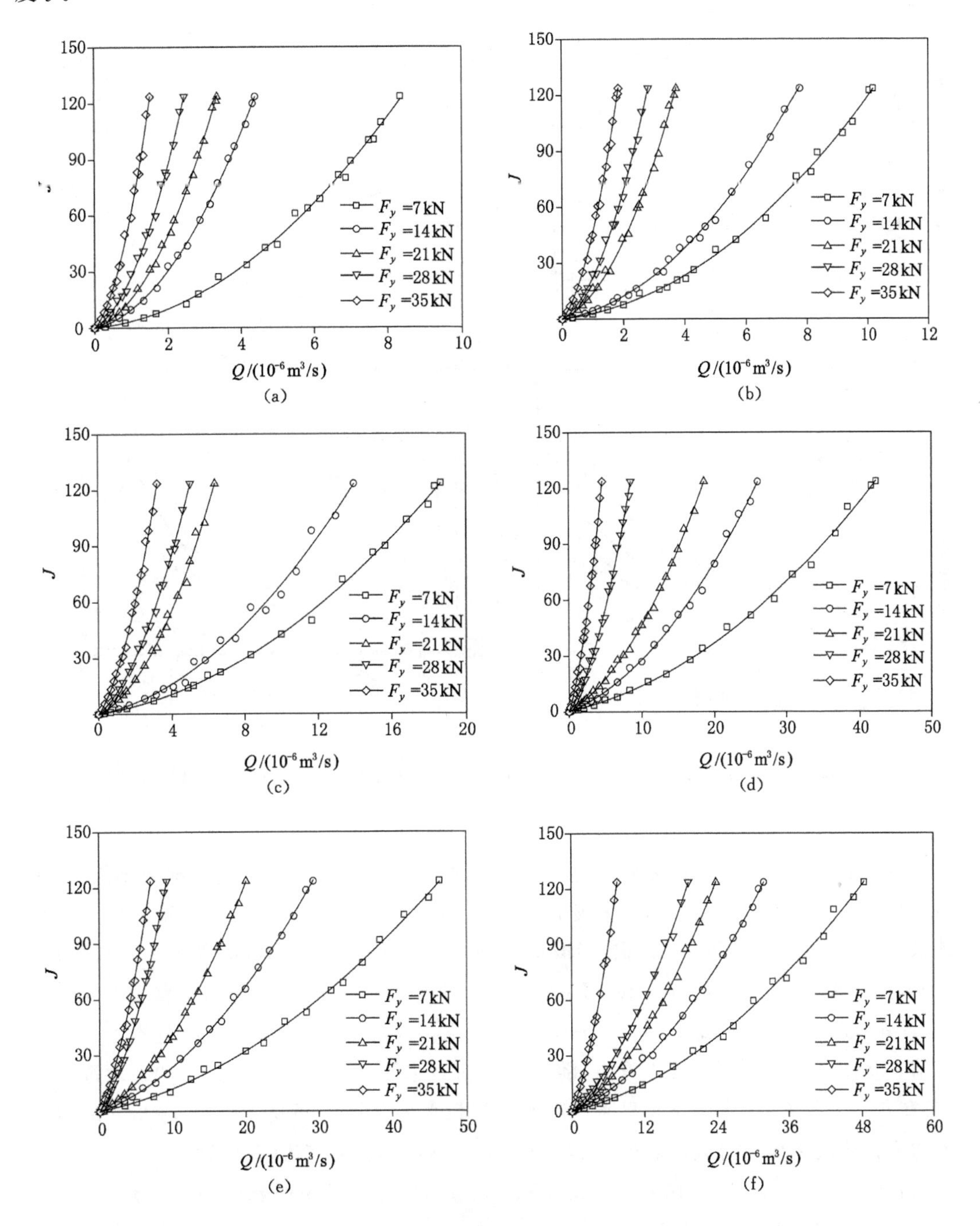

图 3-17 含不同剪切位移粗糙单裂隙水力梯度与体积流速之间的拟合关系

(a) u=0 mm；(b) u=3 mm；(c) u=6 mm；(d) u=9 mm；(e) u=12 mm；(f) u=15 mm

然后对不同试验工况拟合方程中线性和非线性系数 a 和 b 进行计算汇总，具体如表 3-2 所列。不同荷载(F_y=7、14、21、28、35 kN)作用下含不同剪切位移(u=0、3、6、9、12、15 mm)花岗岩板状试样渗流试验非线性拟合方程中系数 a 和 b 的变化特征如图 3-18 所示。

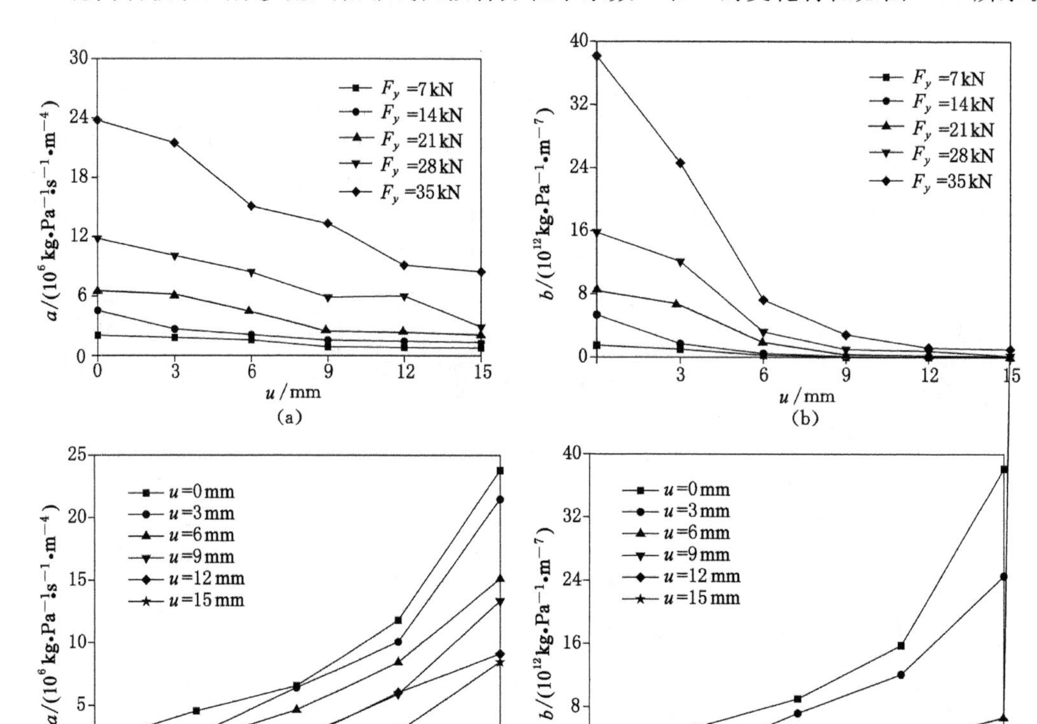

图 3-18 裂隙剪切渗流过程中线性项和非线性项系数 a 和 b 随剪切位移和法向荷载的变化特征

(a) a-u;(b) b-u;(c) a-F_y;(d) b-F_y

从图 3-18 可以看出,随着裂隙剪切位移的增加,系数 a 和 b 均表现出逐渐减小的趋势,且剪切位移由 0 mm 增加至 9 mm 过程中的减小幅度显著大于 9～15 mm 的减小幅度。以荷载水平 F_y=7 kN 时的系数 b 为例,当剪切位移由 0 增加至 9 mm 时,系数 b 由 1.50×10^{12} kg/(Pa · m^7)减小至 4.79×10^{10} kg/(Pa · m^7),减小了 96.83%;而当剪切位移由 9 mm 增加至 15 mm 时,系数 b 在 3.64×10^{10}～4.79×10^{10}kg/(Pa · m^7)范围内波动,基本上达到一个定值。从图 3-18(c)和(d)可以看出,随着法向荷载水平 F_y的增加,系数 a 和 b 均逐渐增大,且荷载水平越高,增大幅度越显著。以不同荷载水平 F_y作用下剪切位移 u=3 mm 时系数 b 的变化特征为例,法向荷载 F_y=14、21、28、35 kN 对应的系数 b 分别为 1.71×10^{12}、7.21×10^{12}、1.21×10^{13}和 2.46×10^{13} kg/(Pa · m^7),与 F_y=7 kN 时相比分别增大了 0.69、6.14、11.01 和 23.38 倍。

Izbash 函数为另一个广泛应用于描述粗糙裂隙面非线性流动特征的数学模型[式(1-5)]。根据 Izbash 函数对三维含不同剪切位移粗糙单裂隙在不同法向荷载作用下体积流速 Q 与压力梯度∇p 之间的非线性关系进行回归拟合,具体拟合曲线和拟合方程如图 3-19 所示。从图中可以看出,用 Izbash 模型进行拟合的理论曲线与试验结果同样具有较好

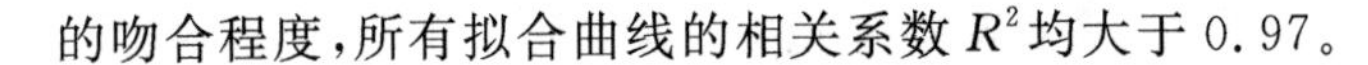

的吻合程度，所有拟合曲线的相关系数 R^2 均大于 0.97。

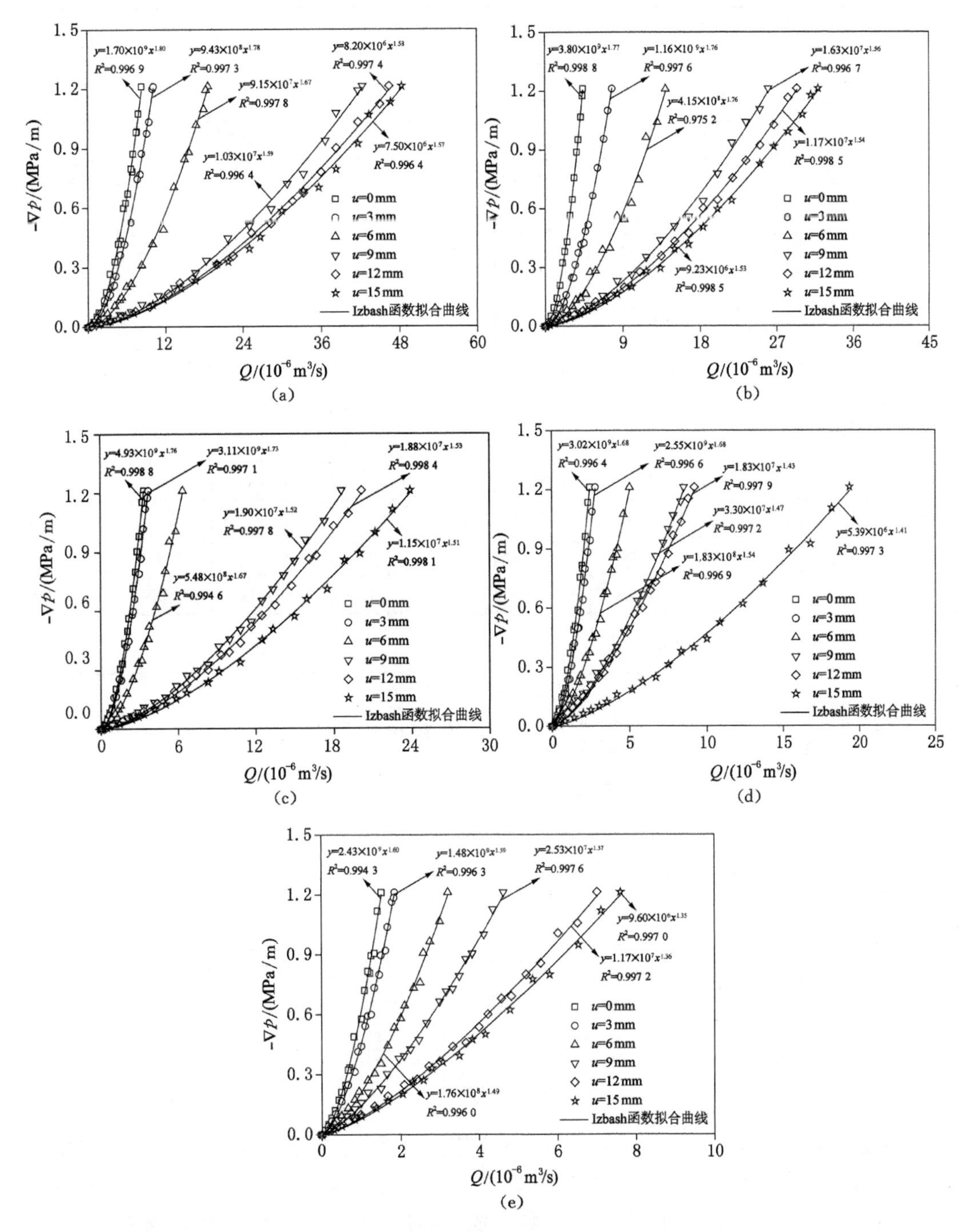

图 3-19　不同法向荷载作用下含不同剪切位移粗糙单裂隙体积流速与压力梯度之间的 Izbash 函数拟合关系

(a) $F_y=7$ kN；(b) $F_y=14$ kN；(c) $F_y=21$ kN；(d) $F_y=28$ kN；(e) $F_y=35$ kN

表 3-3 列出了不同试验工况下 Izbash 拟合方程中系数 λ 和 m 的计算结果，图 3-20 描述了系数 λ 和 m 随剪切位移 u 和法向荷载水平 F_y 的变化特征。

表 3-3　　不同试验工况下 Izbash 模型拟合函数中 λ 和 m 的计算结果

u/mm	F_y/kN	λ	m	R^2	u/mm	F_y/kN	λ	m	R^2
0	7	1.70×10⁹	1.80	0.996 9	9	7	1.03×10⁷	1.59	0.996 4
	14	3.80×10⁹	1.77	0.998 8		14	1.63×10⁷	1.56	0.996 7
	21	4.93×10⁹	1.76	0.998 8		21	1.90×10⁷	1.52	0.997 8
	28	3.02×10⁹	1.68	0.996 4		28	3.30×10⁷	1.47	0.997 2
	35	2.43×10⁹	1.60	0.994 3		35	2.53×10⁷	1.37	0.997 6
3	7	9.43×10⁸	1.78	0.997 3	12	7	8.20×10⁶	1.58	0.997 4
	14	1.16×10⁹	1.76	0.997 6		14	1.17×10⁷	1.54	0.998 5
	21	3.11×10⁹	1.73	0.997 1		21	1.88×10⁷	1.53	0.998 4
	28	2.55×10⁹	1.68	0.996 6		28	1.83×10⁷	1.43	0.997 9
	35	1.48×10⁹	1.59	0.996 3		35	1.17×10⁷	1.36	0.997 2
6	7	9.15×10⁷	1.67	0.997 8	15	7	7.50×10⁶	1.57	0.996 4
	14	4.15×10⁸	1.76	0.975 2		14	9.23×10⁶	1.53	0.998 5
	21	5.48×10⁸	1.67	0.994 6		21	1.15×10⁷	1.51	0.998 1
	28	1.83×10⁸	1.54	0.996 9		28	5.39×10⁶	1.41	0.997 3
	35	1.76×10⁸	1.49	0.996 0		35	9.60×10⁶	1.35	0.997 0

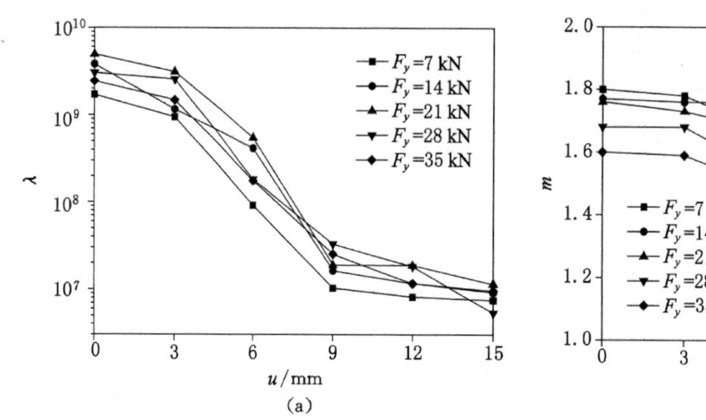

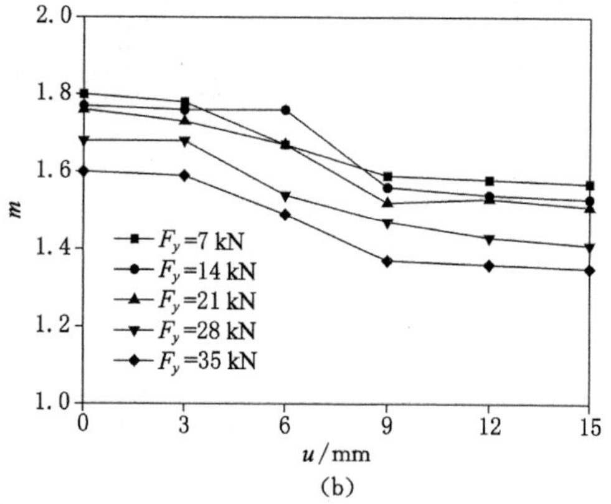

图 3-20　Izbash 拟合函数中系数 λ 和 m 随剪切位移 u 的变化特征

(a) λ-u；(b) m-u

从表 3-3 和图 3-20 可以看出：随着裂隙剪切位移的增加，系数 λ 和 m 的变化特征基本类似，均表现出逐渐减小的趋势，但与系数 m 相比，系数 λ 的减小幅度更为剧烈。在剪切位移 u 由 0 mm 增加至 15 mm 的过程中，系数 λ 减小了 2～3 个数量级；系数 m 虽有所减小，但基本保持在 1.35～1.80 的范围内波动。相同剪切位移下，随着法向荷载水平 F_y 的增加，系数 λ 和 m 均在一较小范围内波动，变化程度较小。

在以往的研究中，许多学者采用导水系数 T 来评估裂隙岩体的非线性流动行为[113]。在经典达西定律中，导水系数 T 是一个与裂隙岩体渗透系数和过流面积相关的定值。本节中，为了评价不同法向荷载作用下含不同剪切位移粗糙裂隙岩体的渗流特性，采用公式

(2-3)对导水系数 T 进行计算和分析。

裂隙渗流过程中，可以利用雷诺数(Re)来量化流体的非线性流动特征，雷诺数定义为裂隙渗流过程中惯性力与黏性力之间的比值：

$$Re = \frac{\rho Q}{\mu w} \tag{3-10}$$

图 3-21 表述了裂隙剪切渗流过程中雷诺数 Re 与导水系数 T 之间的关系。明显地，导

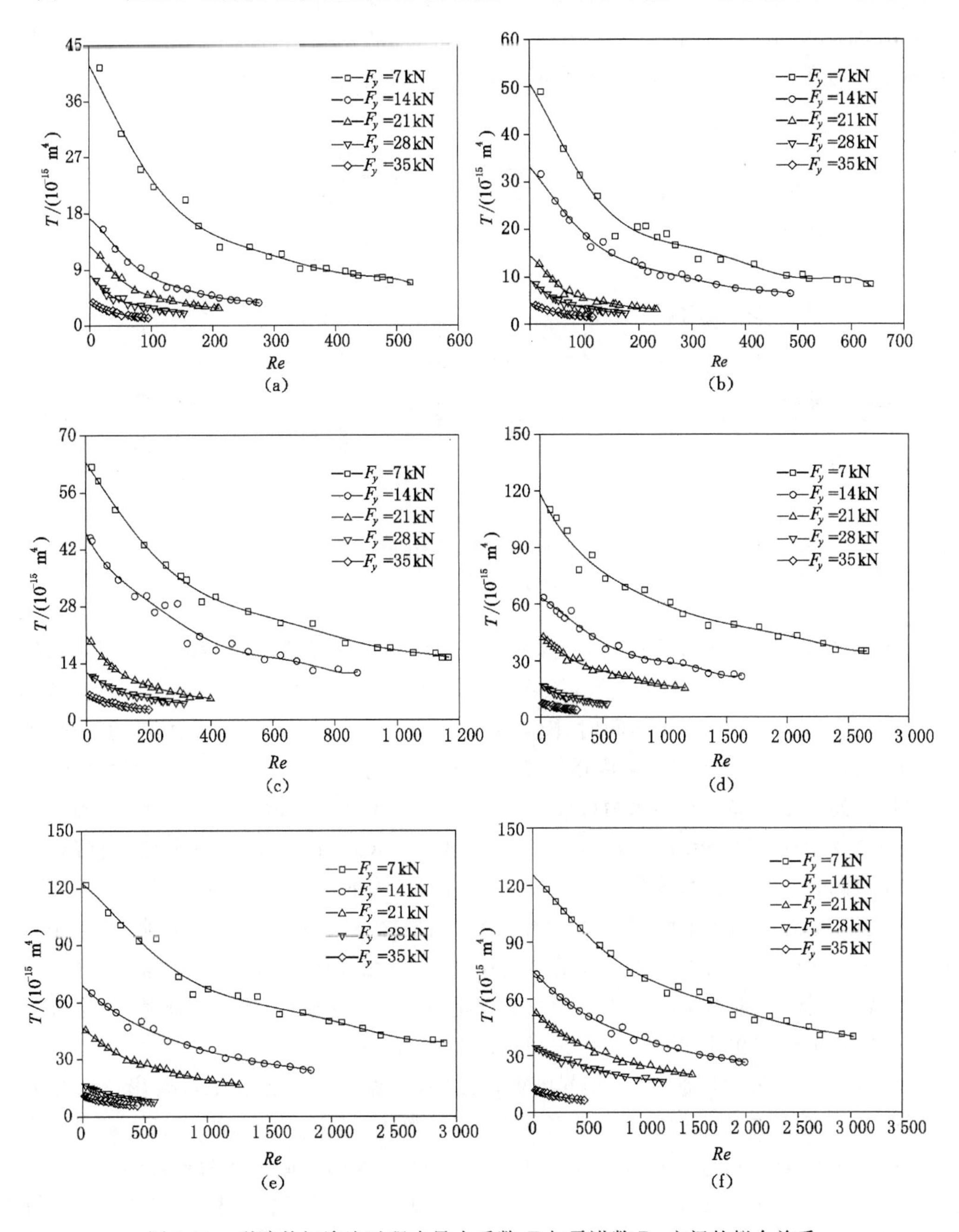

图 3-21　裂隙剪切渗流过程中导水系数 T 与雷诺数 Re 之间的拟合关系

(a) u=0 mm;(b) u=3 mm;(c) u=6 mm;(d) u=9 mm;(e) u=12 mm;(f) u=15 mm

水系数 T 不是一个定值，而是随着雷诺数的增加呈现出逐渐减小的趋势，且减小幅度逐渐降低，这就进一步证实了非线性流动特征的存在。采用六阶多项式函数对 T 与 Re 之间的相关性进行回归拟合，具体拟合关系如图 3-21 所示。可以看出，对于一个给定的剪切位移，随着法向荷载 F_y 的增加，导水系数 T 逐渐减小。随着雷诺数的增加，低荷载水平(7、14 kN)下导水系数的减小幅度显著大于高荷载水平(21、28、35 kN)下的减小幅度。此外，当法向荷载 F_y 相同时，随着剪切位移 u 的增加，导水系数 T 逐渐增大。

采用公式(2-2)对不同法向荷载 F_y 作用下含不同剪切位移 u 的粗糙裂隙在渗流过程中的临界水力梯度 J_c 进行计算分析，如图 3-22 所示，具体计算结果见表 3-2。

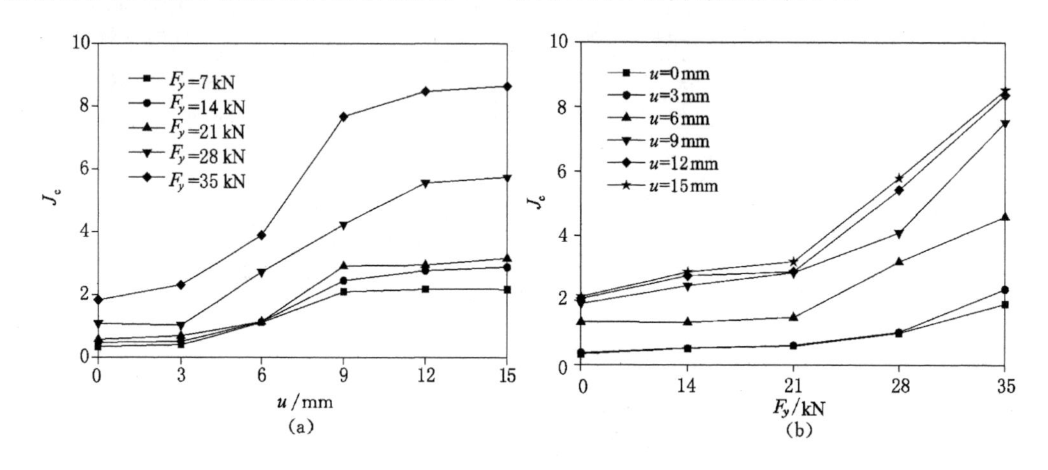

图 3-22 临界水力梯度 J_c 随剪切位移 u 和法向荷载水平 F_y 的变化特征

(a) J_c-u；(b) J_c-F_y

从图 3-22 和表 3-2 可以看出，当法向荷载 F_y 为定值时，随着剪切位移 u 的增加，临界水力梯度 J_c 逐渐增大，增加趋势呈 S 形，具体可以分为 3 个阶段：当 u 小于 3 mm 时，J_c 基本上保持稳定值；当 u 在 3～9 mm 之间时，随着剪切位移的增加，J_c 的增加幅度较为显著；当 u 在 9～15 mm 之间时，J_c 的增加幅度逐渐变缓且基本上趋于定值。以法向荷载水平 F_y＝21 kN 为例，不同剪切位移下临界水力梯度 J_c 分别为 0.59(u＝0 mm)、0.70(u＝3 mm)、1.15(u＝6 mm)、2.92(u＝9 mm)、2.95(u＝12 mm)和 3.17(u＝15 mm)。明显地，当剪切位移 u 从 3 mm 增加至 9 mm 时，临界水力梯度 J_c 表现出较大的增加幅度，这主要是因为剪胀效应减小了裂隙面之间的接触面积[10]。此外，当粗糙裂隙没有发生剪切效应时(u＝0 mm)，在荷载水平 F_y 由 7 kN 增加至 35 kN 的过程中，临界水力梯度 J_c 由 0.31 增加至 2.04，增加了 5.58 倍。总体上，本书中获得的粗糙单裂隙剪切渗流过程中临界水力梯度 J_c 与剪切位移 u 之间的相关性与文献[9]和文献[10]的结果是一致的。

随着荷载水平 F_y 的增加，对于相同的剪切位移，临界水力梯度 J_c 也呈现出逐渐增大的趋势，且增加幅度逐渐变大。以剪切位移 u＝9 mm 为例，当 F_y＝14、21、28、35 kN 时，临界水力梯度 J_c 分别为 2.46、2.92、4.24 和 7.68，与 F_y＝7 kN 时的临界水力梯度(J_c＝2.10)相比分别增加了 17.31％、39.38％、102.18％和 266.19％。这种变化趋势的主要原因分析如下：由于荷载 F_y 垂直于裂隙面，随着 F_y 的增加，等效水力隙宽 b_h 显著降低，对于单裂隙渗流，体积流速 Q 与水力隙宽 b_h 的三次方呈线性相关，因此较小的水力隙宽的变化将会导致较大的体积流速变化，这就直接影响了裂隙中流体的非线性行为。因此，随着荷载水平 F_y 的增加，临界水力梯度 J_c 的增加幅度逐渐变大。

临界雷诺数(Re_c)可以用来判定裂隙渗流过程中是否会发生非线性流动现象，由惯性力与黏性力之间的比值表征。本节分别对所有工况中的临界雷诺数 Re_c 进行计算，如表 3-2 所列，不同法向荷载 F_y 作用下临界雷诺数 Re_c 随剪切位移 u 的变化特征如图 3-23 所示。与临界水力梯度 J_c 的变化规律相似，随着剪切位移的增加，Re_c 逐渐增大。不同工况下临界雷诺数 Re_c 的变化范围为 4.07～143.64，这与其他学者的研究结果是基本吻合的[113,119,258]。然而，在实际的地下工程中经常会遇到数以百计复杂的裂隙或裂隙网络，每条裂隙的临界雷诺数 Re_c 常常是无法直接获得的，而临界水力梯度 J_c 却可以容易得到。因此，裂隙剪切渗流过程中可以用临界水力梯度 J_c 来评价裂隙流态。

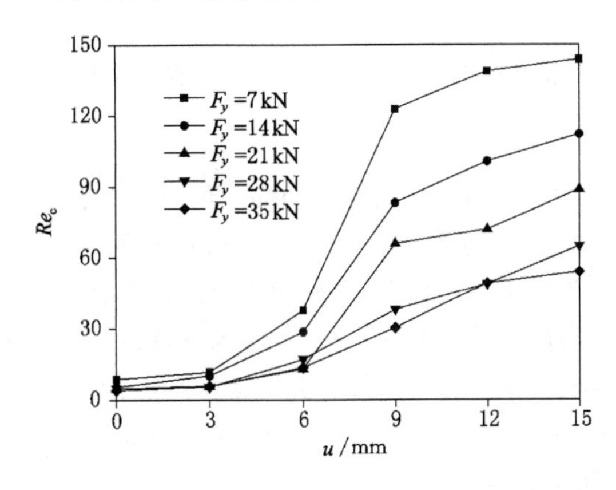

图 3-23　临界雷诺数 Re_c 随剪切位移 u 的变化特征

然而需要说明的是，对于一个给定的剪切位移 u，随着荷载水平 F_y 的增加，临界水力梯度 J_c 逐渐增大，而临界雷诺数 Re_c 呈现出逐渐减小的趋势。具体原因分析如下：裂隙等效水力隙宽 b_h 随着荷载水平 F_y 的增加逐渐减小，当临界水力梯度 J_c 的增加幅度小于水力隙宽 b_h 三次方的减小幅度时，临界雷诺数 Re_c 逐渐减小，这就导致裂隙渗流过程中 J_c 和 Re_c 随荷载水平的增加呈现出相反的变化特征。然而，对于相同的荷载水平 F_y，在剪切位移 u 由 0 mm 增加至 15 mm 的过程中，J_c 和 Re_c 呈现出相同的变化特征，这是因为，对于相同的 F_y 和 u，裂隙等效水力隙宽 b_h 是一个定值，这就导致临界水力梯度 J_c 与临界雷诺数 Re_c 之间呈线性相关。

从图 3-16 粗糙单裂隙剪切渗流过程中体积流速 Q 与水力梯度 J 之间的二次拟合关系可以看出，对于一个给定的水力梯度 J 和荷载水平 F_y，随着剪切位移 u 的增加，体积流速 Q 的增加幅度是有所差异的，这就直接导致了等效水力隙宽 b_h 的变化。图 3-24 描述了当水力梯度 $J=40$ 时裂隙等效水力隙宽随剪切位移 u 和荷载水平 F_y 的变化特征，其中等效水力隙宽 b_h 是由公式(3-5)计算得到的。

从图中可以看出，在剪切位移 u 由 0 mm 增加至 15 mm 的过程中，不同荷载水平作用下等效水力隙宽均表现出逐渐增加的趋势，增加幅度分别为 74.30%(F_y=7 kN)、87.61%(F_y=14 kN)、86.53%(F_y=21 kN)、54.48%(F_y=28 kN)、64.19%(F_y=35 kN)。当剪切位移由 0 mm 增加至 9 mm 时，等效水力隙宽 b_h 的增加幅度较大；而当剪切位移在 9～15

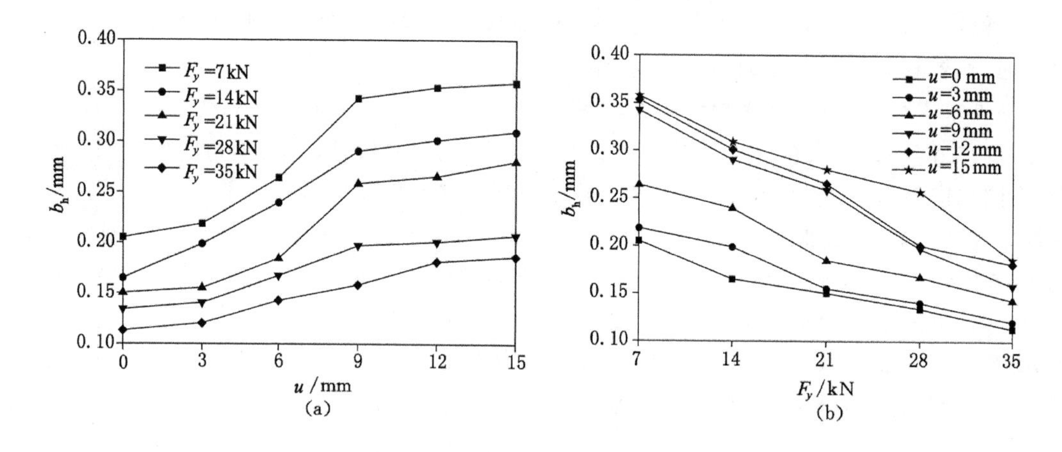

图 3-24 等效水力隙宽 b_h 随剪切位移 u 和法向荷载水平 F_y 的变化特征

(a) b_h-u；(b) b_h-F_y

mm 的区间内，b_h的增加幅度相对较小且逐渐趋于定值。相同的剪切位移下，随着法向荷载水平 F_y的增加，等效水力隙宽 b_h逐渐减小，以 $u=6$ mm 为例，在 F_y由 7 kN 增加至 35 kN 的过程中，b_h由 0.26 mm 逐渐减小至 0.14 mm，减小了 46.15%。

一些学者致力于研究裂隙渗流过程中归一化导水系数的变化特征，归一化导水系数定义为一定体积流速下裂隙的导水系数（T）与极低体积流速下导水系数（T_0）的比值。Zimmerman 等[113]通过三维砂岩裂隙的渗流试验和数值计算，提出了归一化导水系数与雷诺数之间的相关性（从低雷诺数开始）：

$$\frac{T}{T_0}=\frac{1}{1+\beta Re} \tag{3-11}$$

式中，β 为相关系数。

在本书中，三维粗糙裂隙剪切渗流过程中归一化导水系数与雷诺数之间的拟合关系如图 3-25 所示。这里，T_0定义为图 3-21 中雷诺数 $Re=0$ 时所对应的导水系数，这时，裂隙渗流过程中体积流速极小且惯性力可以忽略不计。

从图 3-25 可以看出，对于所有的试验工况，随着雷诺数（Re）的增加，归一化导水系数（T/T_0）均逐渐减小。对于一个给定的剪切位移 u，随着 F_y的增加，Re-T/T_0之间的拟合曲线逐渐下移；然而，对于相同的 F_y，随着 u 的增加，Re-T/T_0之间的拟合曲线逐渐上移。Re-T/T_0之间的拟合关系与 Zimmerman 等[113]得到的零围压作用下裂隙单项流试验结果具有较好的吻合性。

不同荷载作用下，公式（3-11）中相关系数 β 随剪切位移的变化特征如图 3-26 所示。随着 u 的增加，系数 β 均逐渐减小。以 $F_y=14$ kN 为例，当 u 由 0 mm 增加至 15 mm 的过程中，β 由 0.011 83 减小到 0.000 90，减小了 92.40%；然而，对于相同的剪切位移，随着荷载水平 F_y的增加，β 整体表现出逐渐增大的趋势。当剪切位移 $u=0$ mm 时，不同法向荷载作用下，系数 β 分别为 0.008 36（$F_y=7$ kN）、0.011 83（$F_y=14$ kN）、0.015 56（$F_y=21$ kN）、0.019 16（$F_y=28$ kN）和 0.022 72（$F_y=35$ kN）。

]除以板状试样的边界面积，将法向荷载 F_y转换为围压，即可以获得 $u=0$ mm 时系数 β 与围压之间的相关性，可以用线性函数进行描述，如图 3-27 所示。将 β 与围压之间的线性拟合

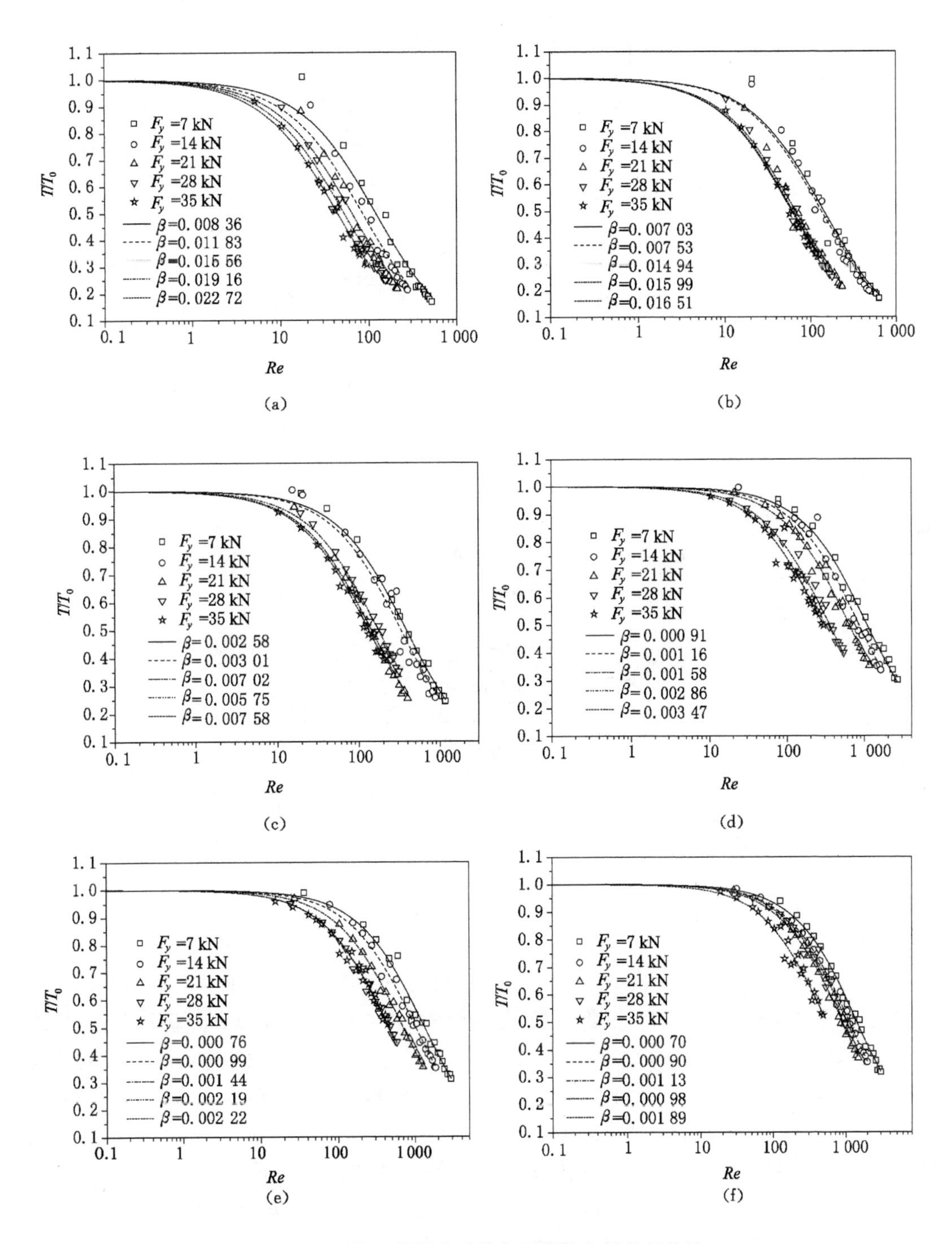

图 3-25　归一化导水系数与雷诺数之间的相关性

(a) u=0 mm;(b) u=3 mm;(c) u=6 mm;(d) u=9 mm;(e) u=12 mm;(f) u=15 mm

关系延长至β轴，便可以获得围压为0 MPa时系数β=0.004 71，这个结果与Zimmerman等[113]数值计算的结果(β=0.004 77)是高度一致的，然而与试验结果(β=0.008 38)具有一定偏差，但是在可接受范围之内。

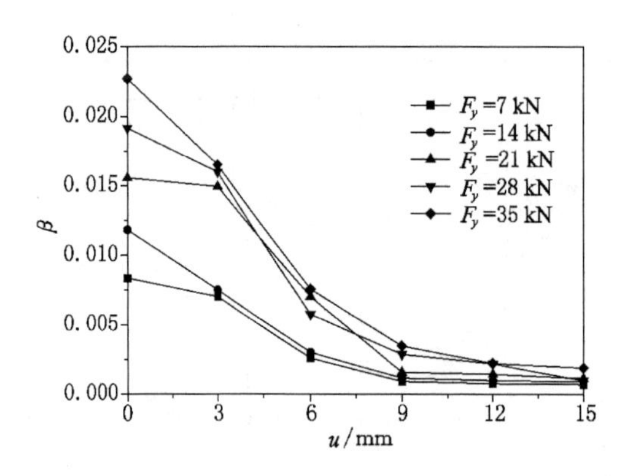

图 3-26　系数 β 随剪切位移的变化特征

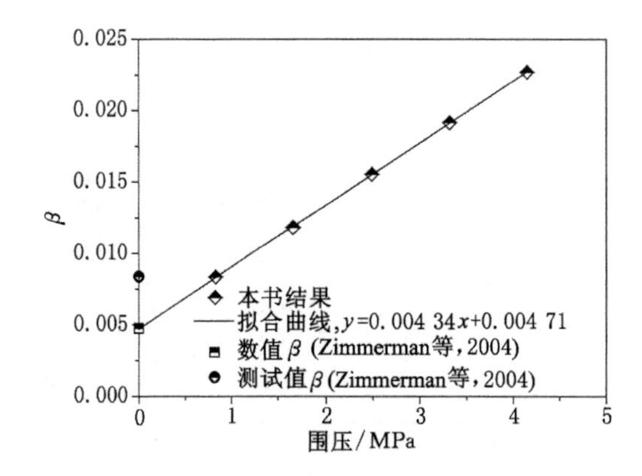

图 3-27　剪切位移为 0 mm 时系数 β 随围压的变化特征

3.4　本章小结

本章从试验的角度阐明了剪切效应对三维粗糙单裂隙非线性流动行为的影响特征。首先研发了具有高精度、有效密封性、新型的裂隙网络岩石渗流综合模拟和分析系统，然后展开了一系列含不同剪切位移(u=0、3、6、9、12、15 mm)三维粗糙裂隙面的渗流试验。对于每一个剪切位移，均分别进行了不同水压力(0～0.6 MPa)和不同法向荷载水平(7～35 kN)作用下的渗流试验。试验结果分别对裂隙非线性渗流机制、导水系数、临界水力梯度、临界雷诺数和等效水力隙宽随剪切位移的变化特征进行分析，主要得出以下几点结论：

(1) 完整花岗岩板状试样的渗流试验表明新研发的试验系统具有良好的密封性能，可用于展开裂隙岩体的渗流试验。对于无法向荷载作用且初始力学开度为 4 mm 的三维粗糙裂隙面，在每一个剪切位移下，裂隙力学开度的分布特征均可以用高斯函数很好地统计。随着剪切位移的增加，裂隙平均力学开度有所增大，但等效水力隙宽表现出逐渐减小的趋势。

(2) 对于不同荷载作用下含不同剪切位移的粗糙裂隙面，非线性流动特征均可以用 Forchheimer 定律很好地拟合分析。随着剪切位移的增加，Forchheimer 拟合方程中线性和非线性项系数均表现出逐渐减小的趋势，且系数在 0～9 mm 剪切位移区间内的减小幅度较

9～15 mm 更为显著。裂隙的非线性流动特征也可以用 Izbash 定律进行描述，随着剪切位移由 0 mm 增加至 15 mm，系数 λ 减小了 2～3 个数量级，而系数 m 在 1.35～1.80 范围内波动。

(3) 导水系数与雷诺数之间的相关性可以用一个多项式函数进行拟合分析。随着雷诺数的增加，低荷载水平(7、14 kN)下导水系数的减小幅度与高荷载水平(21、28、35 kN)下相比更为显著。对于所有的试验工况，导水系数随剪切位移的增加逐渐增大，而随荷载水平的增加逐渐减小。对归一化导水系数与雷诺数之间的关系进行拟合，随着荷载的增加，拟合曲线逐渐下移。相关系数随着剪切位移的增加逐渐减小，而随法向荷载水平逐渐增加。

(4) 随着剪切位移的增加，临界水力梯度表现出逐渐增加的趋势，整个变化过程大致可以分为 3 个部分：当剪切位移小于 3 mm 时，临界水力梯度基本上保持定值；当剪切位移在 3～9 mm 之间时，临界水力梯度变化较为剧烈；而当剪切位移大于 9 mm，临界水力梯度变化较缓。裂隙等效水力隙宽与剪切位移之间存在相关性，当剪切位移在 0～9 mm 之间时，等效水力隙宽的增加幅度较为显著；而当剪切位移为 9～15 mm 时，等效水力隙宽的增加幅度较小且逐渐趋于定值。

4 应力作用下裂隙网络岩体渗透特性试验研究

裂隙岩体水力耦合是岩石力学与水文地质研究领域的重要课题。裂隙岩体通常是由完整的基质岩块和裂隙组成的，而裂隙网络中连通的裂隙通道是流体流动和介质运移的主要场所。地下岩石工程中，构造应力和开挖扰动导致裂隙开度发生变化，由此直接引起裂隙岩体的渗透特性发生改变。

纵观国内外研究文献，通过室内试验，许多学者对单一裂隙在应力作用下（法向闭合或剪胀效应）的渗透特性进行了大量研究，并在该领域取得一定的进展；但是对应力作用下裂隙网络岩体渗透特性的试验研究则相对较少。考虑应力重分布的影响，Pusch[259]通过试验对隧道开挖断面处裂隙岩体渗透率的改变进行了研究，认为爆炸荷载和应力释放引起的裂隙张开或闭合是岩体渗透率变化的主要原因。Bai 等[260]通过试验研究了开挖扰动对坚硬花岗岩破坏区域和渗透特性的影响，结果发现由开挖引起的应力重分布会导致隧道周围裂隙导水性能增加或减小，但是具体影响机制并不明确，复杂性主要集中在裂隙网络岩体形态表征以及考虑裂隙交叉点的裂隙变形机制。

通过数值计算软件，许多学者对应力作用下裂隙网络岩体的渗透特性进行计算研究[175,261-263]，建立了描述裂隙网络岩体渗透特性的相关模型。对于裂隙网络岩体，由于应力作用下裂隙变形的复杂性，其渗流机制和非线性流动特征尚不明确。本章通过室内试验，采用新型研发的试验设备（第 3 章）对荷载作用下裂隙网络岩体的渗透特性展开一系列研究，旨在丰富裂隙网络岩体水力学理论。

4.1 试样制备和试验流程

4.1.1 试验工况和试样制备

试验过程中分别对含以下两种裂隙形式的花岗岩试样进行渗流试验研究，分别为：① 改变两组平行裂隙夹角 γ；② 改变裂隙网络交叉点个数 N。具体工况如图 4-1 和图 4-2 所示。试验过程中，通过高压水射流切割系统加工裂隙网络花岗岩板状试样，加工完成的岩石板状试样如图 4-3 所示。

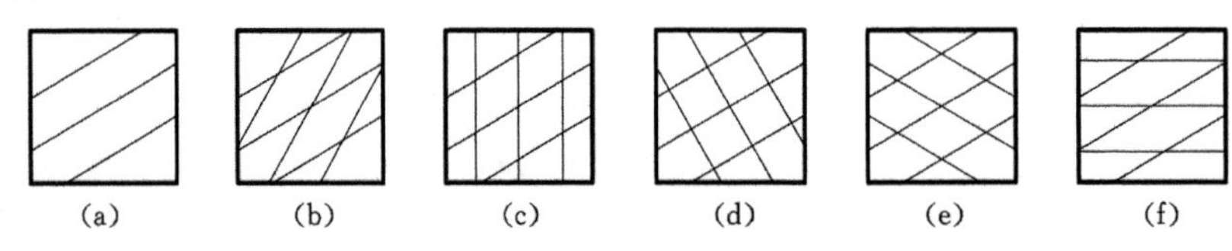

图 4-1 含不同裂隙网络夹角 γ 花岗岩板状试样

(a) $\gamma=0°$；(b) $\gamma=30°$；(c) $\gamma=60°$；(d) $\gamma=90°$；(e) $\gamma=120°$；(f) $\gamma=150°$

工况 1：改变两组平行裂隙夹角 γ，保持一组平行裂隙与 x 方向夹角 30°不变，通过转动

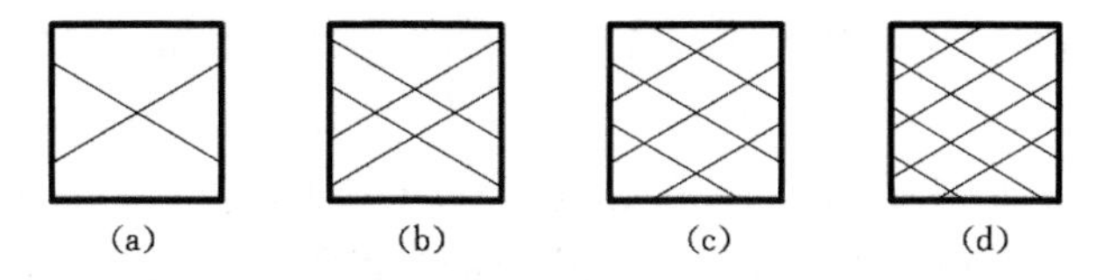

图 4-2　含不同裂隙网络交叉点个数 N 花岗岩板状试样

(a) $N=1$;(b) $N=4$;(c) $N=7$;(d) $N=12$

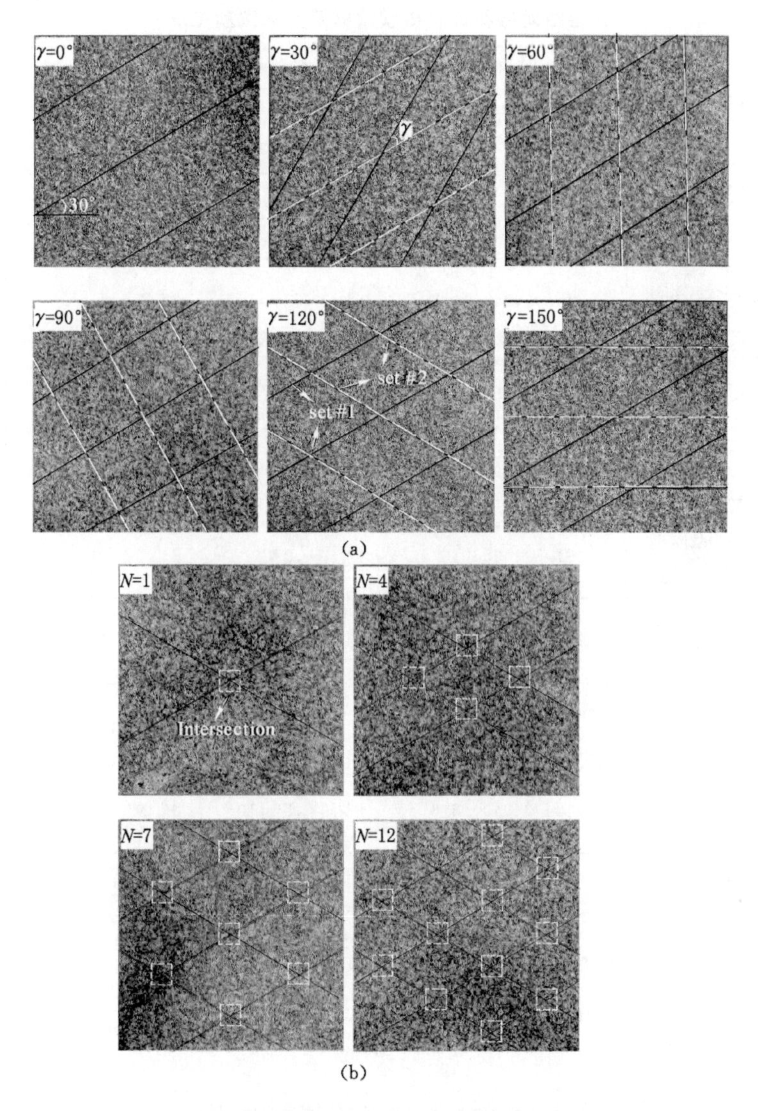

图 4-3　含不同裂隙网络分布形式花岗岩板状试样

(a) 含不同裂隙网络夹角花岗岩板状试样(首先预制一组相对于水平方向夹角 30°的平行裂隙,如图中所示黑色平行线,然后再预制另一组平行裂隙,如图中所示白色平行线,其中夹角 γ 表示黑色线沿逆时针方向与白色线之间的夹角);(b) 含不同裂隙网络交叉点个数花岗岩板状试样

另一组平行裂隙来改变裂隙网络夹角($\gamma=0°$、30°、60°、90°、120°、150°),平行裂隙间距为 150 mm;工况 2:改变裂隙网络交叉点个数 N,在板状花岗岩试样中预制两组平行交叉裂隙,通过改变裂隙条数来改变裂隙网络交叉点个数($N=1$、4、7、12)。对于含不同夹角的裂隙网

络，这里定义保持不变的一组裂隙为 set＃1 裂隙，而发生转动的那一组裂隙为 set＃2 裂隙，如图 4-3(a)所示。

根据不同的试验工况，分别加工含不同裂隙分布形式的花岗岩板状试样，成型试样如图 4-3 所示。通过公式(3-3)和公式(3-4)对加工完成的裂隙表面粗糙度系数(JRC)进行计算，发现裂隙的 JRC 均在 3.47 左右波动。成型试样及具体试验工况描述见表 4-1。

表 4-1　　含裂隙网络花岗岩板状试样及具体试验工况

试样编号	试样示意图	试样尺寸($L\times W\times H$)/mm	x 方向进水口	y 方向进水口	备注
$N=1$		492.8×493.5×16.5	4#,10#	—	改变裂隙网络交叉点个数 N
$N=4$		492×494.5×16.8	3#,5#,9#,12#	—	
$N=7$		494×494×16.8	4#,6#,7#,10#	3#,9#	
$N=12$		494.5×493×16.2	1#,4#,5#,7#,8#,11#	8#,12#	
$\gamma=0°$		495×495×17	4#,9#	—	改变两组平行裂隙夹角 γ
$\gamma=30°$		491.5×495×16.5	4#,7#,9#	3#,7#,9#	
$\gamma=60°$		495×493.8×17	4#,7#	2#,3#,6#,10#	
$\gamma=90°$		496×494.8×17.5	4#,7#,10#	3#,5#,9#	
$\gamma=120°$		494×494×16.8	4#,6#,7#,10#	3#,9#	
$\gamma=150°$		492.5×493×17	3#,5#,6#,9#,10#	10#	

注：其中 x 方向和 y 方向进水口表示试验过程中与 x 方向和 y 方向裂隙进水口位置相对应的水流调节阀门编号。

4.1.2　试验流程

在含裂隙网络花岗岩试样制作、密封处理、装样等工作完成之后，针对不同的试验工况分别进行荷载作用下裂隙岩体渗流特性试验研究。试验过程中荷载水平和进水口水压力变化情况如图 4-4 所示，具体为：① 同时增大水平方向荷载 F_x 和 F_y，但保持侧压力系数 $F_x/F_y=1.0$ 不变；② 保持 $F_x=7$ kN 不变，逐渐增大 F_y，即侧压力系数逐渐增大(这与第 3 章中三维粗糙单裂隙剪切渗流的加载方式是一致的)。对于每一个荷载水平，x 方向水压力 p_x 均由 0.05 MPa 逐渐增加到 0.6 MPa，由此研究不同水力环境作用下含预制裂隙网络花岗岩试样 x 方向上渗透特性演化规律。试样加载示意图如图 4-4(c)所示。

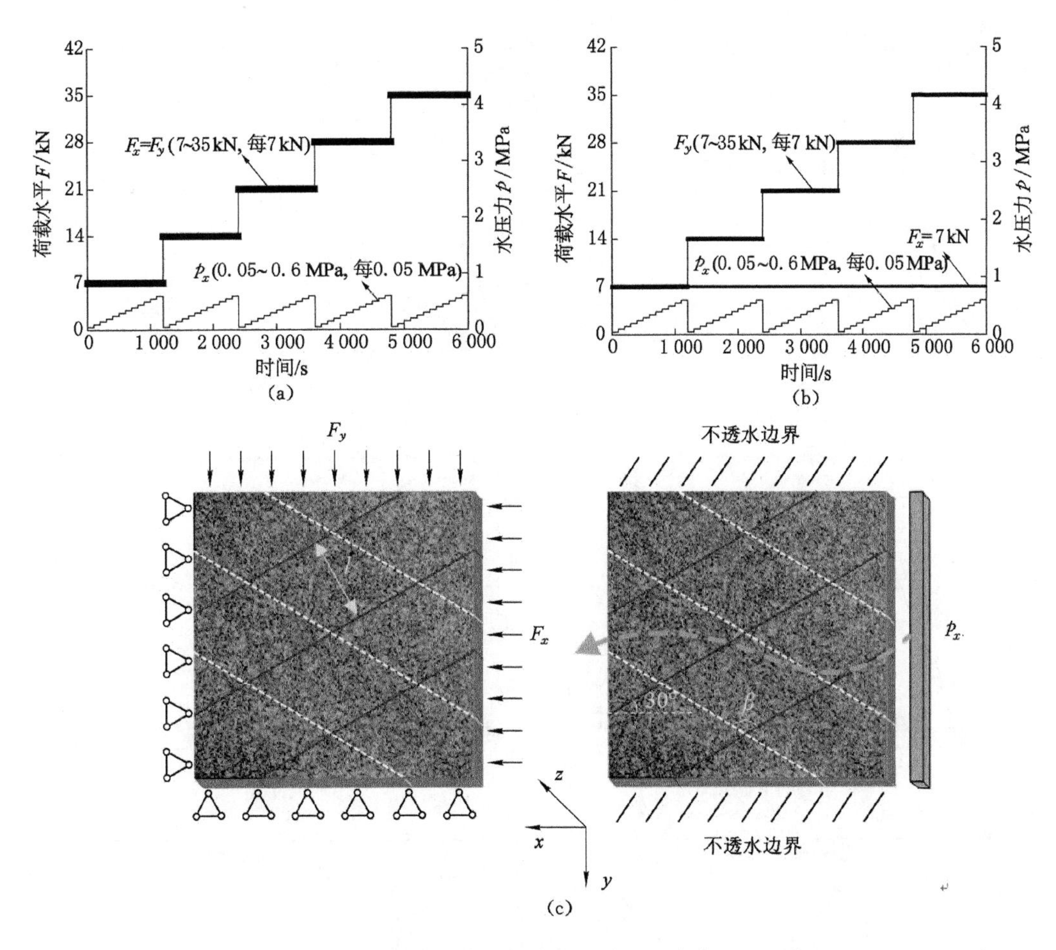

图 4-4 裂隙网络岩体边界荷载和水压力变化过程示意图

(a) 改变荷载水平大小;(b) 改变侧压力系数;(c) 加载示意图

4.2 含不同裂隙网络夹角花岗岩试样渗透特性

当侧压力系数 F_x/F_y=1.0 保持不变时,随着荷载水平的增加(7、14、21、28、35 kN),含不同裂隙网络夹角花岗岩试样 x 方向体积流速 Q 随水力梯度 J_x的变化特征如图 4-5 所示,可以看出,体积流速 Q 与水力梯度 J_x之间表现出明显的非线性相关性。通过 Forchheimer 函数[公式(3-9)]对试验结果进行零截距回归拟合,如图中所示曲线部分,具体拟合方程如图 4-5 所示。对于所有的试验工况,拟合曲线中相关系数 R^2 均大于 0.99,表明拟合曲线与试验值具有较好的吻合程度。

由图 4-5 可以看出,不同荷载水平下,对于含不同裂隙网络夹角的花岗岩板状试样,试验过程中,随着水力梯度 J_x的逐渐增大,x 方向的体积流速均表现出逐渐增大的趋势,且随着边界荷载与裂隙网络夹角 γ 的变化,流速 Q 的变化趋势也有所不同,具体表现为:

(1) 随着水力梯度的增加,x 方向的体积流速逐渐增大。在水力梯度由 0(p=0 MPa)增加到 123.69(p=0.6 MPa)的过程中,不同荷载水平下含不同裂隙网络夹角花岗岩板状

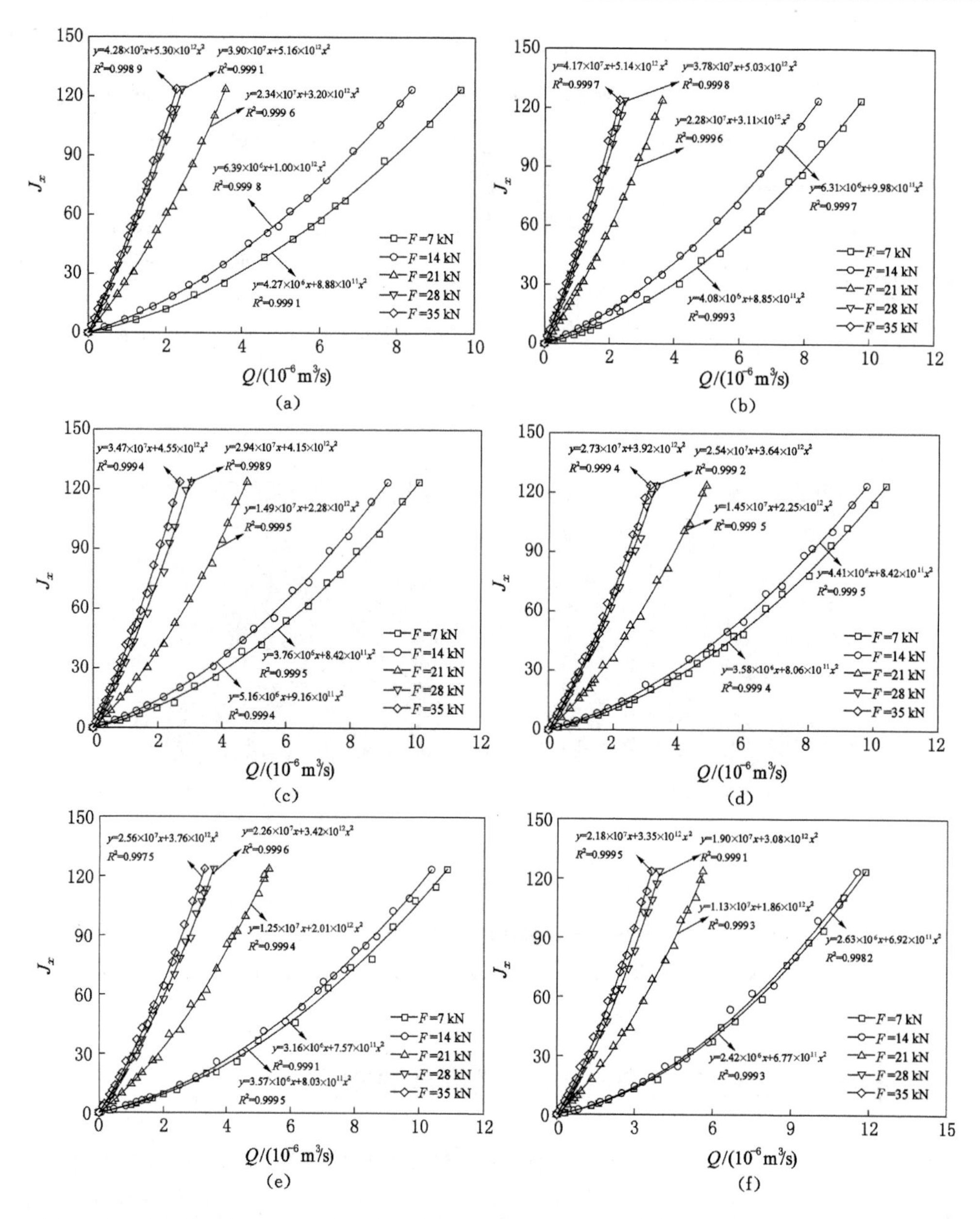

图 4-5　含不同裂隙网络夹角花岗岩板状试样体积流速与水力梯度之间的 Forchheimer 函数拟合关系

(a) $\gamma=0°$;(b) $\gamma=30°$;(c) $\gamma=60°$;(d) $\gamma=90°$;(e) $\gamma=120°$;(f) $\gamma=150°$

试样 x 方向的体积流速分别增加至 $2.26\times10^{-6}\sim9.65\times10^{-6}$($\gamma=0°$)、$2.31\times10^{-6}\sim9.74\times10^{-6}$($\gamma=30°$)、$2.65\times10^{-6}\sim1.01\times10^{-5}$($\gamma=60°$)、$3.13\times10^{-6}\sim1.04\times10^{-5}$($\gamma=90°$)、$3.27\times10^{-6}\sim1.09\times10^{-5}$($\gamma=120°$)和 $3.63\times10^{-6}\sim1.19\times10^{-5}$ m^3/s($\gamma=150°$)。

(2) 对于相同的裂隙网络夹角 γ,随着荷载水平的增加,流速 Q 与水力梯度 J_x 之间的拟合曲线逐渐变得陡峭,表明 x 方向流速的增加幅度逐渐减小。以 $\gamma=90°$ 为例,当荷载水平由 7 kN 增加至 35 kN 时,$p=0.6$ MPa 的水压力所引起的流体体积流速 Q 分别为 1.04×10^{-5}($F=7$ kN)、9.78×10^{-6}($F=14$ kN)、4.86×10^{-6}($F=21$ kN)、3.34×10^{-6}($F=28$ kN)

和 3.13×10^{-6} m^3/s(F=35 kN)，与 F=7 kN 相比，F=35 kN 荷载水平下裂隙岩体的体积流速 Q 减小了 69.90%左右。

(3) 对于相同的荷载水平，随着裂隙网络夹角 γ 的增加，x 方向流速随水力梯度的增加幅度总体上表现出逐渐增大的趋势，如图 4-6 所示。以荷载水平 $F_x=F_y$=28 kN 为例，当 γ=0°时，p=0.6 MPa 水压力引起的体积流速为 2.40×10^{-6} m^3/s，而当 γ=150°时，0.6 MPa 水压力所对应的体积流速为 3.94×10^{-6} m^3/s，与 γ=0°相比增加了 64.17%。

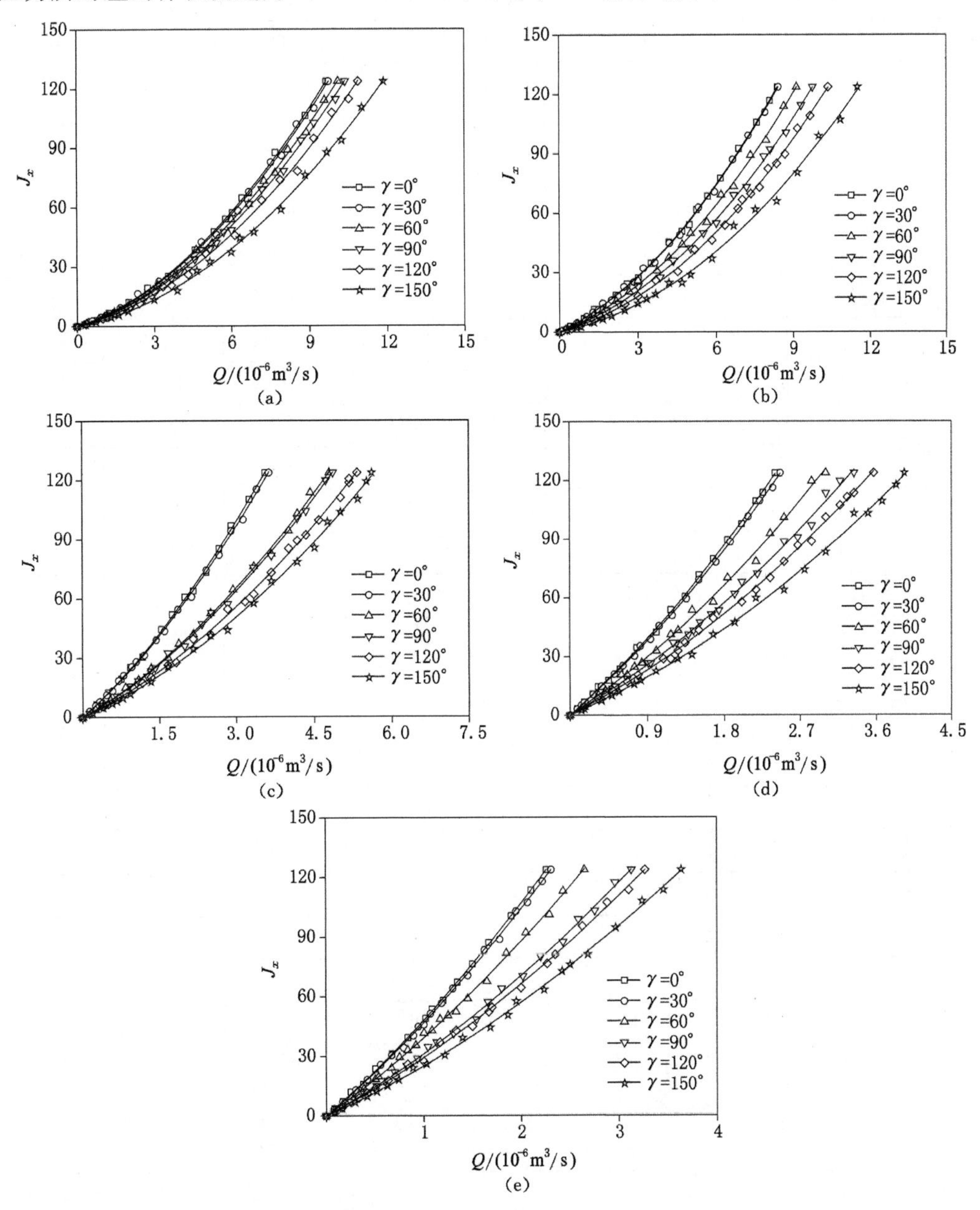

图 4-6　不同荷载水平下含不同裂隙网络夹角花岗岩板状试样水力梯度与体积流速之间的 Forchheimer 函数拟合关系

(a) $F_x=F_y$=7 kN;(b) $F_x=F_y$=14 kN;(c) $F_x=F_y$=21 kN;(d) $F_x=F_y$=28 kN;(e) $F_x=F_y$=35 kN

通过公式(3-9)对不同荷载水平作用下含不同裂隙网络夹角花岗岩板状试样渗流试验过程中流速与水力梯度之间 Forchheimer 拟合方程中线性和非线性项系数 a 和 b 分别进行计算,如表 4-2 所列,具体变化特征如图 4-7 所示。

表 4-2　不同荷载作用下含不同裂隙网络夹角花岗岩试样渗流过程中 Forchheimer 函数拟合方程中系数 a 和 b,以及临界水力梯度 J_c和临界雷诺数 Re_c的计算结果

$\gamma/(°)$	$F_x=F_y$/kN	$a/(\mathrm{kg \cdot Pa^{-1} \cdot s^{-1} \cdot m^{-4}})$	$b/(\mathrm{kg \cdot Pa^{-1} \cdot m^{-7}})$	R^2	J_c	Re_c
0	7	4.27×10^6	8.88×10^{11}	0.999 1	2.54	31.44
	14	6.39×10^6	1.00×10^{12}	0.999 8	5.02	41.58
	21	2.34×10^7	3.20×10^{12}	0.999 6	21.14	47.83
	28	3.90×10^7	5.16×10^{12}	0.999 1	36.39	49.40
	35	4.28×10^7	5.30×10^{12}	0.998 9	42.64	52.74
30	7	4.08×10^6	8.85×10^{11}	0.999 3	2.32	30.15
	14	6.31×10^6	9.98×10^{11}	0.999 7	4.92	41.32
	21	2.28×10^7	3.11×10^{12}	0.999 6	20.60	47.84
	28	3.78×10^7	5.03×10^{12}	0.999 8	35.09	49.15
	35	4.17×10^7	5.14×10^{12}	0.999 7	41.74	52.99
60	7	3.76×10^6	8.42×10^{11}	0.999 5	2.07	29.18
	14	5.16×10^6	9.16×10^{11}	0.999 4	3.59	36.83
	21	1.49×10^7	2.28×10^{12}	0.999 5	12.04	42.78
	28	2.94×10^7	4.15×10^{12}	0.998 9	25.71	46.30
	35	3.47×10^7	4.55×10^{12}	0.999 4	32.66	49.83
90	7	3.58×10^6	8.06×10^{11}	0.999 4	1.96	29.02
	14	4.41×10^6	8.42×10^{11}	0.999 5	2.85	34.24
	21	1.45×10^7	2.25×10^{12}	0.999 5	11.52	42.06
	28	2.54×10^7	3.64×10^{12}	0.999 2	21.88	45.61
	35	2.73×10^7	3.92×10^{12}	0.999 4	23.48	45.54
120	7	3.16×10^6	7.57×10^{11}	0.999 1	1.63	27.27
	14	3.57×10^6	8.03×10^{11}	0.999 5	1.96	29.05
	21	1.25×10^7	2.01×10^{12}	0.999 4	9.58	40.59
	28	2.26×10^7	3.42×10^{12}	0.999 6	18.44	43.19
	35	2.56×10^7	3.76×10^{12}	0.997 5	21.50	44.47
150	7	2.42×10^6	6.77×10^{11}	0.999 3	1.07	23.36
	14	2.63×10^6	6.92×10^{11}	0.998 2	1.23	24.84
	21	1.13×10^7	1.86×10^{12}	0.999 3	8.49	39.75
	28	1.90×10^7	3.08×10^{12}	0.999 1	14.47	40.32
	35	2.18×10^7	3.35×10^{12}	0.999 5	17.49	42.48

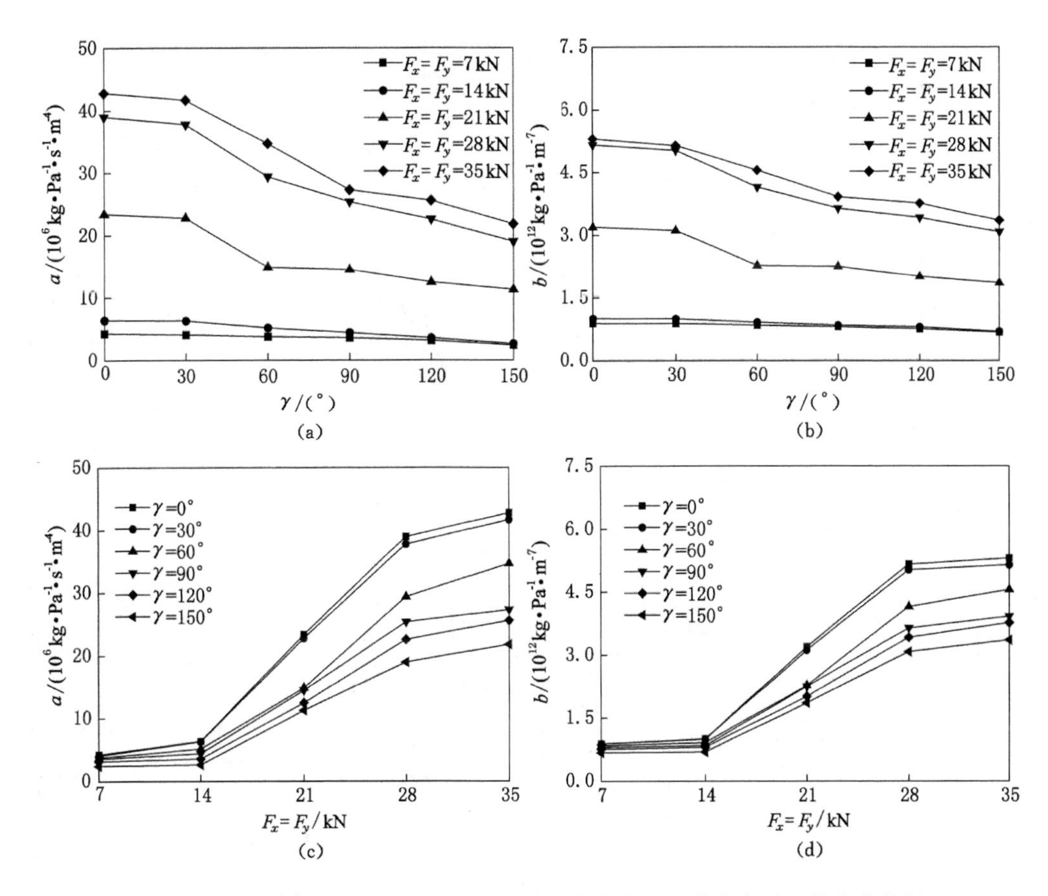

图 4-7 线性和非线性项系数 a 和 b 随裂隙网络夹角 γ 和荷载水平 F 的变化特征

(a) a-γ;(b) b-γ;(c) a-F;(d) b-F

从图 4-7 和表 4-2 可以看出:相同的荷载水平下,随着夹角 γ 的增加,系数 a 和 b 均表现出逐渐减小的趋势。7、14、21、28 和 35 kN 五个荷载水平下,在裂隙网络夹角 γ 由 0°增加到 150°的过程中,系数 a 分别减小了 43.33%、58.84%、51.71%、51.28%和 49.07%,系数 b 分别减小了 23.73%、31.11%、41.90%、40.31%和 36.76%。对于含相同裂隙形式的花岗岩试样(夹角 γ 为定值),随着荷载水平的增加,系数 a 和 b 均表现出逐渐增大的趋势,且增加幅度大体可以分为 3 个阶段:当 F=7～14 kN,增加幅度相对较小;当 F=14～28 kN,增加幅度较大;当 F=28～35 kN,增加幅度逐渐变缓。在荷载水平由 7 kN 增大到 35 kN 的过程中,对于含 6 种不同裂隙网络夹角的花岗岩板状试样,系数 a 分别增加了 9.05(γ=0°)、9.22(γ=30°)、8.23(γ=60°)、6.63(γ=90°)、7.10(γ=120°)和 8.01 倍(γ=150°);系数 b 分别增加了 4.98(γ=0°)、4.81(γ=30°)、4.40(γ=60°)、3.86(γ=90°)、3.97(γ=120°)和 3.95 倍(γ=150°)。可以看出,与裂隙网络夹角相比,边界荷载水平对裂隙岩体非线性流动行为的影响更为显著。

通过公式(1-5)中的 Izbash 方程对荷载作用下含不同裂隙网络夹角花岗岩板状试样的非线性流动特征进行回归拟合分析,具体拟合曲线及拟合方程如图 4-8 所示。从图中可以看出,用 Izbash 函数进行拟合的理论曲线与试验值具有较好的吻合程度,所有拟合曲线的相关系数 R^2 均大于 0.99。

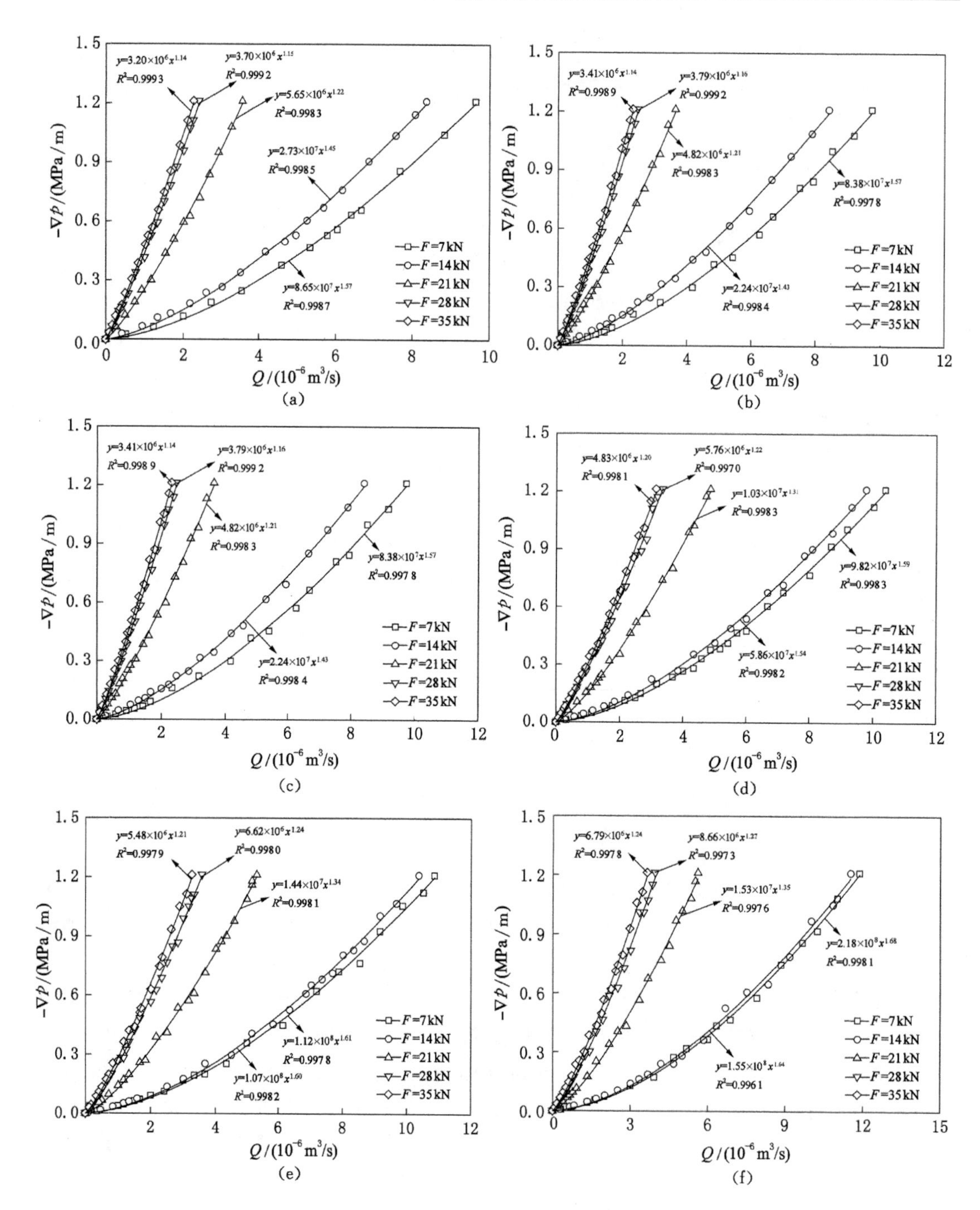

图 4-8 不同荷载作用下含不同裂隙网络夹角花岗岩板状试样体积流速与压力梯度之间的 Izbash 函数拟合关系

(a) $\gamma=0°$;(b) $\gamma=30°$;(c) $\gamma=60°$;(d) $\gamma=90°$;(e) $\gamma=120°$;(f) $\gamma=150°$

表 4-3 中列出了不同试验工况下 Izbash 拟合方程中系数 λ 和 m 的计算结果，图 4-9 中描述了系数 λ 和 m 随裂隙网络夹角 γ 和荷载水平 F 的变化特征。

表 4-3　　不同试验工况下 Izbash 拟合函数中系数 λ 和 m 的计算结果

$\gamma/(°)$	$F_x=F_y$/kN	λ	m	R^2	$\gamma/(°)$	$F_x=F_y$/kN	λ	m	R^2
0	7	8.65×10^7	1.57	0.998 7	90	7	9.82×10^7	1.59	0.998 3
	14	2.73×10^7	1.45	0.998 5		14	5.86×10^7	1.54	0.998 2
	21	5.65×10^6	1.22	0.998 3		21	1.03×10^7	1.31	0.998 3
	28	3.70×10^6	1.15	0.999 2		28	5.76×10^6	1.22	0.997 0
	35	3.20×10^6	1.14	0.999 3		35	4.83×10^6	1.20	0.998 1
30	7	8.38×10^7	1.57	0.997 8	120	7	1.12×10^8	1.61	0.997 8
	14	2.24×10^7	1.43	0.998 5		14	1.07×10^8	1.60	0.998 2
	21	4.82×10^6	1.21	0.998 3		21	1.44×10^7	1.34	0.998 1
	28	3.79×10^6	1.16	0.999 2		28	6.62×10^6	1.24	0.998 0
	35	3.41×10^6	1.14	0.998 8		35	5.48×10^6	1.21	0.997 9
60	7	9.68×10^7	1.58	0.998 6	150	7	2.18×10^8	1.68	0.998 1
	14	4.19×10^7	1.50	0.997 8		14	1.55×10^8	1.64	0.996 1
	21	9.61×10^6	1.30	0.997 8		21	1.53×10^7	1.35	0.997 6
	28	4.44×10^6	1.19	0.998 1		28	8.66×10^6	1.27	0.997 3
	35	3.67×10^6	1.16	0.998 2		35	6.79×10^6	1.24	0.997 8

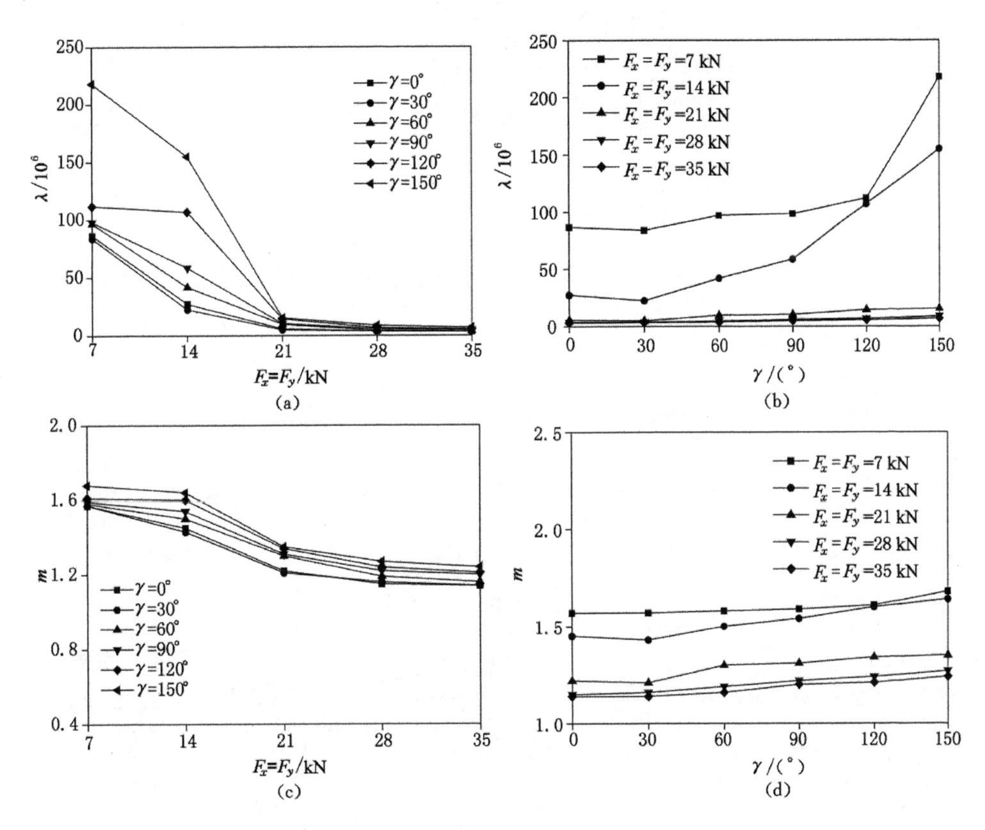

图 4-9　Izbash 拟合函数中系数 λ 和 m 随裂隙网络夹角 γ 和荷载水平 F 的变化特征

(a) λ-F；(b) λ-γ；(c) m-F；(d) m-γ

从表 4-3 和图 4-9 中可以看出：随着荷载水平的增加，系数 λ 和 m 均表现出逐渐减小的趋势，与系数 m 相比，系数 λ 的减小幅度更为剧烈。随着荷载的增加，系数 λ 的减小趋势可以分为两个阶段：当 F 在 7～21 kN 之间时，减小幅度较大；而当 F=21～35 kN 时，系数 λ 又趋于稳定。以 $\gamma=90°$ 为例，当 F=7～21 kN，系数 λ 由 9.82×10^7 减小至 1.03×10^7，减小了 89.51%；而当 F=28～35 kN 时，系数 λ 由 5.76×10^6 减小至 4.83×10^6，减小幅度仅为 16.15%。在整个荷载区间内，系数 m 的变化范围较小，在 1.14～1.68 之间。

从图 4-9(b)和(d)可以看出，随着裂隙网络夹角 γ 的增加，系数 λ 和 m 均表现出逐渐增大的趋势，且与高荷载水平(21、28、35 kN)相比，低荷载水平(7、14 kN)下系数的增加幅度更为剧烈。5 种不同的荷载水平下，在夹角 γ 由 0°增加至 150°的过程中，系数 λ 分别增加了 1.52(F=7 kN)、4.68(F=14 kN)、1.71(F=21 kN)、1.34(F=28 kN)和 1.12 倍(F=35 kN)；系数 m 分别增加了 7.01%(F=7 kN)、13.10%(F=14 kN)、10.66%(F=21 kN)、10.43%(F=28 kN)和 8.77%(F=35 kN)。

采用第 2 章中的公式(2-3)对不同荷载作用下含不同裂隙网络夹角花岗岩板状试样的导水系数 T 进行计算分析，如图 4-10 所示。可以看出，不同荷载(7～35 kN)作用下含不同裂隙网络夹角花岗岩试样渗流过程中导水系数 T 并不是一个定值，而是随着水力梯度 J_x 的增加呈现出逐渐减小的趋势，且减小幅度逐渐降低，这就进一步验证了裂隙网络中非线性流动特征的存在。

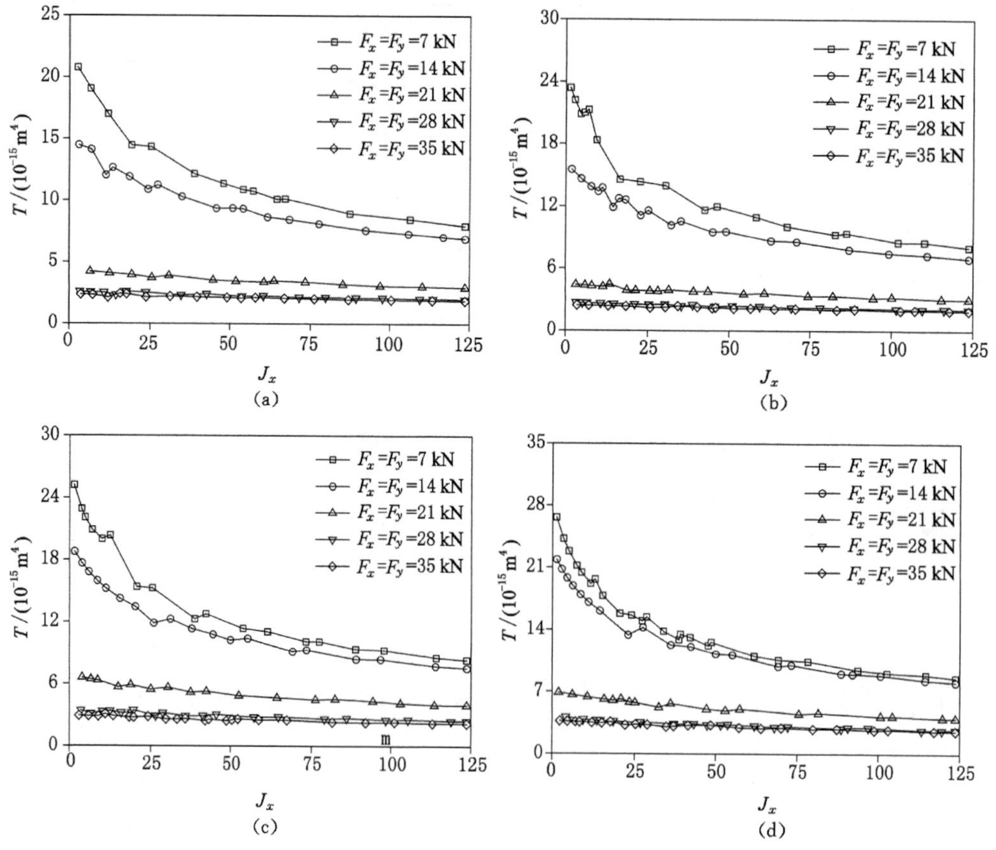

图 4-10　含不同裂隙网络夹角花岗岩板状试样导水系数 T 与水力梯度 J_x 之间的关系

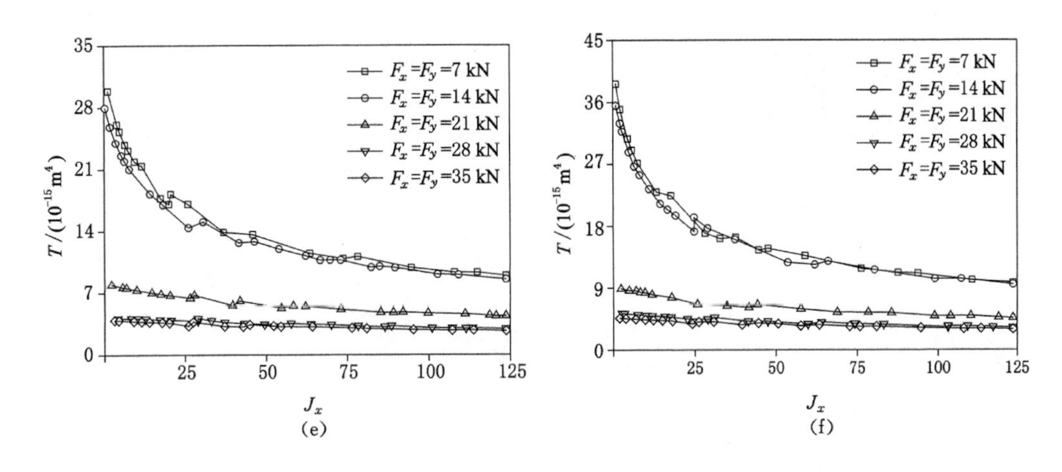

续图 4-10 含不同裂隙网络夹角花岗岩板状试样导水系数 T 与水力梯度 J_x 之间的关系

(a) $\gamma=0°$；(b) $\gamma=30°$；(c) $\gamma=60°$；(d) $\gamma=90°$；(e) $\gamma=120°$；(f) $\gamma=150°$

从图 4-10 可以看出，对于相同的裂隙网络夹角 γ，随着水力梯度的增加，导水系数 T 表现出逐渐减小的趋势，且与高荷载水平（F=28、35 kN）作用下导水系数的减小幅度相比，低荷载水平（F=7、14、21 kN）下导水系数的减小幅度明显较大，以 $\gamma=90°$ 为例，在水力梯度 0～123.69 的区间内，不同荷载水平作用下导水系数的减小幅度分别为 67.86%（F=7 kN）、63.12%（F=14 kN）、41.82%（F=21 kN）、33.33%（F=28 kN）和 30.12%（F=35 kN），总体上，减小幅度逐渐降低。对于相同的荷载水平，随着裂隙网络夹角 γ 的增加，导水系数 T 逐渐增大，以 $F_x=F_y$=7 kN 为例，不同裂隙网络夹角下，水力梯度 J_x=123.69 所对应的导水系数分别 20.80×10^{-15} m^4（$\gamma=0°$）、23.40×10^{-15} m^4（$\gamma=30°$）、25.23×10^{-15} m^4（$\gamma=60°$）、23.63×10^{-15} m^4（$\gamma=90°$）、29.88×10^{-15} m^4（$\gamma=120°$）和 38.67×10^{-15} m^4（$\gamma=150°$），与 $\gamma=0°$ 相比，$\gamma=150°$ 时的导水系数增加了 85.91%。

通过公式(2-2)对含不同裂隙网络夹角花岗岩试样渗流试验过程中水力梯度 J_x 与比例系数 E 之间的关系进行计算分析，如图 4-11 所示。可以看出，对于所有的试验工况，随着水力梯度的增加，比例系数 E 均表现出逐渐增大的趋势，两者之间的相关性可以通过零截距幂函数进行描述。

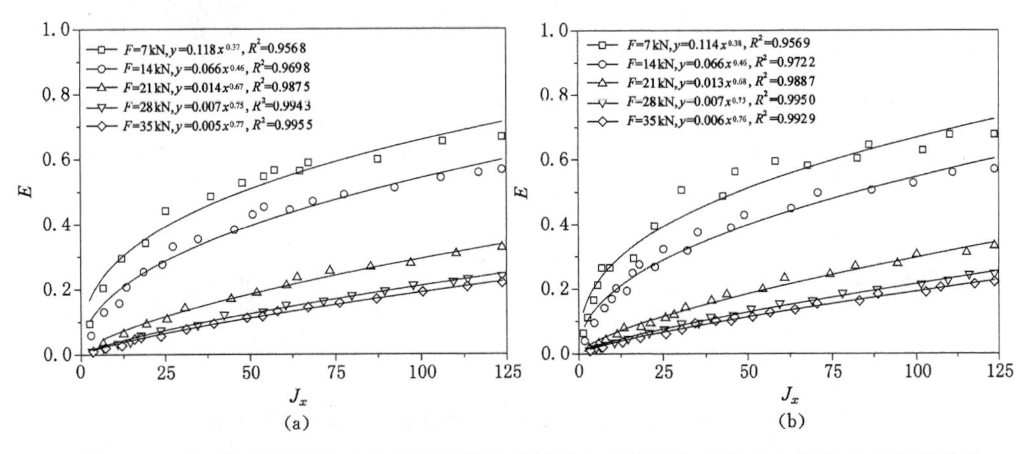

图 4-11 含不同裂隙网络夹角板状试样渗流过程中比例系数 E 与水力梯度 J_x 之间的关系

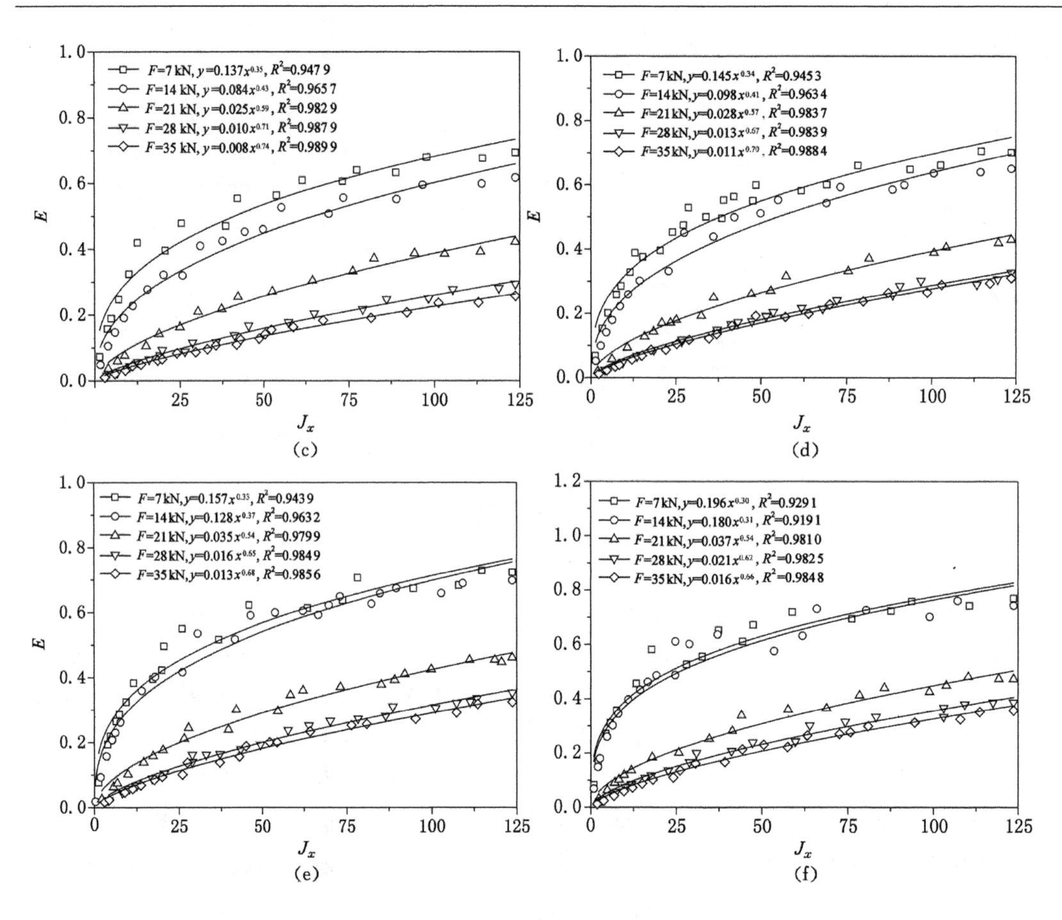

续图 4-11　含不同裂隙网络夹角板状试样渗流过程中比例系数 E 与水力梯度 J_x 之间的关系

(a) $\gamma=0°$；(b) $\gamma=30°$；(c) $\gamma=60°$；(d) $\gamma=90°$；(e) $\gamma=120°$；(f) $\gamma=150°$

参考其他学者的研究经验，本书将比例系数 $E=0.1$ 所对应的水力梯度定义为裂隙岩体渗流试验过程中的临界水力梯度 J_c。通过图 4-11 对不同工况下裂隙网络渗流的临界水力梯度 J_c 进行计算分析，如图 4-12 所示，具体计算结果见表 4-2。

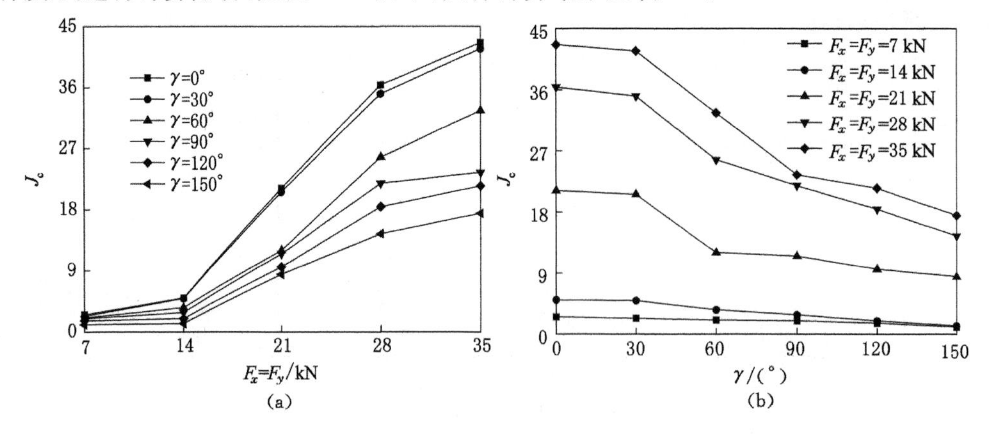

图 4-12　临界水力梯度 J_c 随荷载水平 F 和裂隙网络夹角 γ 的变化特征

(a) J_c-F；(b) J_c-γ

从图 4-12 和表 4-2 可以看出，随着荷载水平 F 的增加，对于相同的裂隙网络夹角，临界水力梯度 J_c 呈现出逐渐增大的趋势，具体变化趋势可以分为 3 个部分：当 F 小于 14 kN 时，J_c 基本上保持稳定值；当 F 在 14～28 kN 之间时，随着荷载水平的增加，J_c 的增加幅度较为显著；当 F 在 28～35 kN 之间时，J_c 的增加幅度逐渐变缓。以 $\gamma=90°$ 为例，不同荷载水平下临界水力梯度 J_c 分别为 1.96(F=7 kN)、2.85(F=14 kN)、11.52(F=21 kN)、21.88(F=28 kN)和 23.48(F=35 kN)，与 F=7 kN 相比，F=35 kN 时的临界水力梯度增加了 10.98 倍。其原因是因为，板状试样边界荷载的增加直接减小了裂隙的等效水力隙宽，而等效水力隙宽的变化直接影响裂隙的流速和临界雷诺数，从而影响裂隙的非线性流动特征。从图4-12(b)可以看出，相同的荷载水平下，随着裂隙网络夹角的增加，临界水力梯度 J_c 呈现出逐渐减小的趋势，且荷载水平越高，减小幅度越显著。以 $F_x=F_y$=28 kN 为例，不同裂隙网络夹角下临界水力梯度 J_c 分别为 36.39($\gamma=0°$)、35.09($\gamma=30°$)、25.71($\gamma=60°$)、21.88($\gamma=90°$)、18.44($\gamma=120°$)和 14.47($\gamma=150°$)，与 $\gamma=0°$ 相比，$\gamma=150°$ 时临界水力梯度减小了60.24%。由于试样中预制裂隙网络夹角的改变直接影响裂隙网络中流体的渗流通道，从而影响试样出水口处整体体积流速和裂隙网络中引起流体流动状态发生改变的临界水力梯度 J_c 的大小。

由于临界雷诺数(Re_c)也是裂隙渗流过程中是否会发生非线性流动现象的判据，本节对含裂隙网络岩体渗流过程中临界雷诺数 Re_c 随裂隙网络夹角 γ 和荷载水平 F 的变化特征分别进行计算分析，具体如表 4-2 和图 4-13 所示。

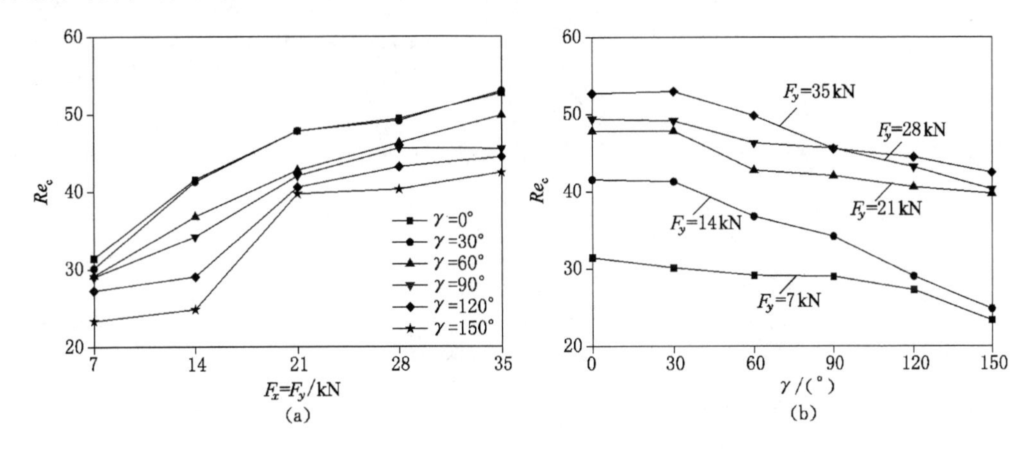

图 4-13 临界雷诺数 Re_c 随荷载水平 F 和裂隙网络夹角 γ 的变化特征

(a) Re_c-F；(b) Re_c-γ

可以看出，与临界水力梯度 J_c 的变化规律相似，随着荷载水平的增加，临界雷诺数 Re_c 逐渐增大，在 F=7～35 kN 的荷载水平区间内，不同裂隙网络夹角下临界雷诺数 Re_c 分别增加了 67.73%($\gamma=0°$)、75.78%($\gamma=30°$)、70.77%($\gamma=60°$)、56.93%($\gamma=90°$)、63.07%($\gamma=120°$)和 81.81%($\gamma=150°$)；而随着裂隙网络夹角的增加，临界雷诺数 Re_c 呈现出逐渐减小的趋势，在夹角 γ 由 0°增加至 150°的过程中，不同荷载水平作用下临界雷诺数 Re_c 分别减小了 25.70%(F=7 kN)、40.26%(F=14 kN)、16.88%(F=21 kN)、18.38%(F=28 kN)和 19.46%(F=35 kN)。需要指出的是，当 $\gamma=0°$ 和 30°时，由于裂隙网络中均只有一条贯通的裂隙通道，渗流试验过程中，当流速稳定后，该两种工况下体积流速与水力梯度之间的非线性相关性、临界水力梯度和临界雷诺数均表现出大体一致的规律。

4.3 含不同裂隙网络交叉点个数花岗岩试样渗透特性

侧压力系数为 1.0 时，含不同裂隙网络交叉点个数花岗岩板状试样渗流试验过程中体积流速 Q 随水力梯度 J_x 的变化特征如图 4-14 所示，同样地，体积流速与水力梯度之间可以用 Forchheimer 方程较好地拟合。可以看出，裂隙交叉点个数 N 对岩体的非线性流动状态有一定的影响，具体分析如下：

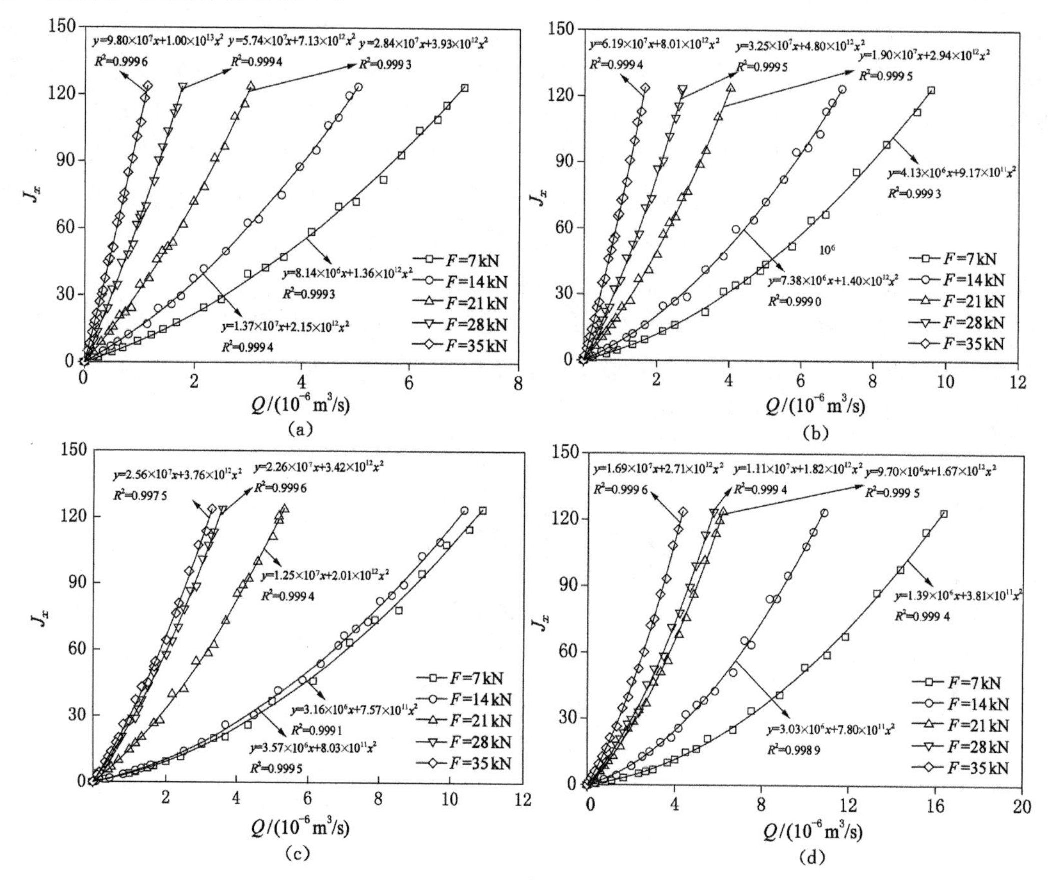

图 4-14 含不同裂隙网络交叉点个数花岗岩板状试样体积流速与水力梯度之间的 Forchheimer 函数拟合关系

(a) $N=1$；(b) $N=4$；(c) $N=7$；(d) $N=12$

(1) 随着水力梯度的增加，x 方向的体积流速逐渐增大。在水力梯度由 0($p=0$ MPa)增加到 123.69($p=0.6$ MPa)的过程中，不同荷载水平下含不同裂隙网络交叉点个数花岗岩板状试样 x 方向的流速分别增加至 $1.13\times10^{-6}\sim7.01\times10^{-6}$($N=1$)、$1.65\times10^{-6}\sim9.57\times10^{-6}$($N=4$)、$3.27\times10^{-6}\sim1.09\times10^{-5}$($N=7$)和 $4.33\times10^{-6}\sim1.63\times10^{-5}$ m³/s($N=12$)。

(2) 对于相同的裂隙网络交叉点个数 N，随着荷载水平的增加，流速 Q 与水力梯度 J_x 之间的拟合曲线逐渐变得陡峭，表明 x 方向流速的增加幅度逐渐减小。以 $N=4$ 为例，当荷载水平由 7 kN 增加到 35 kN 时，$p=0.6$ MPa 的水压力所引起的流体体积流速 Q 分别为 9.57×10^{-6}($F=7$ kN)、7.11×10^{-6}($F=14$ kN)、4.02×10^{-6}($F=21$ kN)、2.69×10^{-6}($F=$

28 kN)和 1.65×10^{-6} m^3/s(F=35 kN),与 7 kN 相比,35 kN 荷载水平下的体积流速减小了 82.76%。

(3) 对于相同的荷载水平,随着裂隙网络交叉点个数 N 的增加,x 方向流速随水力梯度的增加幅度总体上表现出逐渐增大的趋势,如图 4-15 所示。以荷载水平 $F_x=F_y$=14 kN 为例,当 N=1 时,0.6 MPa 水压力引起的体积流速为 5.04×10^{-6} m^3/s,而当 N=12 时,0.6 MPa 水压力所引起的体积流速为 10.86×10^{-6} m^3/s,与 N=1 相比增加了 1.15 倍。

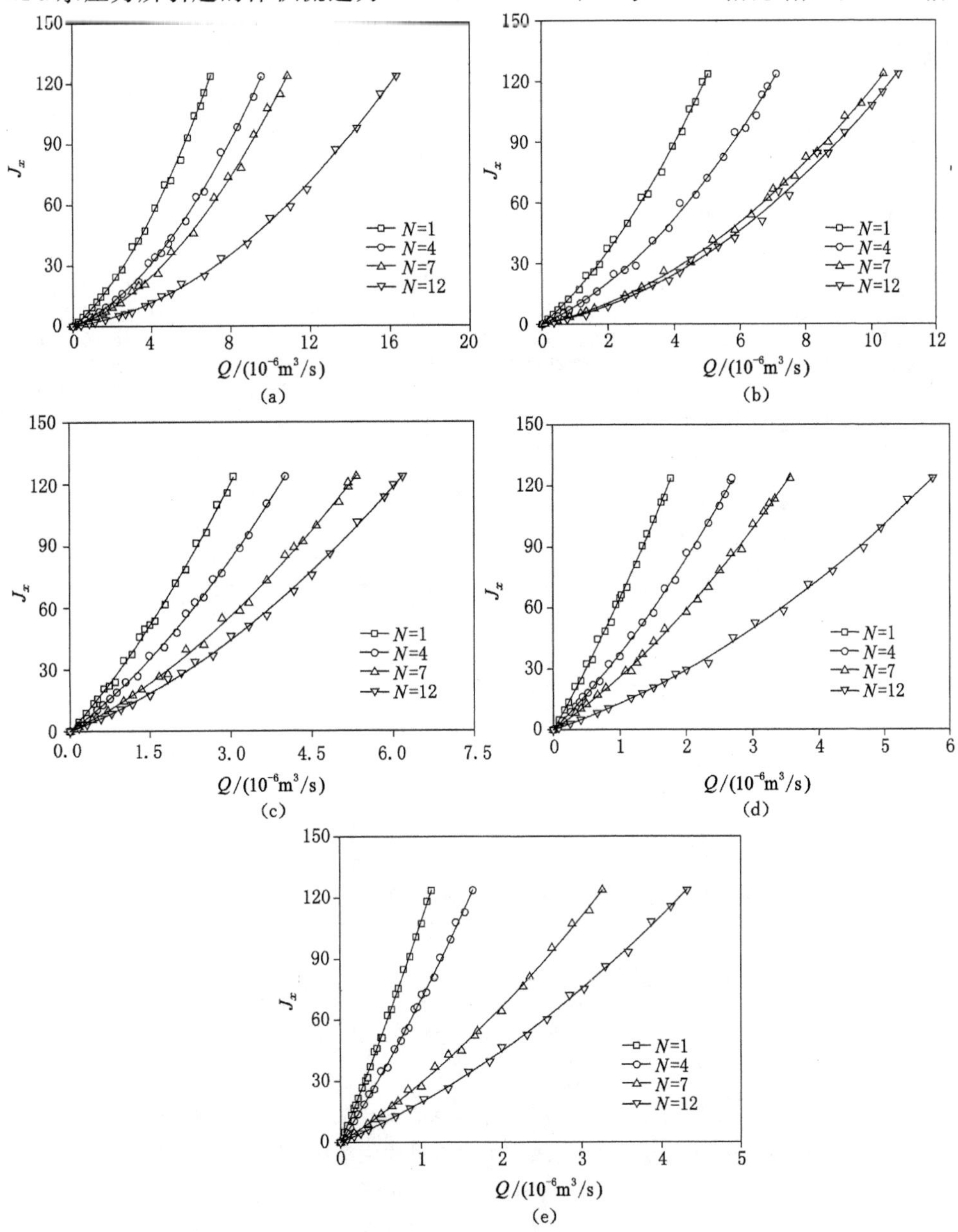

图 4-15　不同荷载水平作用下含不同裂隙网络交叉点个数花岗岩板状试样水力梯度与体积流速之间的 Forchheimer 函数拟合关系

(a) $F_x=F_y$=7 kN;(b) $F_x=F_y$=14 kN;(c) $F_x=F_y$=21 kN;(d) $F_x=F_y$=28 kN;(e) $F_x=F_y$=35 kN

图 4-14 不同试验工况下拟合方程中线性和非线性项系数 a 和 b 随荷载水平 F 和裂隙网络交叉点个数 N 的变化特征如图 4-16 所示，具体计算结果见表 4-4。

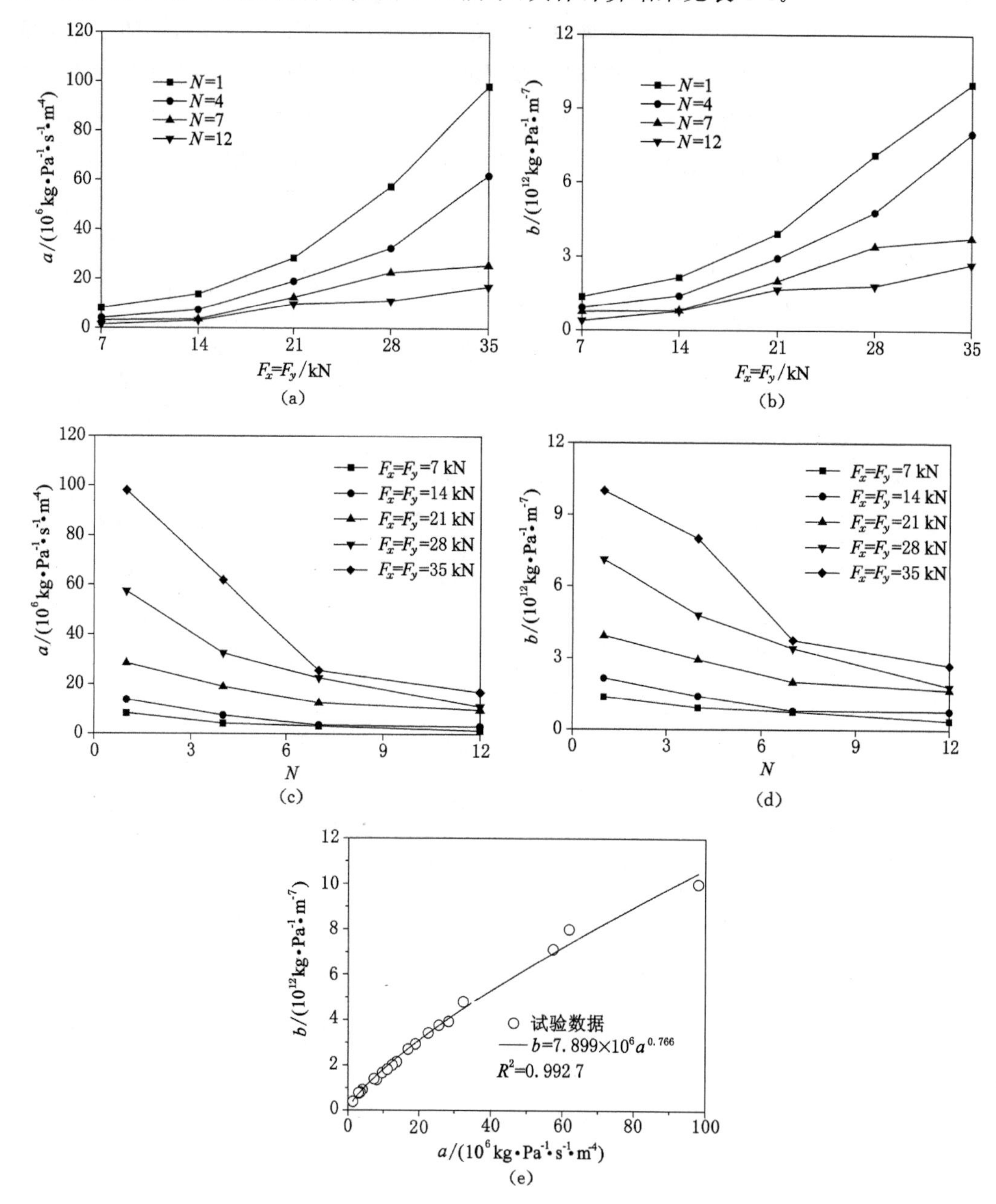

图 4-16 含不同裂隙网络交叉点个数花岗岩板状试样在不同荷载作用下 x 方向水力梯度与流速之间二次回归拟合公式中系数 a 和 b 的变化特征

(a) a-F；(b) b-F；(c) a-N；(d) b-N；(e) a-b

从图 4-16 和表 4-4 可以看出：

(1) 随着裂隙网络交叉点个数 N 的增加，拟合公式中系数 a 和 b 均表现出逐渐减小的趋势，且减小幅度与荷载水平密切相关。在裂隙网络交叉点个数 N 由 1 增加到 12 的过程

表 4-4 不同荷载作用下含不同裂隙网络交叉点个数花岗岩试样渗流试验过程中 Forchheimer 函数拟合方程中系数 a 和 b，以及临界水力梯度 J_c 和临界雷诺数 Re_c 的计算结果

N	$F_x=F_y$/kN	a/(kg·Pa^{-1}·s^{-1}·m^{-4})	b/(kg·Pa^{-1}·m^{-7})	R^2	J_c	Re_c
1	7	8.14×10^6	1.36×10^{12}	0.999 3	6.01	39.12
	14	1.37×10^7	2.15×10^{12}	0.999 4	10.78	41.65
	21	2.84×10^7	3.93×10^{12}	0.999 3	25.34	47.23
	28	5.74×10^7	7.13×10^{12}	0.999 4	57.05	52.62
	35	9.80×10^7	1.00×10^{13}	0.999 6	118.57	64.05
4	7	4.13×10^6	9.17×10^{11}	0.999 3	2.29	29.40
	14	7.38×10^6	1.40×10^{12}	0.999 0	4.80	34.45
	21	1.90×10^7	2.94×10^{12}	0.999 5	15.16	42.24
	28	3.25×10^7	4.80×10^{12}	0.999 5	27.17	44.25
	35	6.19×10^7	8.01×10^{12}	0.999 4	59.06	50.51
7	7	3.16×10^6	7.57×10^{11}	0.999 1	1.63	27.31
	14	3.57×10^6	8.03×10^{11}	0.999 5	1.96	29.02
	21	1.25×10^7	2.01×10^{12}	0.999 4	9.58	40.59
	28	2.26×10^7	3.42×10^{12}	0.999 6	18.44	43.19
	35	2.56×10^7	3.76×10^{12}	0.997 5	21.50	44.47
12	7	1.39×10^6	3.81×10^{11}	0.999 4	0.62	23.78
	14	3.03×10^6	7.80×10^{11}	0.998 9	1.45	25.36
	21	9.70×10^6	1.67×10^{12}	0.999 5	6.96	37.96
	28	1.11×10^7	1.82×10^{12}	0.999 4	8.36	39.86
	35	1.69×10^7	2.71×10^{12}	0.999 6	13.01	40.76

中，不同荷载水平下系数 a 分别减小了 82.92%(F=7 kN)、77.88%(F=14 kN)、65.86%(F=21 kN)、80.66%(F=28 kN)和 82.76%(F=35 kN)；系数 b 分别减小了 71.91%(F=7 kN)、63.67%(F=14 kN)、57.51%(F=21 kN)、74.47%(F=28 kN)和 72.90%(F=35 kN)。此外，随着裂隙网络交叉点个数 N 的增加，系数 a 和 b 的降低幅度整体上表现出逐渐减小的趋势。

(2) 对于相同的裂隙形式(N 为定值)，随着荷载水平的增加，系数 a 和 b 均逐渐增大，且增加幅度总体表现出逐渐增大的趋势。在整个荷载区间 7～35 kN 内，系数 a 分别增加了 11.04(N=1)、13.99(N=4)、7.10(N=7)和 11.16 倍(N=12)；系数 b 分别增加了 6.35(N=1)、7.73(N=4)、3.97(N=7)和 6.09 倍(N=12)。由于系数 a 和 b 具有相似的变化特征，对 a 和 b 之间的相关性进行分析，如图 4-16(e)所示，结果表明试验数据可采用一个幂指数函数进行拟合：

$$b = 7.899 \times 10^6 a^{0.766} \tag{4-1}$$

尽管式(4-1)可以对线性和非线性系数 a 和 b 之间的相关性进行描述，相关系数 R^2 为 0.992 7，但这个方程的实用性还需要进一步验证。

通过公式(2-2)可以计算出含不同裂隙网络交叉点个数花岗岩板状试样渗流试验过程中水力梯度 J_x 与比例系数 E 之间的相关性，具体如图 4-17 所示。可以看出，随着水力梯度的增加，比例系数 E 逐渐增大，两者之间可以通过式(4-2)中给出的幂函数进行拟合分析。

$$E = cJ^d \tag{4-2}$$

其中，c 和 d 为拟合系数，与边界荷载和裂隙网络交叉点个数相关。对于给定的 N，随着荷载水平的增加，系数 c 呈现逐渐减小的趋势，而系数 d 逐渐增加；但是对于给定的 F，随着交叉点个数的增加，c 呈现逐渐增加的趋势，而 d 逐渐减小。

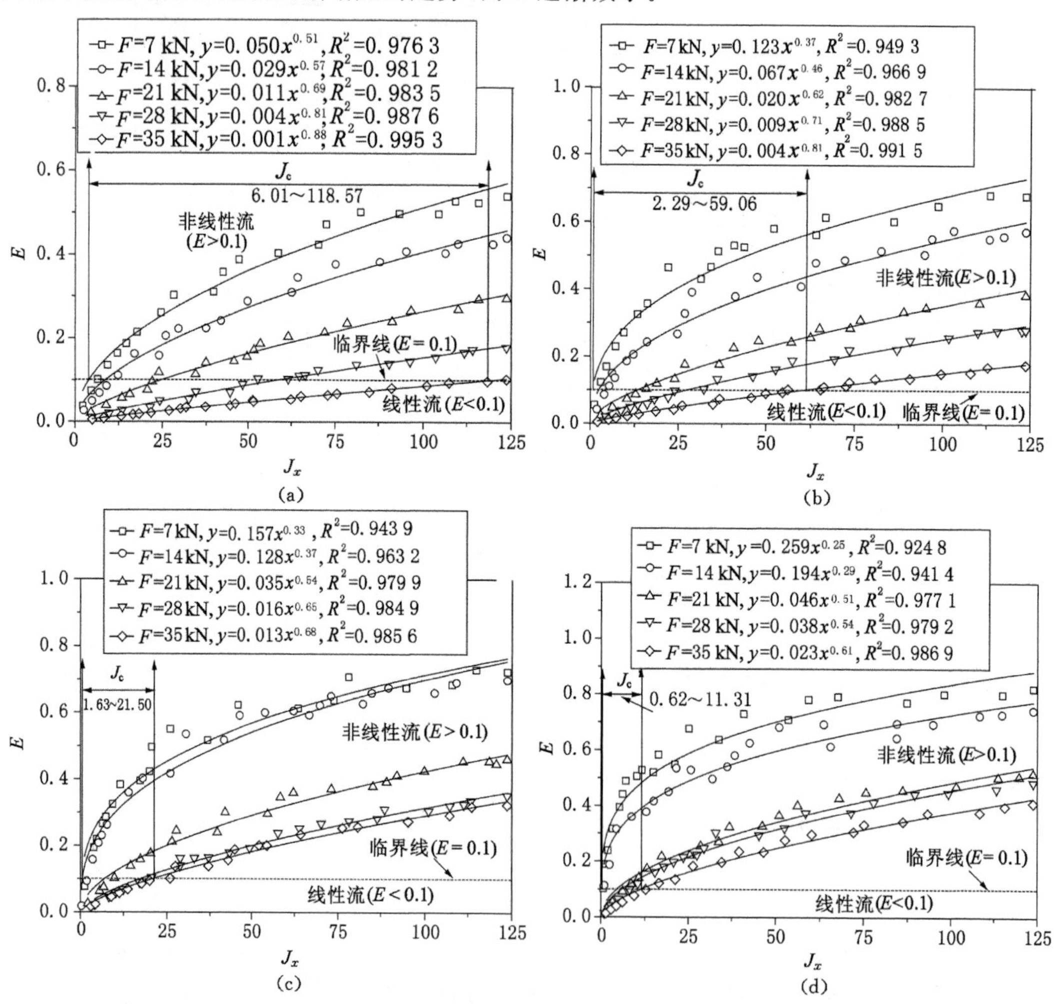

图 4-17 含不同裂隙网络交叉点个数板状试样渗流过程中比例系数 E 与水力梯度 J_x 之间的关系

(a) $N=1$；(b) $N=4$；(c) $N=7$；(d) $N=12$

将比例系数 $E=0.1$ 所对应的水力梯度定义为临界水力梯度 J_c，这样就可以获得含不同裂隙网络交叉点个数花岗岩板状试样 x 方向临界水力梯度 J_c 的变化特征，如图 4-18 所示，具体计算结果见表 4-4。

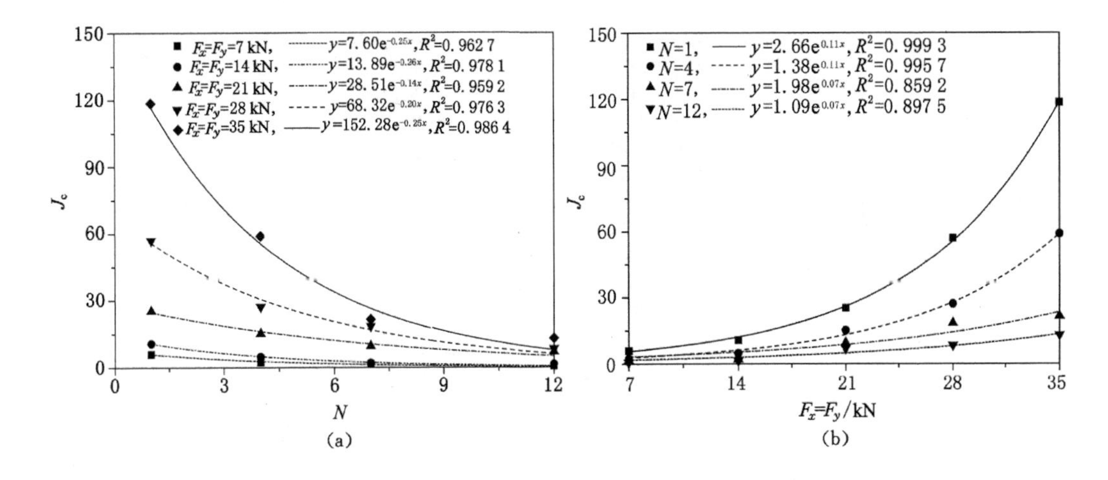

图 4-18 临界水力梯度 J_c 随裂隙网络交叉点个数 N 和荷载水平 F 的变化特征

(a) J_c-N；(b) J_c-F

从图 4-18 和表 4-4 可以看出：

(1) 在相同的荷载水平下，随着裂隙网络交叉点个数 N 的增加，裂隙网络中流体流动的临界水力梯度 J_c 逐渐减小，且荷载水平越高，减小幅度越剧烈，这与裂隙网络夹角对板状试样临界水力梯度的影响规律类似，变化特征可以用负指数函数进行拟合，如图 4-18(a)所示。在裂隙网络交叉点个数 N 由 1 增加到 12 的整个过程中，7、14、21、28 和 35 kN 五种荷载水平下，临界水力梯度 J_c 分别减小了 89.62%、86.53%、72.55%、85.35%和 89.03%，这一变化特征与文献[119]中数值计算的结果是总体一致的。

(2) 相同的裂隙形式下(交叉点个数 N 为定值)，随着荷载水平的增加，临界水力梯度 J_c 逐渐增大，且增加幅度表现出逐渐增大的趋势，变化特征同样可以用指数函数进行描述。在整个荷载水平 7～35 kN 的区间内，对于 4 种不同裂隙网络交叉点个数，花岗岩板状试样的临界水力梯度分别增大了 6.35(N=1)、7.73(N=4)、3.97(N=7)和 6.09 倍(N=12)。这一变化特征与 4.2 节中裂隙网络临界水力梯度 J_c 随荷载水平的变化趋势是相似的。

然后对不同裂隙网络交叉点个数花岗岩板状试样渗流试验过程中临界雷诺数(Re_c)进行计算分析，Re_c 随裂隙网络交叉点个数 N 和荷载水平 F 的变化特征如图 4-19 所示，具体计算结果见表 4-4。

可以看出，与图 4-18 中临界水力梯度 J_c 的变化规律相似，临界雷诺数 Re_c 随着裂隙网络交叉点个数的增加逐渐减小，在 N=1～12 的整个区间内，不同荷载作用下临界雷诺数 Re_c 分别减小了 39.21%(F=7 kN)、39.12%(F=14 kN)、19.62%(F=21 kN)、24.24%(F=28 kN)和 36.37%(F=35 kN)；而随着荷载水平的增加，临界雷诺数 Re_c 逐渐增大，在 F=7～35 kN 的荷载区间内，不同裂隙网络交叉点个数下临界雷诺数 Re_c 分别增加了 63.73%(N=1)、71.77%(N=4)、62.85%(N=7)和 71.38%(N=12)。

同样地，采用公式(2-3)对不同荷载作用下含不同裂隙网络交叉点个数花岗岩板状试样的导水系数 T 进行计算分析，如图 4-20 所示。可以看出，不同荷载(7～35 kN)作用下含不同裂隙网络交叉点个数花岗岩板状试样渗流过程中导水系数 T 并不是一个定值，而是随着

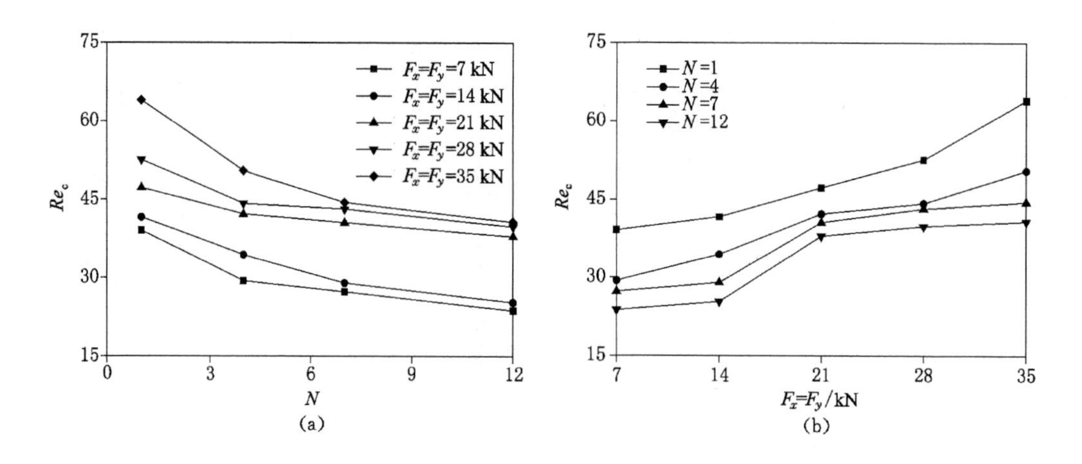

图 4-19 临界雷诺数 Re_c 随荷载水平 F 和裂隙网络交叉点个数 N 的变化特征

(a) Re_c-N;(b) Re_c-F

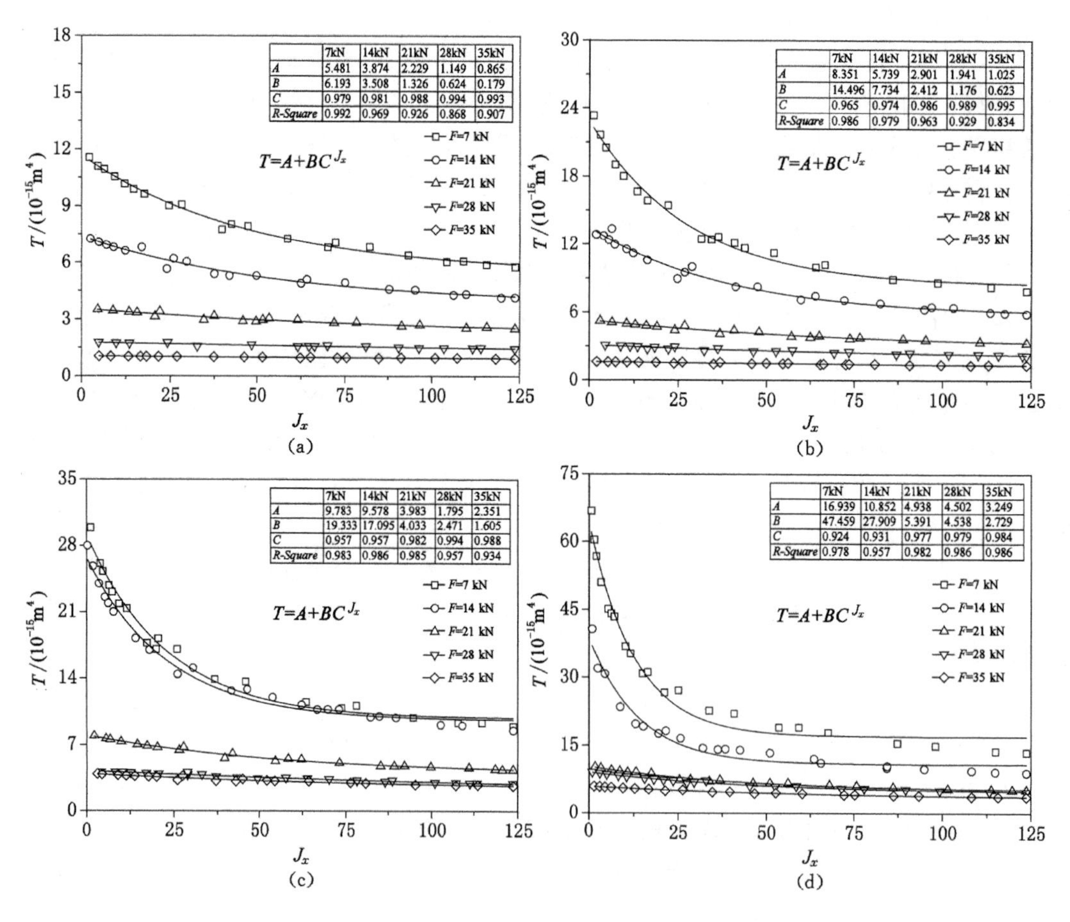

(a)

	7kN	14kN	21kN	28kN	35kN
A	5.481	3.874	2.229	1.149	0.865
B	6.193	3.508	1.326	0.624	0.179
C	0.979	0.981	0.988	0.994	0.993
R-Square	0.992	0.969	0.926	0.868	0.907

(b)

	7kN	14kN	21kN	28kN	35kN
A	8.351	5.739	2.901	1.941	1.025
B	14.496	7.734	2.412	1.176	0.623
C	0.965	0.974	0.986	0.989	0.995
R-Square	0.986	0.979	0.963	0.929	0.834

(c)

	7kN	14kN	21kN	28kN	35kN
A	9.783	9.578	3.983	1.795	2.351
B	19.333	17.095	4.033	2.471	1.605
C	0.957	0.957	0.982	0.994	0.988
R-Square	0.983	0.986	0.985	0.957	0.934

(d)

	7kN	14kN	21kN	28kN	35kN
A	16.939	10.852	4.938	4.502	3.249
B	47.459	27.909	5.391	4.538	2.729
C	0.924	0.931	0.977	0.979	0.984
R-Square	0.978	0.957	0.982	0.986	0.986

图 4-20 含不同裂隙网络交叉点个数花岗岩板状试样导水系数 T 与水力梯度 J_x 之间的关系

(a) N=1;(b) N=4;(c) N=7;(d) N=12

水力梯度 J_x 的增加呈现出逐渐减小的趋势，且减小幅度逐渐降低，这就进一步验证了裂隙网络中非线性流动特征的存在。

由图 4-20 可以看出，对于含不同裂隙网络交叉点个数（N=1、4、7、12）的花岗岩板状试样，渗流试验过程中导水系数 T 并不是一个定值，而是随着水力梯度的增加逐渐减小，且荷载水平越低，导水系数减小幅度越显著。以 N=4 为例，在水力梯度 0～123.69 的区间内，不同荷载水平作用下导水系数的减小幅度分别为 66.19%（F=7 kN）、54.36%（F=14 kN）、36.87%（F=21 kN）、28.39%（F=28 kN）和 17.24%（F=35 kN），总体上，减小幅度逐渐降低。对于相同的荷载水平，随着裂隙交叉点个数 N 的增加，导水系数 T 逐渐增大，以 $F_x=F_y$=7 kN 为例，不同裂隙交叉点个数下，水力梯度 J_x=123.69 所对应的导水系数分别为 11.56×10^{-15}（N=1）、23.34×10^{-15}（N=4）、29.88×10^{-15}（N=7）和 66.89×10^{-15} m^4（N=12），与 N=1 相比，N=12 时的导水系数增加了 4.79 倍。从以上分析可知，随着裂隙网络交叉点个数的增加，相同试验工况下板状试样的渗透特性逐渐增强，这是因为增加裂隙网络交叉点个数一定程度上增加了表征单元体中裂隙的密度和连通特性；同时荷载水平越低，板状试样的导水系数越高，这是因为试样的边界荷载直接影响裂隙的水力开度，从而影响裂隙网络的渗透特性。

采用最小二乘法，水力梯度和导水系数之间的相关性可采用式(4-3)进行拟合分析：

$$T = A + BC^{J_x} \tag{4-3}$$

其中，拟合系数 A、B 和 C 如图 4-20 所示。

当对单裂隙渗透特性进行评估时，雷诺数 Re 广泛应用于定量表征裂隙的非线性渗透特性，如式(3-11)。但是工程实践中存在成百上千条裂隙或裂隙网络，每一条裂隙的雷诺数无法准确表征，而裂隙网络模型的水力梯度却很容易获得，因此，对归一化导水系数 T/T_0 与水力梯度之间的相关性进行讨论以评估裂隙网络岩体的流态特征。

对试验数据进行拟合，如图 4-21 所示。这里，T_0 表示水力梯度为零时所对应的裂隙网络导水系数，这时水头差极小且惯性力可以忽略不计，结果表明，归一化导水系数随水力梯度的变化特征可采用式(4-4)表征：

$$\frac{T}{T_0} = 1 - \exp(-\alpha J_x^{-0.45}) \tag{4-4}$$

其中，α 为拟合系数。需要说明的是，水力梯度 J_x 的指数为 −0.45，其不随边界荷载条件或裂隙网络交叉点个数而变化。

从图 4-21 可以看出，随着水力梯度的增加，归一化导水系数呈现逐渐减小的特征。对于一个给定的 N，当 F 增加时，拟合曲线逐渐上移；而对于一个给定的荷载水平 F，随着裂隙网络交叉点个数的增加，J_x-T/T_0 拟合曲线逐渐下移。此外，归一化导水系数随水力梯度的变化特征可以分为 3 个阶段：当 J_x 较小（小于 0.2）时，T/T_0 基本上保持定值1.0，流体呈线性流动状态；随着水力梯度的增加，T/T_0 逐渐减小，且减小幅度呈现先增加后减小的趋势。由式(4-5)可知，当 E=0.1 时，裂隙网络流体流态转变的临界归一化导水系数 T/T_0=0.9，如图 4-21 所示，由此可以计算出含不同交叉点个数裂隙网络的临界水力梯度，分别为 8.98～103.16（N=1）、3.46～61.40（N=4）、2.69～28.37（N=7）和 1.10～15.50（N=12）。整体上，由式(4-5)计算得到的临界水力梯度范围比图 4-18 中略大。

$$\frac{T}{T_0} = \frac{-\mu Q/\omega(aQ + bQ^2)}{-\mu Q/\omega(aQ)} = 1 - E \tag{4-5}$$

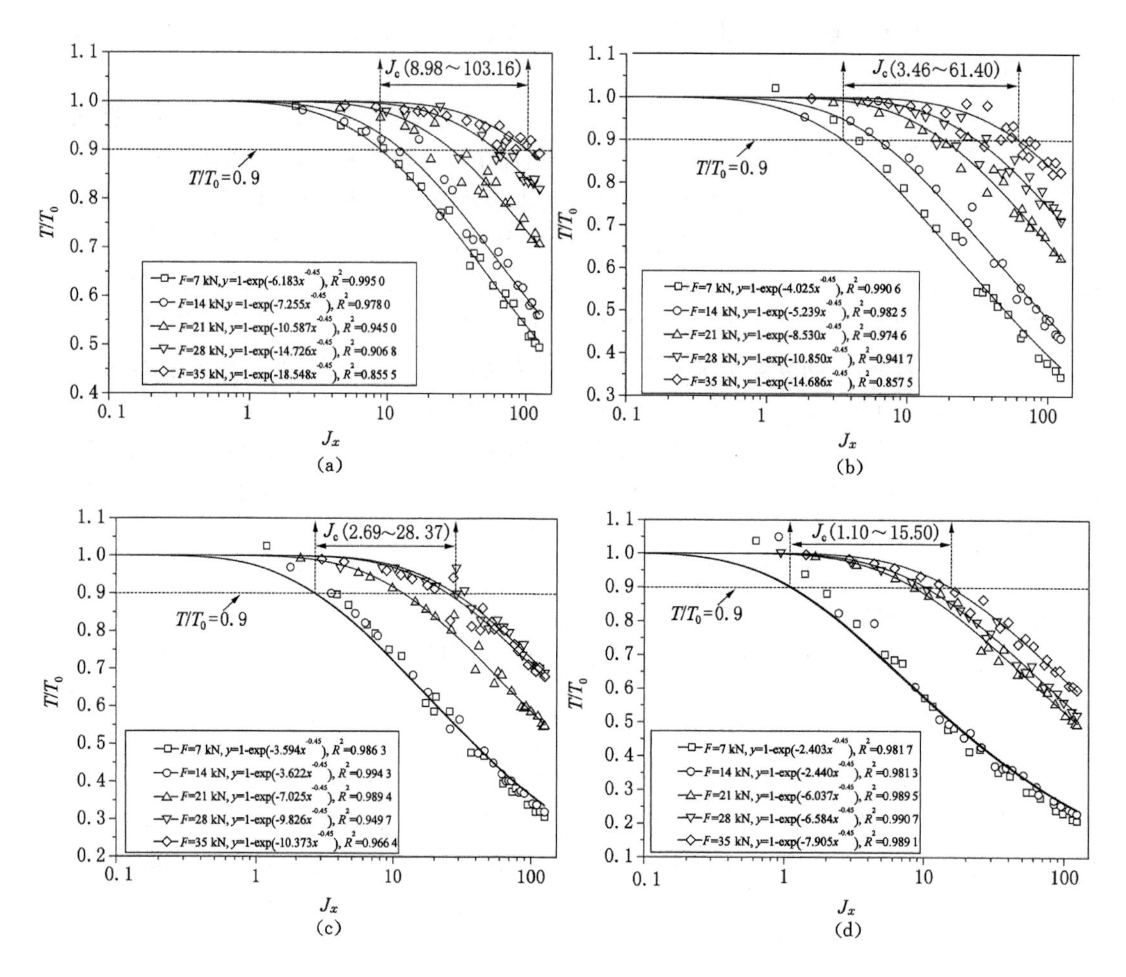

图 4-21　含不同裂隙网络交叉点个数花岗岩板状试样归一化导水系数 T/T_0 与水力梯度 J_x 之间的关系

(a) $N=1$；(b) $N=4$；(c) $N=7$；(d) $N=12$

图 4-22 给出了拟合系数 α 随裂隙网络交叉点个数和荷载水平的变化特征。可以看出，随着 F 的增加，α 逐渐增大，当 F 由 7 增加至 35 kN 时，α 基本上增加了 2 倍左右。然而，当 F 为定值时，拟合系数 α 随着 N 的增加逐渐减小，当 N 由 1 增加至 12 时，α 分别减小了 61.14%（$F=7$ kN）、66.37%（$F=14$ kN）、42.98%（$F=21$ kN）、55.29%（$F=28$ kN）和 57.38%（$F=35$ kN）。

为了进一步分析含不同裂隙网络交叉点个数花岗岩板状试样的非线性流动特征，采用 Izbash 方程对不同荷载作用下板状试样体积流速与压力梯度之间的相关性进行回归拟合分析，具体拟合曲线及拟合方程如图 4-23 所示。从图中可以看出，所有拟合曲线的相关系数 R^2 均大于 0.99，表明拟合曲线与试验值具有较好的吻合程度。

不同工况下，Izbash 拟合方程中系数 λ 和 m 的计算结果随着裂隙网络交叉点个数 N 的变化特征如图 4-24 所示，具体计算结果见表 4-5。

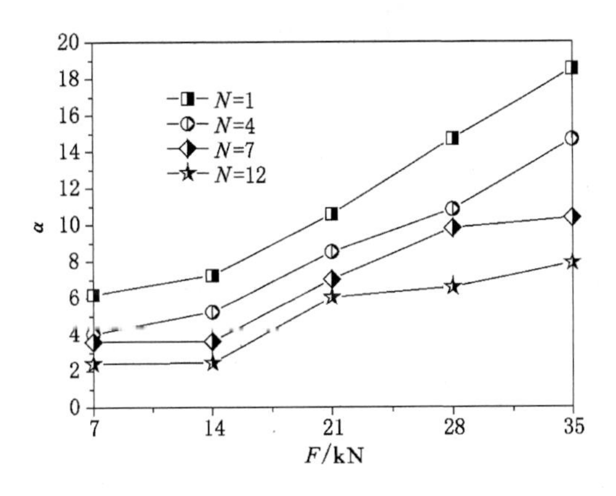

图 4-22 拟合系数 α 随 F 的变化特征

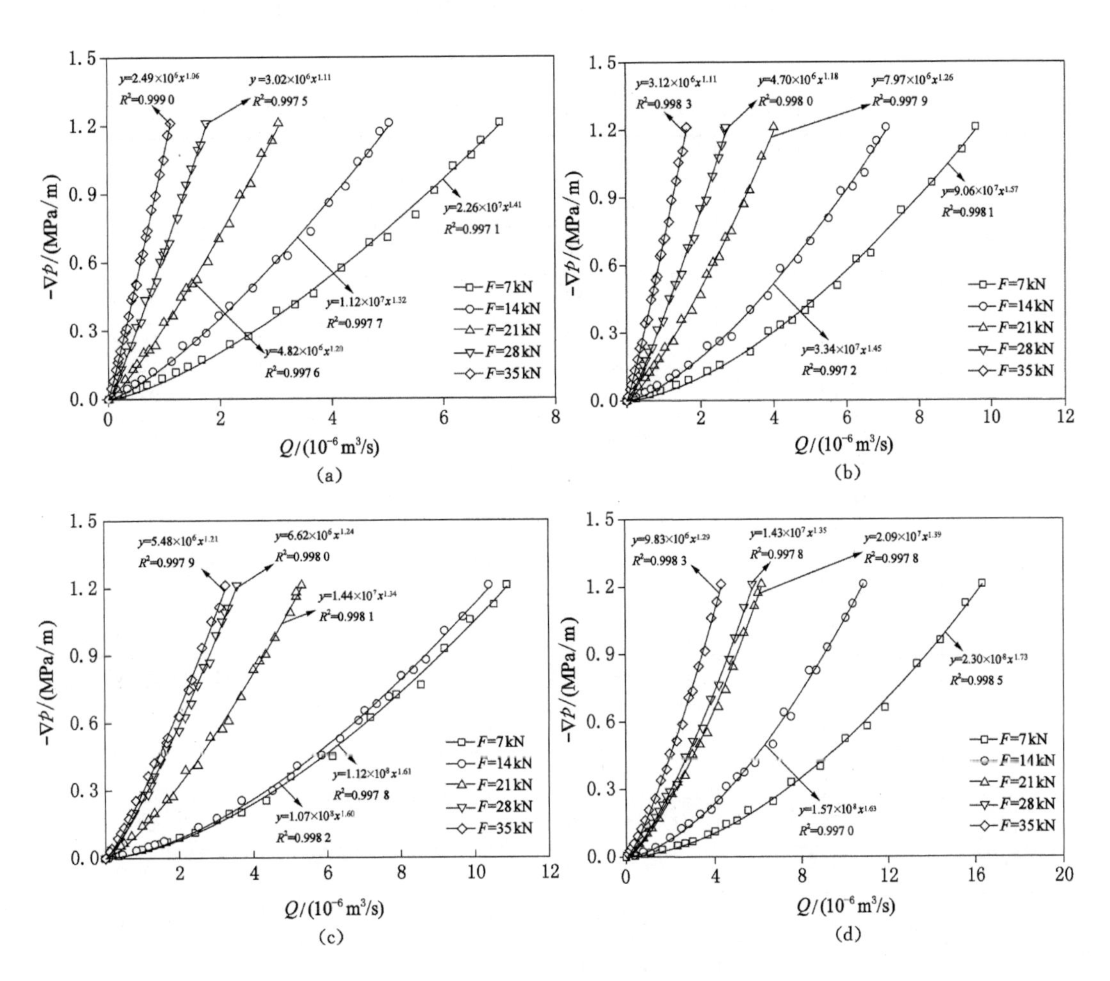

图 4-23 不同荷载作用下含不同裂隙网络交叉点个数花岗岩板状试样体积流速与压力梯度之间的 Izbash 函数拟合关系

(a) $N=1$;(b) $N=4$;(c) $N=7$;(d) $N=12$

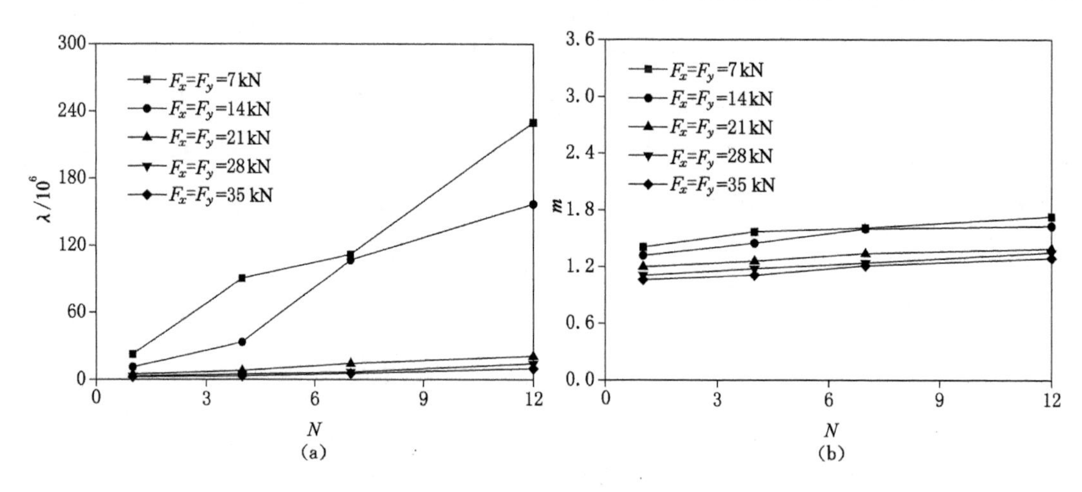

图 4-24 Izbash 拟合函数中系数 λ 和 m 随裂隙网络交叉点个数 N 的变化特征

(a) λ-N；(b) m-N

表 4-5 不同试验工况下 Izbash 拟合函数中系数 λ 和 m 的计算结果

N	$F_x=F_y$/kN	λ	m	R^2
1	7	2.26×10^7	1.41	0.997 1
	14	1.12×10^7	1.32	0.997 7
	21	4.82×10^6	1.20	0.997 6
	28	3.02×10^6	1.11	0.997 5
	35	2.49×10^6	1.06	0.999 0
4	7	9.06×10^7	1.57	0.998 1
	14	3.34×10^7	1.45	0.997 2
	21	7.97×10^6	1.26	0.997 9
	28	4.70×10^6	1.18	0.998 0
	35	3.12×10^6	1.11	0.998 3
7	7	1.12×10^8	1.61	0.997 8
	14	1.07×10^8	1.60	0.998 2
	21	1.44×10^7	1.34	0.998 1
	28	6.62×10^6	1.24	0.998 0
	35	5.48×10^6	1.21	0.997 9
12	7	2.30×10^8	1.73	0.998 5
	14	1.57×10^8	1.63	0.997 0
	21	2.09×10^7	1.39	0.997 8
	28	1.43×10^7	1.35	0.997 8
	35	9.83×10^6	1.29	0.998 3

可以看出，随着裂隙交叉点个数 N 的增加，系数 λ 和 m 均呈现出逐渐增加的趋势，但是与系数 m 相比，系数 λ 的增加幅度较为显著。在交叉点个数 $N=1\sim12$ 的区间内，系数 λ 的增加幅度在一个数量级左右，而系数 m 均在 1.06～1.73 范围内波动。

4.4　侧压力系数对裂隙网络岩体渗流特性的影响

4.4.1　含不同裂隙网络夹角 γ

根据图 4-4(b)，保持 $F_x=7$ kN 不变，逐渐增大 F_y(7、14、21、28、35 kN)，即侧压力系数逐渐增大(1.0、2.0、3.0、4.0、5.0)，针对每一个荷载水平，在 x 方向水压力 p_x增加到 0.6 MPa 的过程中，x 方向体积流速与水力梯度之间的非线性相关性同样可以用 Forchheimer 函数进行拟合，拟合曲线的相关系数 R^2 均大于 0.99，如图 4-25 所示。

从图 4-25 可以看出，对于相同的侧压力系数，随着裂隙网络夹角的增加，相同水力梯度所引起的体积流速逐渐增大，这与 4.1 节中的试验结果是一致的，这是因为裂隙网络夹角的变化直接改变了裂隙岩体的渗流通道和出水口处整体体积流速。以侧压力系数 4.0 为例，

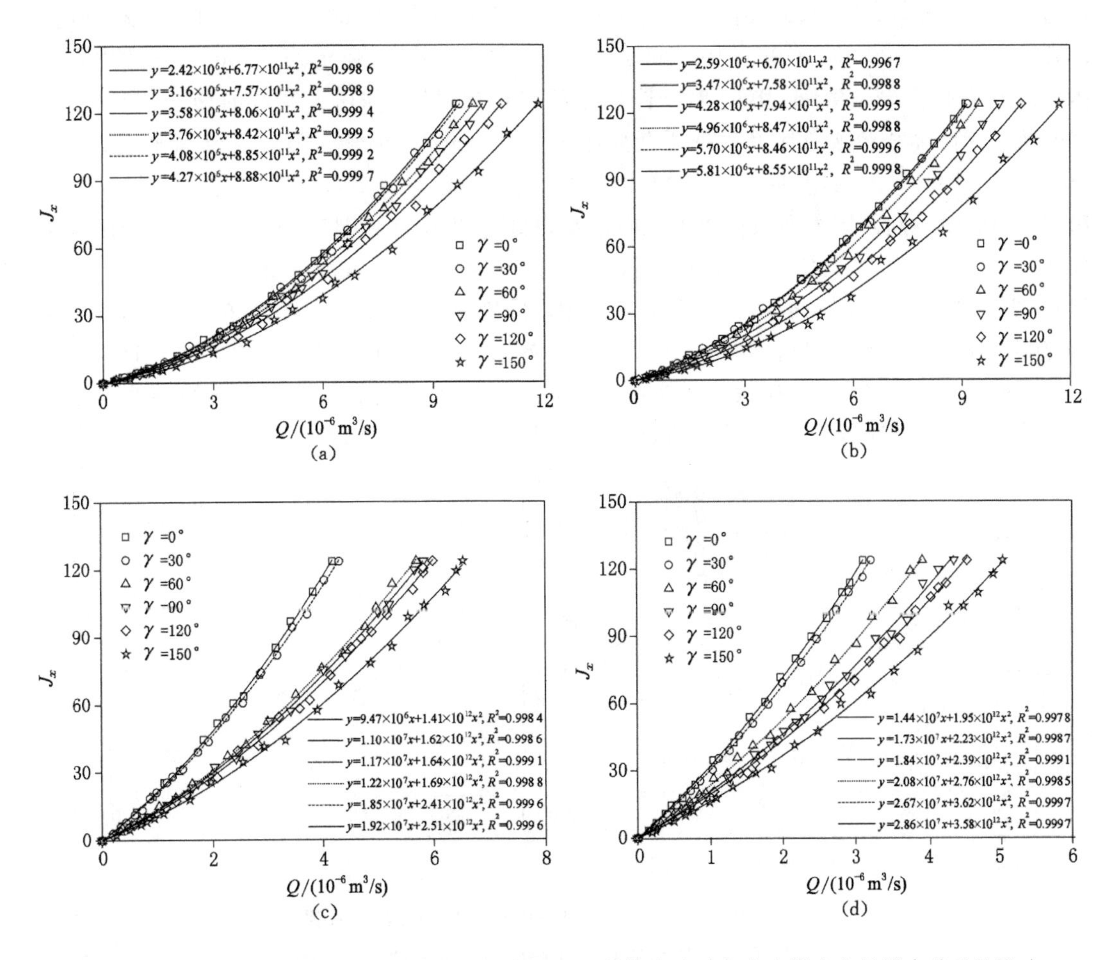

图 4-25　侧压力系数对含不同裂隙网络夹角岩石试样体积流速与水力梯度之间拟合关系的影响

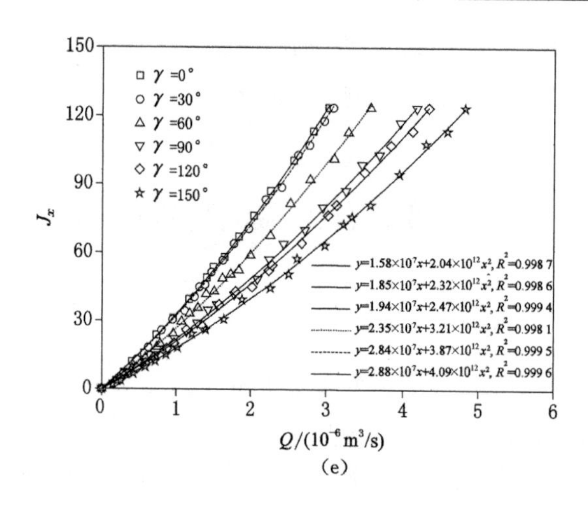

(e)

续图 4-25　侧压力系数对含不同裂隙网络夹角岩石试样体积流速与水力梯度之间拟合关系的影响

(a) 侧压力系数为 1.0;(b) 侧压力系数为 2.0;(c) 侧压力系数为 3.0;(d) 侧压力系数为 4.0;(e) 侧压力系数为 5.0

在裂隙网络夹角 γ 由 0°增加至 150°的过程中,J_x=123.69 的水力梯度所引起的体积流速分别为 3.11×10^{-6}(γ=0°)、3.23×10^{-6}(γ=30°)、3.93×10^{-6}(γ=60°)、4.37×10^{-6}(γ=90°)、4.55×10^{-6}(γ=120°)和 5.06×10^{-6} m³/s(γ=150°),与 γ=0°相比,γ=150°时裂隙岩体的体积流速增加了 62.70%。此外,对于同一个板状试样,随着侧压力系数的增加,相同水力梯度所引起的体积流速总体上呈现逐渐减小的趋势,即试样的渗透特性逐渐减弱。以 γ=120°、J_x=123.69 为例,当侧压力系数为 1.0 时($F_x=F_y$=7 kN),体积流速 Q 为 1.09×10^{-5} m³/s,而不同侧压力系数作用下试样出水口处的流速 Q 分别为 1.07×10^{-5}(侧压力系数 2.0)、5.99×10^{-6}(侧压力系数 3.0)、4.55×10^{-6}(侧压力系数 4.0)和 4.33×10^{-6} m³/s(侧压力系数 5.0),与侧压力系数 1.0 时相比,分别减小了 1.84%、44.94%、58.18%和 60.20%,减小幅度逐渐显著,这一试验结果与文献[175]中数值计算的结果大体一致。

不同侧向压力作用下,板状试样体积流速与水力梯度之间非线性拟合曲线中线性项和非线性项系数 a 和 b 的变化特征分别如图 4-26 所示,具体计算结果见表 4-6。

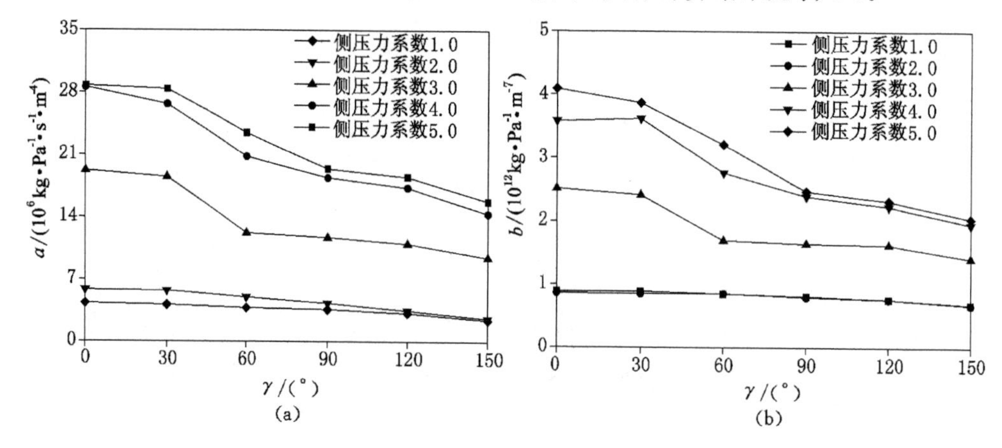

(a)　(b)

图 4-26　裂隙网络岩体渗流过程中线性项和非线性项系数 a 和 b 随裂隙网络夹角 γ 和侧压力系数的变化特征

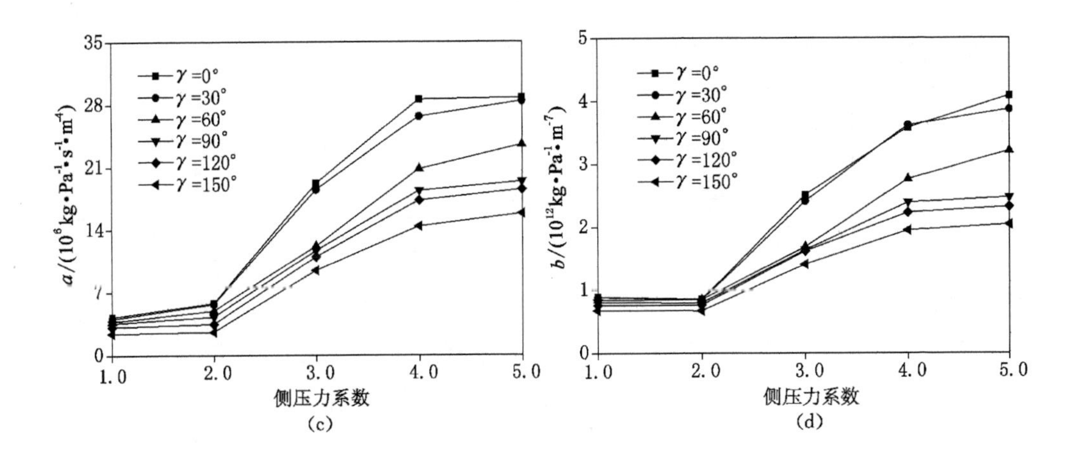

续图 4-26 裂隙网络岩体渗流过程中线性项和非线性项系数
a 和 b 随裂隙网络夹角 γ 和侧压力系数的变化特征
(a) a-γ;(b) b-γ;(c) a-侧压力系数;(d) b-侧压力系数

表 4-6 不同侧压力系数作用下含不同裂隙网络夹角试样渗流过程中 Forchheimer 函数拟合方程中系数 a 和 b,以及临界水力梯度 J_c 和临界雷诺数 Re_c 的计算结果

γ/(°)	侧压力系数	a/(kg · Pa^{-1} · s^{-1} · m^{-4})	b/(kg · Pa^{-1} · m^{-7})	R^2	J_c	Re_c
0	1.0	4.27×10^{6}	8.88×10^{11}	0.998 6	2.53	33.39
	2.0	5.81×10^{6}	8.55×10^{11}	0.996 7	4.87	47.19
	3.0	1.92×10^{7}	2.51×10^{12}	0.998 4	18.13	53.12
	4.0	2.86×10^{7}	3.58×10^{12}	0.998 4	28.21	55.48
	5.0	2.88×10^{7}	4.09×10^{12}	0.998 7	25.04	55.90
30	1.0	4.08×10^{6}	8.85×10^{11}	0.998 9	2.32	32.02
	2.0	5.70×10^{6}	8.46×10^{11}	0.998 8	4.74	46.79
	3.0	1.85×10^{7}	2.41×10^{12}	0.998 6	17.53	53.31
	4.0	2.67×10^{7}	3.62×10^{12}	0.998 6	24.31	51.22
	5.0	2.84×10^{7}	3.87×10^{12}	0.998 6	25.73	50.96
60	1.0	3.76×10^{6}	8.42×10^{11}	0.999 4	2.07	31.01
	2.0	4.96×10^{6}	8.47×10^{11}	0.999 5	3.59	40.67
	3.0	1.22×10^{7}	1.69×10^{12}	0.999 1	10.87	50.13
	4.0	2.08×10^{7}	2.76×10^{12}	0.999 1	19.35	52.33
	5.0	2.35×10^{7}	3.21×10^{12}	0.999 4	21.24	50.84
90	1.0	3.58×10^{6}	8.06×10^{11}	0.999 5	1.96	30.85
	2.0	4.28×10^{6}	7.94×10^{11}	0.998 8	2.85	37.43
	3.0	1.17×10^{7}	1.64×10^{12}	0.998 8	10.30	49.54
	4.0	1.84×10^{7}	2.39×10^{12}	0.998 8	17.49	53.46
	5.0	1.94×10^{7}	2.47×10^{12}	0.998 1	18.81	54.54

续表 4-6

γ/(°)	侧压力系数	$a/(kg \cdot Pa^{-1} \cdot s^{-1} \cdot m^{-4})$	$b/(kg \cdot Pa^{-1} \cdot m^{-7})$	R^2	J_c	Re_c
120	1.0	3.16×10^6	7.57×10^{11}	0.999 2	1.63	28.99
	2.0	3.47×10^6	7.58×10^{11}	0.999 6	1.96	31.79
	3.0	1.10×10^7	1.62×10^{12}	0.999 6	9.22	47.15
	4.0	1.73×10^7	2.23×10^{12}	0.999 6	16.57	53.87
	5.0	1.85×10^7	2.32×10^{12}	0.999 5	18.21	55.38
150	1.0	2.42×10^6	6.77×10^{11}	0.999 7	1.07	24.82
	2.0	2.59×10^6	6.70×10^{11}	0.999 8	1.24	26.84
	3.0	9.47×10^6	1.41×10^{12}	0.999 6	7.85	46.64
	4.0	1.44×10^7	1.95×10^{12}	0.999 6	13.13	51.28
	5.0	1.58×10^7	2.04×10^{12}	0.999 6	15.11	53.79

可以看出：相同侧压力系数作用下，随着夹角 γ 的增加，系数 a 和 b 均表现出逐渐减小的趋势。在裂隙网络夹角 γ 由 0°增加到 150°的过程中，5 种侧压力系数作用下，系数 a 分别减小了 43.33%、55.42%、50.68%、49.65%和 45.14%，系数 b 分别减小了 23.76%、21.64%、43.82%、45.53%和 50.12%。然而，对于含相同裂隙形式的花岗岩试样（夹角 γ 为定值），随着侧压力系数的增加，系数 a 和 b 均表现出逐渐增大的趋势，且增加趋势大体上可以分为 3 个阶段：当侧压力系数为 1.0～2.0 时，缓慢增加；当侧压力系数为 2.0～4.0 时，增加幅度较为剧烈；而当侧压力系数为 4.0～5.0 时，增加幅度又趋于稳定。在侧压力系数由 1.0 增加至 5.0 的过程中，对于含 6 种不同裂隙网络夹角的花岗岩板状试样，系数 a 分别增加了 5.74(γ=0°)、5.96(γ=30°)、5.25(γ=60°)、4.42(γ=90°)、4.85(γ=120°)和 5.53 倍(γ=150°)；系数 b 分别增加了 3.61(γ=0°)、3.37(γ=30°)、2.81(γ=60°)、2.06(γ=90°)、2.07(γ=120°)和 2.01 倍(γ=150°)。与裂隙网络夹角相比，侧压力系数对裂隙岩体非线性流动行为的影响更为显著。

根据式(2-2)可以计算出裂隙网络渗流过程中非线性效应系数 E 随水力梯度 J_x 的变化特征，如图 4-27 所示（以侧压力系数 1.0、3.0、5.0 为例）。随着 J_x 的增加，E 呈现指数函数变化的特征。E=0.1 对应的水力梯度即为临界水力梯度 J_c，其随裂隙网络夹角和侧压力系数的变化如图 4-28 和表 4-6 所示。

可以看出，随着侧压力系数的增加，对于相同的裂隙网络夹角，临界水力梯度 J_c 基本上呈现逐渐增大的趋势，具体变化趋势可以分为 3 个阶段：当侧压力系数为 1.0～2.0 时，J_c 缓慢增加；当侧压力系数为 2.0～4.0 时，J_c 的增加幅度较为显著；而当侧压力系数为 4.0～5.0 时，J_c 又趋于稳定。相同的荷载水平下，裂隙网络夹角对临界水力梯度的影响特征并不显著，但是随着夹角的增加，临界水力梯度总体表现出逐渐减小的趋势。

然后对不同侧压力系数作用下裂隙岩体渗流过程中的临界雷诺数 Re_c 进行计算，如图 4-29 所示，具体计算结果见表 4-6。

可以看出，与临界水力梯度 J_c 的变化特征相似，临界雷诺数 Re_c 随着侧压力系数的增加整体上表现出逐渐增大的趋势，以裂隙网络夹角 γ=90°为例，在侧压力系数由 1.0 增加至 5.0 的过程中，临界雷诺数 Re_c 由 30.84 增加至 54.54，增加了 76.84%。

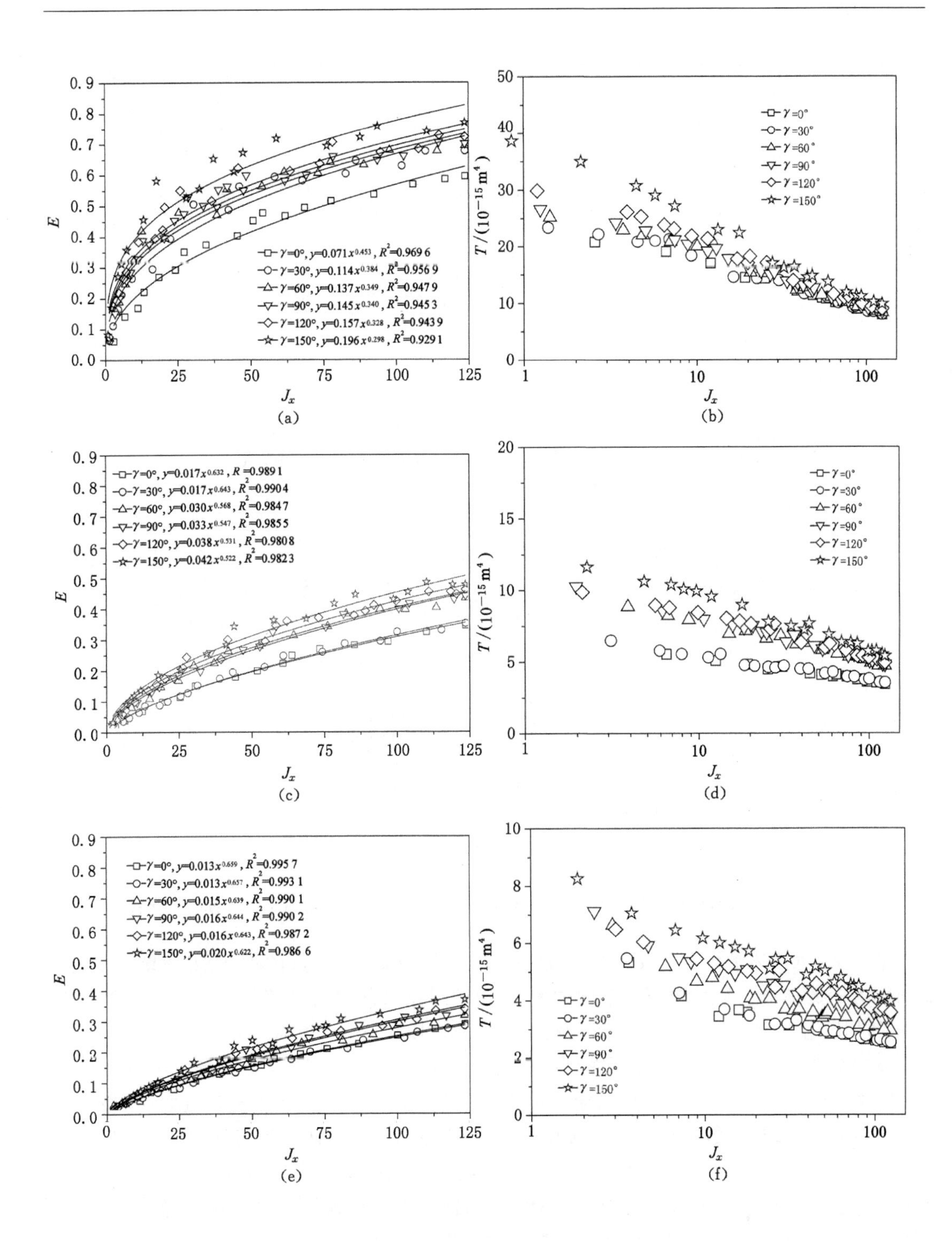

图 4-27 非线性效应系数 E、导水系数 T 随水力梯度 J_x 的变化特征

(a) E-J_x(侧压力系数 1.0);(b) T-J_x(侧压力系数 1.0);(c) E-J_x(侧压力系数 1.0);(d) T-J_x(侧压力系数 1.0);(e) E-J_x(侧压力系数 1.0);(f) T-J_x(侧压力系数 1.0)

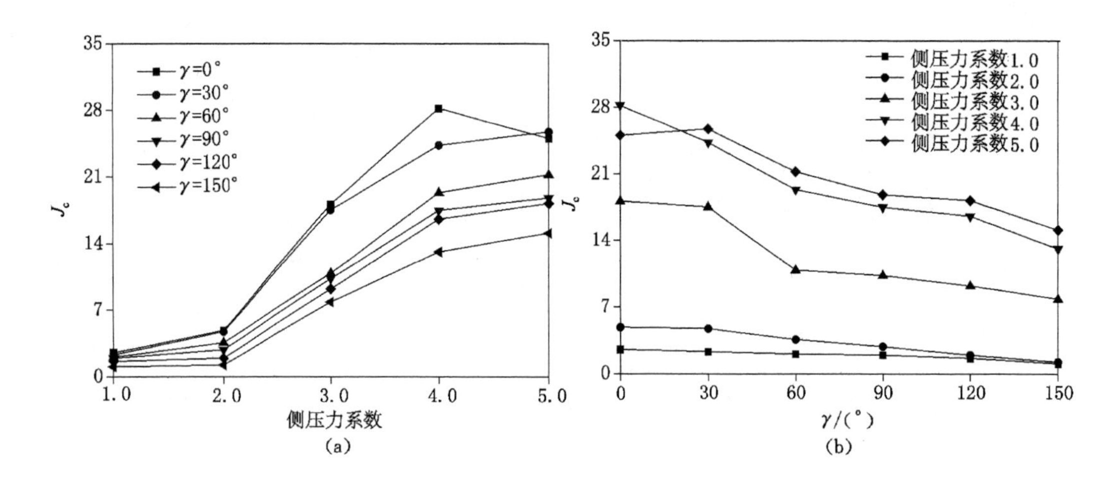

图 4-28　临界水力梯度 J_c随侧压力系数和裂隙网络夹角 γ 的变化特征

(a) J_c-侧压力系数;(b) J_c-γ

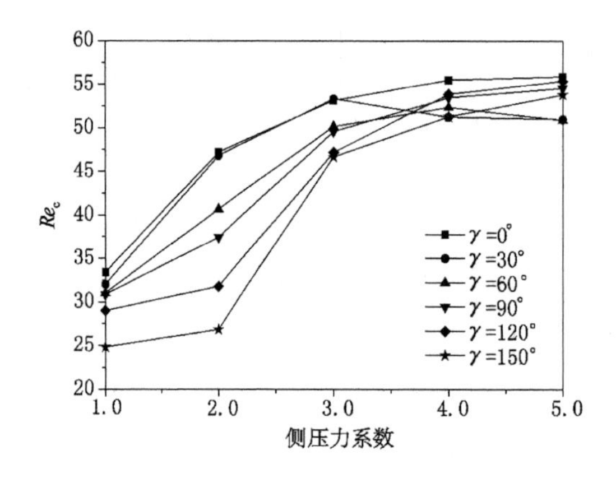

图 4-29　含不同裂隙网络夹角岩石试样渗流过程中临界雷诺数 Re_c随侧压力系数的变化特征

图 4-27 也描述了导水系数 T 随水力梯度的变化特征,随着 J_x的增加,T 逐渐减小,且减小幅度逐渐降低。随着侧压力系数的增加,由于裂隙闭合,导水系数逐渐减小。但是对于相同的侧压力系数,导水系数随裂隙网络夹角的增加逐渐增大。具体原因分析如下,当 $\gamma=0°$和 30°时,裂隙网络基本呈现相同的渗流路径,随着 F_y的增加,set＃1 中有效应力逐渐增加,裂隙闭合;当 $\gamma=60°$和 90°时,逐渐增加的侧压力系数导致 set＃1 中有效应力增加而 set＃2 中有效应力减小,尽管 set＃2 裂隙张开程度较 set＃1 裂隙闭合程度更为显著,但由于 set＃1 裂隙在 x 方向渗流通道中占据主导地位,裂隙网络导水系数逐渐减小;当 $\gamma=120°$和 150°时,随着 F_y的增加,两组裂隙均呈现闭合的趋势,由此导致导水系数逐渐降低。但是,当侧压力系数为 4.0～5.0 时,set＃1 裂隙开度接近残余开度,导水系数基本趋于定值。对于相同的荷载条件,随着 γ 的增加,逐渐丰富和有效的渗流通道导致裂隙网络过流能力逐渐增强,导水系数增加。

4.4.2　含不同裂隙网络交叉点个数 N

下面对不同侧压力系数作用下含不同裂隙网络交叉点个数花岗岩板状试样渗流试验过程中体积流速与水力梯度之间的非线性相关性进行分析，具体试验结果和拟合方程如图 4-30 所示。可以看出，对于同一个板状试样（裂隙交叉点个数为定值），随着侧压力系数的增加，体积流速与水力梯度之间拟合曲线逐渐变得陡峭，即试样的渗透特性逐渐减弱。然而，对于相同的侧压力系数，随着裂隙网络交叉点个数的增加，试样的渗透特性逐渐增强，这一点与 4.3 节中的试验结果是一致的。

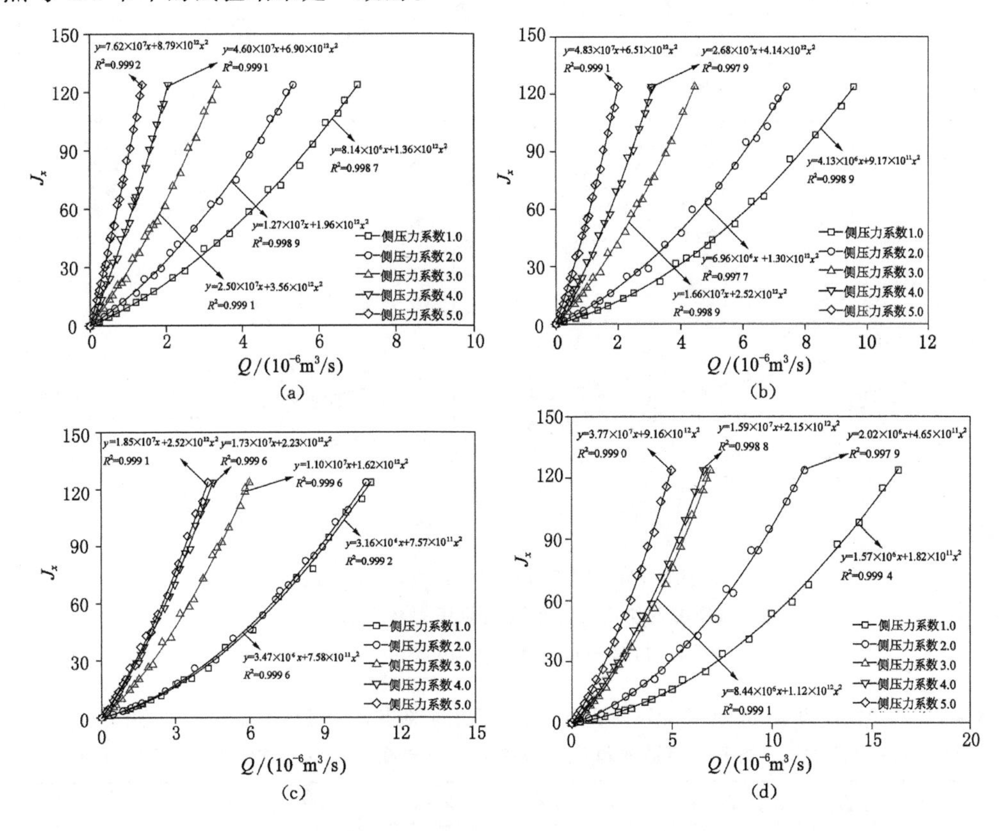

图 4-30　不同侧压力系数作用下含不同裂隙网络交叉点个数

花岗岩板状试样体积流速与水力梯度之间的 Forchheimer 函数拟合关系

(a) $N=1$;(b) $N=4$;(c) $N=7$;(d) $N=12$

图 4-31 中描述了不同侧压力系数作用下含不同裂隙网络交叉点个数板状岩石试样体积流速与水力梯度之间 Forchheimer 拟合关系中线性项系数 a 和非线性项系数 b 的变化特征，具体计算结果见表 4-7。

可以看出，对于相同的裂隙形式（N 为定值），随着侧压力系数的增加，系数 a 和 b 均表现出逐渐增大的趋势，在侧压力系数 1.0～5.0 的区间内，系数 a 分别增加了 8.36（$N=1$）、10.69（$N=4$）、4.85（$N=7$）和 9.36 倍（$N=12$），系数 b 分别增加了 5.46（$N=1$）、6.10（$N=4$）、2.33（$N=7$）和 4.54 倍（$N=12$）。随着裂隙网络交叉点个数的增加，系数 a 和 b 均逐渐减小，且减小幅度随着侧压力系数的增加表现出逐渐增大的趋势。

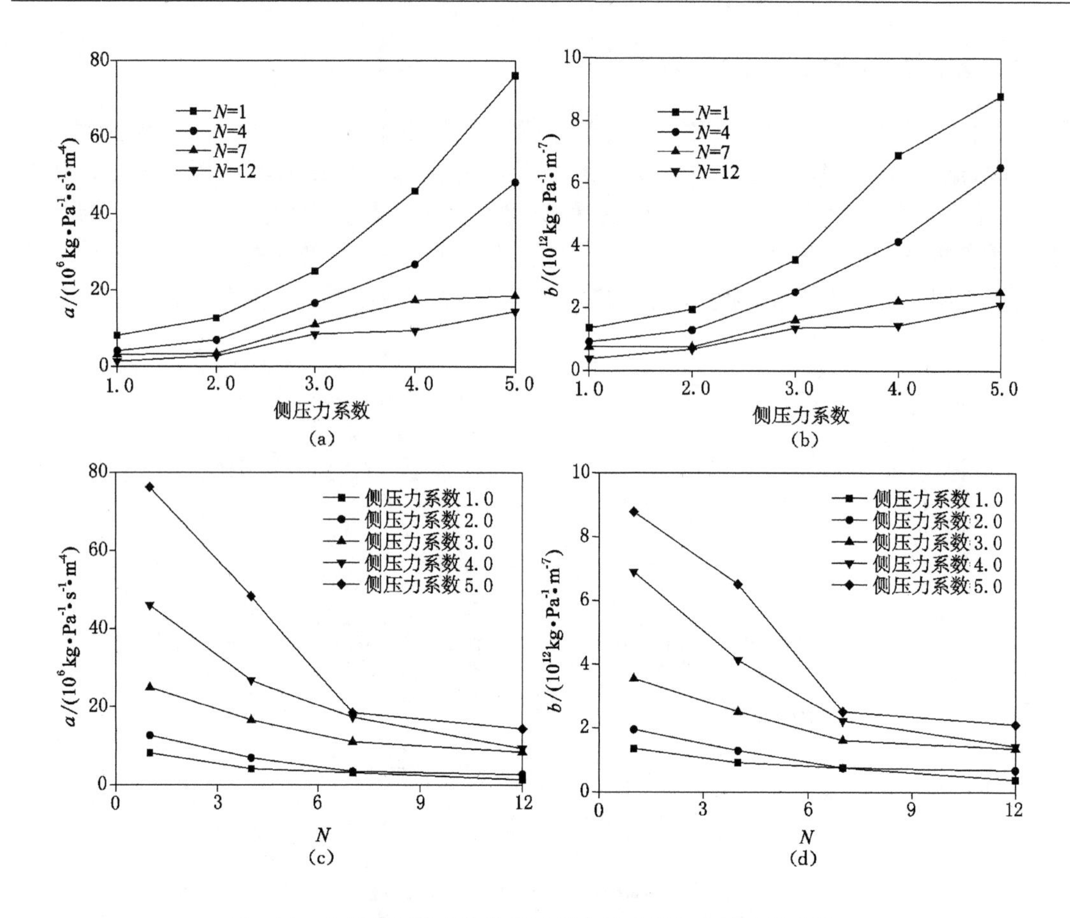

图 4-31 含裂隙网络岩体渗流过程中线性项和非线性项系数 a 和 b 随裂隙网络交叉点个数和侧压力系数的变化特征

(a) a-侧压力系数；(b) b-侧压力系数；(c) a-N；(d) b-N

表 4-7 不同侧压力系数作用下含不同裂隙网络交叉点个数花岗岩试样渗流试验过程中 Forchheimer 函数拟合方程中系数 a 和 b，以及临界水力梯度 J_c 和临界雷诺数 Re_c 的计算结果

N	侧压力系数	$a/(\mathrm{kg\cdot Pa^{-1}\cdot s^{-1}\cdot m^{-4}})$	$b/(\mathrm{kg\cdot Pa^{-1}\cdot m^{-7}})$	R^2	J_c	Re_c
1	1.0	8.14×10^{6}	1.36×10^{12}	0.998 7	6.01	41.56
	2.0	1.27×10^{7}	1.96×10^{12}	0.998 9	10.16	45.00
	3.0	2.50×10^{7}	3.56×10^{12}	0.999 1	21.67	48.77
	4.0	4.60×10^{7}	6.90×10^{12}	0.999 1	37.86	46.30
	5.0	7.62×10^{7}	8.79×10^{12}	0.999 2	81.55	60.20
4	1.0	4.13×10^{6}	9.17×10^{11}	0.998 9	2.30	31.28
	2.0	6.96×10^{6}	1.30×10^{12}	0.997 7	4.60	37.18
	3.0	1.66×10^{7}	2.52×10^{12}	0.998 9	13.50	45.75
	4.0	2.68×10^{7}	4.14×10^{12}	0.997 9	21.42	44.95
	5.0	4.83×10^{7}	6.51×10^{12}	0.999 1	44.24	51.52

续表 4-7

N	侧压力系数	$a/(\mathrm{kg\cdot Pa^{-1}\cdot s^{-1}\cdot m^{-4}})$	$b/(\mathrm{kg\cdot Pa^{-1}\cdot m^{-7}})$	R^2	J_c	Re_c
7	1.0	3.16×10^6	7.57×10^{11}	0.999 2	1.63	28.99
	2.0	3.47×10^6	7.58×10^{11}	0.999 6	1.96	31.79
	3.0	1.10×10^7	1.62×10^{12}	0.999 6	9.22	47.15
	4.0	1.73×10^7	2.52×10^{12}	0.999 6	16.57	53.87
	5.0	1.85×10^7	3.52×10^{12}	0.999 5	16.77	50.98
12	1.0	1.39×10^6	3.81×10^{11}	0.999 4	0.63	25.34
	2.0	2.78×10^6	6.82×10^{11}	0.997 9	1.40	28.31
	3.0	8.47×10^6	1.36×10^{12}	0.999 1	6.51	43.25
	4.0	9.39×10^6	1.44×10^{12}	0.998 8	7.56	45.28
	5.0	1.44×10^7	2.11×10^{12}	0.999 0	12.13	47.39

不同侧压力系数作用下含不同裂隙网络交叉点个数的花岗岩试样渗流试验过程中临界水力梯度 J_c的变化特征如图 4-32 所示。

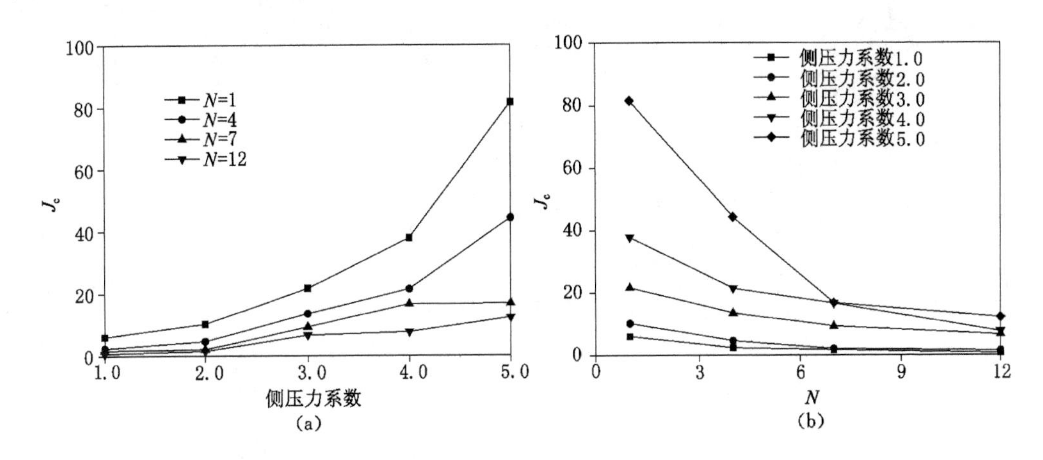

图 4-32　临界水力梯度 J_c随侧压力系数和裂隙网络交叉点个数 N 的变化特征

(a) J_c-侧压力系数；(b) J_c-N

可以看出，随着侧压力系数的增加，对于相同的裂隙网络交叉点个数，临界水力梯度 J_c 呈现出逐渐增大的趋势，且增加幅度总体上逐渐增大；而在相同的荷载水平下，随着裂隙网络交叉点个数的增加，临界水力梯度总体上表现出逐渐减小的趋势，这一变化特征与 4.3 节中的试验结果大体一致。

图 4-33 描述了含不同裂隙网络交叉点个数花岗岩板状试样渗流试验过程中临界雷诺数 Re_c随侧压力系数的变化特征，与临界水力梯度的变化特征相似，随着侧压力系数的增加，临界雷诺数逐渐增大，在侧压力系数 1.0～5.0 的区间内，临界雷诺数分别增大了 44.84%(N=1)、64.73%(N=4)、75.87%(N=7)和 87.06%(N=12)。

对于同一个裂隙岩石试样，当边界荷载不同时，裂隙的等效水力隙宽会发生变化，由此导致渗流试验稳定后裂隙岩体的体积流速和渗透特性发生改变。为了研究边界荷载差

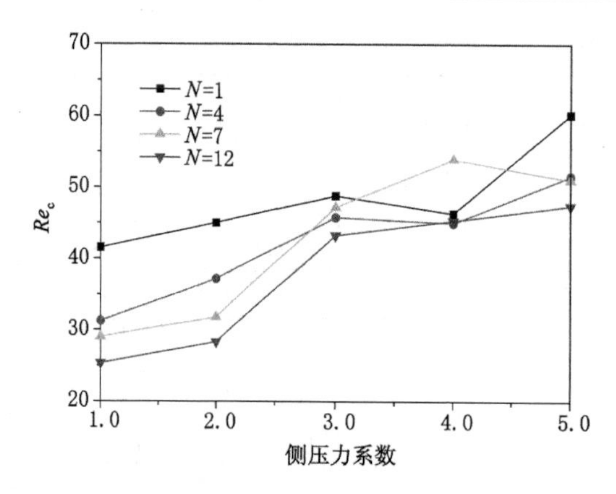

图 4-33　临界雷诺数 Re_c 随侧压力系数的变化特征

(F_y-F_x) 对裂隙岩石试样渗透特性的影响，对本章中的试验结果进行对比汇总。选取水力梯度 $J_x=123.69$ 所引起的裂隙岩体出水口的体积流速 Q 进行分析，如图 4-34 所示。

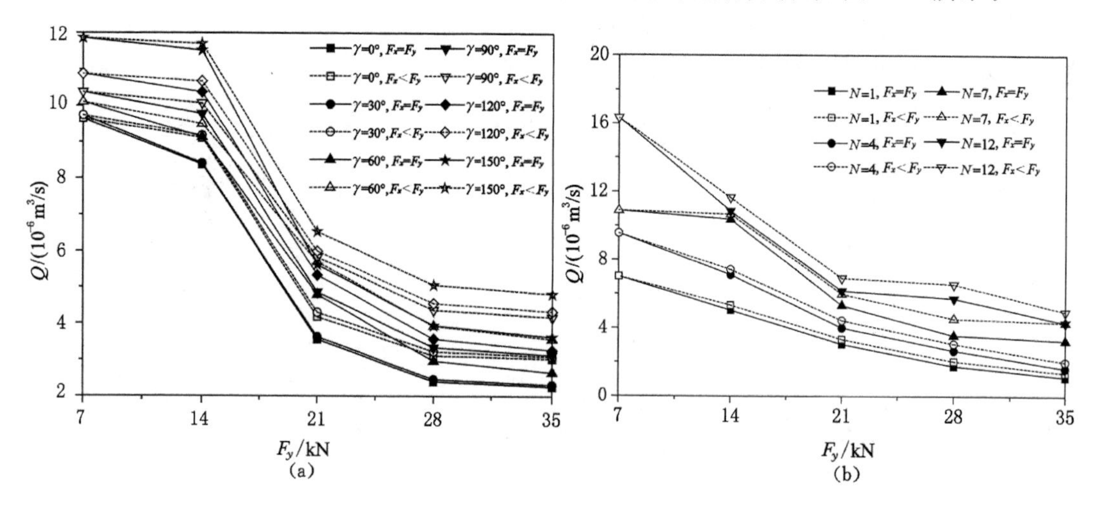

图 4-34　不同边界荷载($F_x=F_y$、$F_x<F_y$)作用下含不同裂隙网络夹角和不同裂隙网络交叉点个数岩石试样出水口处体积流速($J_x=123.69$)的变化特征汇总

(a) 不同裂隙网络夹角 γ;(b) 不同交叉点个数 N

从图中可以看出，对于相同的裂隙网络形式，当 $F_x=7$ kN 保持不变时，随着侧压力系数的增加，板状试样出水口处的体积流速均逐渐减小；此外，当 $F_x=F_y$ 时（侧压力系数为 1.0），随着荷载水平的增加，试样的体积流速也表现出逐渐减小的趋势。这两点在前文中已经给出了详细的讨论。从图中还可以看出，对于相同的裂隙形式和相同的荷载水平 F_y，与边界荷载 $F_x=F_y$ 时试样的体积流速相比，边界荷载水平 $F_x<F_y$($F_x=7$ kN) 时试样的体积流速相对较大，且荷载水平 F_y 越大，流速之间的差异性越明显，即试样的渗流特性差别越大。以 $\gamma=120°(N=7)$ 为例，当 $F_y=14$、21、28、35 kN 时，两种工况下试样体积流速的差异性分别为 2.90%、12.48%、27.34%、32.73%，表现出逐渐增大的趋势。

4.5 本章小结

本章主要从体积流速与水力梯度之间的相关性、导水系数、临界水力梯度和临界雷诺数等方面研究了不同荷载作用下裂隙网络花岗岩板状试样的渗透特性，探讨了裂隙网络岩体的非线性流动行为。首先，通过高压水射流切割系统分别加工了含不同裂隙网络夹角（γ=0°、30°、60°、90°、120°、150°）和不同裂隙网络交叉点个数（N=1、4、7、12）两种裂隙形式的花岗岩板状试样；然后通过新型研制的裂隙网络岩石渗流综合模拟和分析系统展开不同荷载作用下的渗透试验，得出以下几点结论：

(1) 裂隙网络岩体渗流试验过程中体积流速与水力梯度之间的相关性均可以通过Forchheimer和Izbash函数较好地拟合。对于含不同裂隙网络夹角的岩石试样，当侧压力系数为1.0时，体积流速随着水力梯度的增加逐渐增大，且随着荷载水平的增加，流速的增加幅度逐渐减小；随着裂隙网络夹角的增加，体积流速逐渐增大，试样的渗透特性逐渐增强。线性和非线性项系数 a 和 b 均随荷载水平的增加逐渐增大，而随裂隙网络夹角的增大逐渐减小，与裂隙网络夹角相比，荷载水平对裂隙岩体非线性流动特征的影响更为显著。随着裂隙网络夹角的增加，导水系数逐渐增大，而临界水力梯度和临界雷诺数均逐渐减小。

(2) 裂隙网络交叉点个数 N 对岩体非线性流动状态具有一定影响，当侧压力系数为1.0时，对于相同的荷载水平，随着裂隙网络交叉点个数的增加，体积流速随水力梯度的增加幅度总体上逐渐增大，而Forchheimer拟合方程中系数 a 和 b 均表现出逐渐减小的趋势，且降低幅度逐渐减小。临界水力梯度和临界雷诺数均随裂隙网络交叉点个数的增加逐渐减小。含不同裂隙网络交叉点个数花岗岩试样渗流过程中导水系数不是一个定值，而是随着水力梯度的增加逐渐减小，且减小幅度逐渐降低；随着裂隙交叉点个数的增加，导水系数逐渐增大，板状试样的渗透特性逐渐增强。

(3) 随着侧压力系数的增加，对于相同的裂隙网络形式，相同的水力梯度引起的试样体积流速逐渐减小，试样的渗透特性逐渐减弱，试验过程中没有发生裂隙的剪胀现象。对于相同的裂隙形式，Forchheimer拟合方程中系数 a 和 b，以及临界水力梯度和临界雷诺数均随着侧压力系数的增加逐渐增大，而随着裂隙网络夹角或裂隙交叉点个数的增加逐渐减小。对于相同的 F_y，与荷载 $F_x=F_y$时试样的体积流速相比，荷载水平 $F_x<F_y$(F_x=7 kN)时试样的体积流速相对较大，且侧压力差(F_y-F_x)越大，试样的渗流特性差异越明显。

5 应力作用下裂隙岩体渗流机制与数值模拟

5.1 应力作用下裂隙渗流计算模型

大尺度室内模型试验虽然能够较好地模拟和讨论应力作用下裂隙岩体的渗透特性，但是试验操作复杂、工作量大，开展大规模的试验研究相对困难。与物理模型试验相比，数值模拟有着计算方便、可重复性高、成本低等优点，已被广泛应用于地下工程渗流领域相关问题的研究和探讨。

COMSOL Multiphysics 是一款大型的有限元分析软件，其主要功能是进行工程领域的多物理场耦合分析，通过求解偏微分方程或方程组来实现数值仿真。与其他有限元分析软件相比，COMSOL Multiphysics 可利用附加的功能模块实现软件的扩展。

本书主要研究应力作用对裂隙岩体渗透行为的影响特征，即应力场通过改变裂隙水力隙宽来影响渗流场中裂隙渗透特性的变化。为了能够在同一平台上计算应力场和渗流场，本书采用有限元方法建立控制方程。在具体建立数学模型时，采用的基本假设如下：① 岩体基质是均质、各向同性的线弹性介质，其变形属于小变形范畴；② 渗透过程中岩体基质不发生裂纹扩展，同时岩块与岩块之间不发生错动；③ 假设基质不透水，流体只沿裂隙流动，流动行为可用 Darcy 定律进行描述；④ 忽略流体的压缩性以及流体在裂隙中流动的热效应；⑤ 流体的密度和动力黏滞系数保持不变。

5.1.1 基质岩块变形控制方程

为了分析裂隙花岗岩在应力场和渗流场下的力学响应，研究裂隙的渗透特性，取裂隙花岗岩的一部分岩体进行受力分析，建立如图 5-1 所示的力学模型。

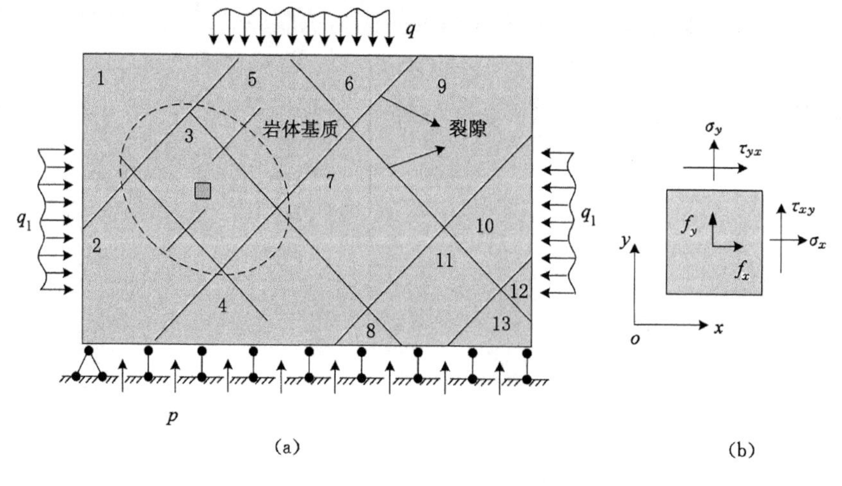

图 5-1　含裂隙岩体力学模型

该模型底端为位移约束端，由于水的注入，岩体底端会受到水压力 p 的作用，模型的左右两端施加有侧限力 q_1，上端受有上覆岩层压力 q。岩体中存在裂隙，这些裂隙会把岩体切割成较小的岩块，对于如图 5-1(a)所示的模型，经裂隙切割后，共有 13 个岩块。对其中的一个岩块进行分析，例如取图 5-1(a)中编号为 3 的块体，并从中取一微单元体进行受力分析，如图 5-1(b)所示。不考虑裂隙处渗透压力对岩体基质的影响，对于均质各向同性的弹性体，根据弹性力学理论可建立关于岩体基质的如下关系式：

应力平衡微分方程：

$$\sigma_{ij,i}^{q}+f_j=0 \tag{5-1}$$

几何方程：

$$\varepsilon_{ij}^{q}=\frac{1}{2}(u_{i,j}^{q}+u_{j,i}^{q}) \tag{5-2}$$

本构关系：

$$\sigma_{ij}=2G\varepsilon_{ij}+\lambda\varepsilon_{kk}\delta_{ij} \tag{5-3}$$

以及由这些方程得到的用位移表示的平衡微分方程，即应力控制方程：

$$G\nabla^2 u_i+(\lambda+G)u_{j,jj}+f_i=0 \tag{5-4}$$

式中，σ^q表示由外荷载产生的应力；ε^q为由外荷载产生的应变；f 表示体积力；u 表示位移；λ 和 G 为 Lame 弹性常数；δ_{ij} 为 Kronecker 算子。

由上述关系便可以求出包括裂隙面在内的岩体中的应力分布。在应力作用下，岩体裂隙面渗流量发生改变的主要原因是裂隙隙宽的变化。研究表明，节理的法向闭合和剪胀效应能显著地改变岩石裂隙的渗透特性。目前，关于裂隙渗透特性和法向应力的关系早已十分清楚，并被学术界认可；但其与剪应力之间的关系还没有统一的认识。基于此，本书不考虑剪应力对裂隙渗透特性的影响。

下面对岩体中的裂隙进行力学分析。图 5-2 所示为一裂隙力学计算模型，当流体在裂隙中流动时，相应的裂隙中存在渗透压力。设裂隙处的渗透压力为 p_f，块体与块体之间的法向接触应力为 σ_{fn}，块体与块体之间的法向刚度为 k_n。

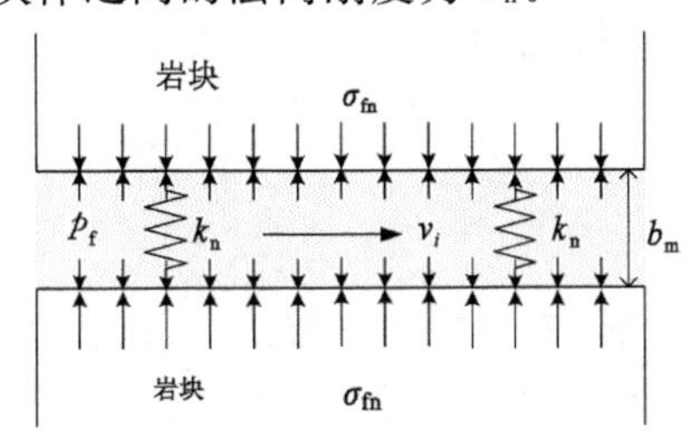

图 5-2　裂隙力学模型

根据多孔介质中有效应力的定义，岩体裂隙处的有效应力可表示为：

$$\sigma_{fne}=\sigma_{fn}-p_f \tag{5-5}$$

离散元 UDEC 程序给出了一种简单地描述裂隙隙宽与法向有效应力的关系曲线图[264]，如图 5-3 中的实线所示。裂隙残余隙宽 b_{res}与最大隙宽 b_{max}之间呈线性关系，即：

$$b_m=b_{m0}-\frac{\sigma_{fne}}{k_n} \tag{5-6}$$

式中，b_{m0}为零应力状态下的裂隙初始隙宽；k_n为裂隙面的法向刚度。当 $\sigma_{fne}>0$ 时，裂隙面压缩，随着 σ_{fne} 不断增大，裂隙宽度不断减小直至等于残余隙宽 b_{res}，当裂隙宽度为残余隙宽时，法向有效应力无论多大，隙宽都将保持不变；当 $\sigma_{fne}<0$ 时，裂隙面张开，随着 $-\sigma_{fne}$ 不断增大，裂隙宽度不断增加直至等于最大裂隙开度，当裂隙宽度为最大开度时，$-\sigma_{fne}$ 无论多大，裂隙隙宽也将保持不变。

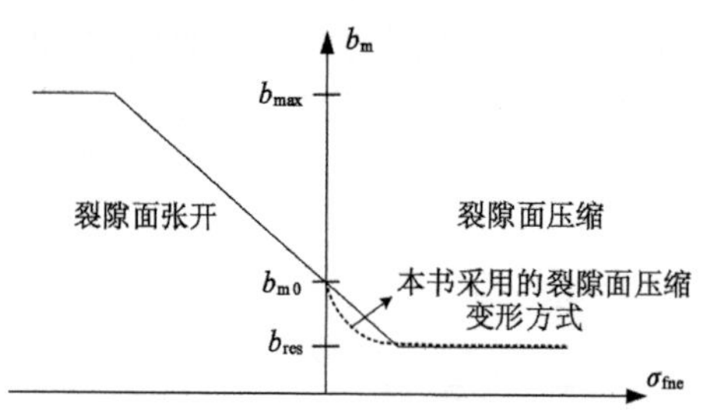

图 5-3　裂隙面力学隙宽与法向有效应力关系图

b_m——裂隙面的力学开度；b_{m0}——零应力状态下的裂隙隙宽；b_{res}——残余裂隙隙宽；b_{max}——最大裂隙隙宽

本书中，对于 $\sigma_{fne}<0$ 的情况，仍采用上述线性关系描述法向有效应力与裂隙隙宽的关系；而当 $\sigma_{fne}>0$ 时，本书采用 Barton-Bandis 方程描述二者之间的关系，如图 5-3 中所示的虚线部分。

Barton-Bandis 方程是 Bandis 等[148]根据试验提出的一种描述裂隙面压缩变形与法向有效应力之间相关性的双曲线模型，也是人们建议采用的经验公式，表述为：

$$\Delta V_j=\frac{\sigma_{fne}}{k_{n0}+\sigma_{fne}/b_{m0}} \tag{5-7}$$

式中，ΔV_j 表示裂隙面的闭合量；k_{n0} 为裂隙面初始法向刚度系数；σ_{fne} 表示裂隙面的法向有效应力。

根据上述公式可确定裂隙面的法向刚度为：

$$k_n=\frac{\partial\sigma_{fne}}{\partial V_j}=k_{n0}\left(1-\frac{\sigma_{fne}}{k_{n0}b_{m0}+\sigma_{fne}}\right)^{-2} \tag{5-8}$$

在法向应力作用下，裂隙面的隙宽为：

$$b_m=b_{m0}-\Delta V_j \tag{5-9}$$

5.1.2　裂隙渗流控制方程

对于图 5-1(a)所示的二维问题，其裂隙是一维的，可以将裂隙渗流按一维问题求解。如图 5-4(a)所示为 3 个岩石块体组成的 3 条裂隙 i、j、k。每条裂隙可建立一个局部坐标，分别为 x_i、x_j、x_k，局部坐标的正方向为流体的流动方向。取某条裂隙为研究对象，如图 5-4(b)所示为裂隙 i 中的微元体。

就裂隙面局部坐标系而言，在饱和连续渗流条件下，不考虑源汇项，根据质量守恒，有如下关系：

$$-\frac{\partial(\rho v_i b_h)}{\partial x_i}dx_i=\frac{\partial(\rho b_h dx_i)}{\partial t} \tag{5-10}$$

根据达西定律，该裂隙中的渗流速度为：

$$v_i=-K_i\frac{\partial h_i}{\partial x_i} \tag{5-11}$$

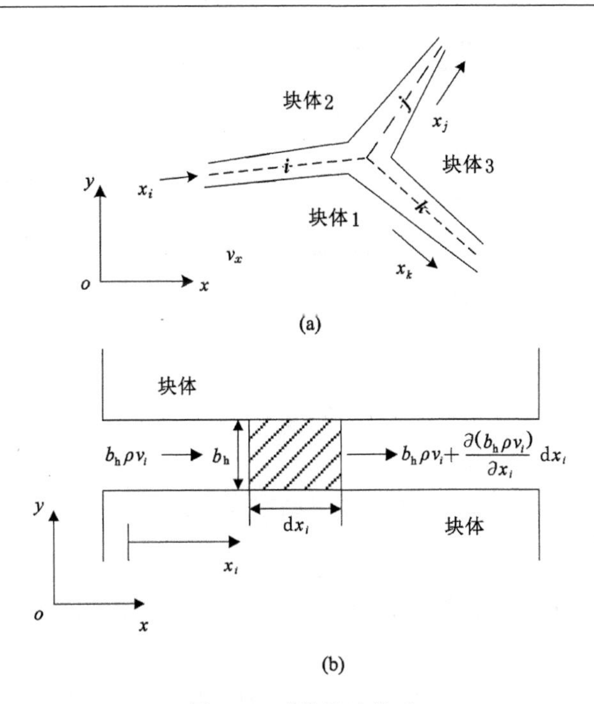

图 5-4　裂隙渗流模型

(a) 二维裂隙面渗流示意图;(b) 裂隙 i 中的微元体

在忽略速度水头的情况下,总水头 h_i与渗透压力 p_i之间有如下关系:

$$p_i=(h_i-z_i)\rho g \tag{5-12}$$

对式(5-12)进行局部坐标求导,有:

$$\frac{\partial h_i}{\partial x_i}=\frac{1}{\rho g}\frac{\partial p_i}{\partial x_i}+\frac{\partial z_i}{\partial x_i} \tag{5-13}$$

将式(5-13)代入式(5-11),最后再代入式(5-10)中,可得:

$$\frac{\partial}{\partial x_i}\left[\frac{T_{fi}}{g}\left(\frac{\partial p_i}{\partial x_i}+\rho g\frac{\partial z_i}{\partial x_i}\right)\right]\mathrm{d}x_i=\frac{\partial(\rho b_h\mathrm{d}x_i)}{\partial t} \tag{5-14}$$

式中,ρ 表示流体的密度;v_i为第 i 条裂隙的流体渗流速度;b_h为裂隙 i 的等效水力宽度;K_i为裂隙 i 的渗透系数;T_{fi}为第 i 条裂隙的导水系数;z_i表示裂隙 i 中流体在整体坐标系中的位置水头;h_i表示第 i 条裂隙上的水头分布;x_i表示裂隙 i 的局部坐标;t 表示时间;p_i为渗透压力。

在裂隙压缩或者张开的变形过程中,$\mathrm{d}x_i$方向上的长度不变,即,只有裂隙宽度为变量,式(5-14)的右端展开为:

$$\frac{\partial(\rho b_h\mathrm{d}x_i)}{\partial t}=\frac{\partial b_h}{\partial t}\rho\mathrm{d}x_i \tag{5-15}$$

裂隙的压缩系数为:

$$\alpha=-\frac{1}{b_h\mathrm{d}x_i}\frac{\partial(b_h\mathrm{d}x_i)}{\partial\sigma_{fne}} \tag{5-16}$$

由于裂隙长度方向不随有效应力的变化而变化,故有

$$\alpha=-\frac{1}{b_h}\frac{\partial b_h}{\partial\sigma_{fne}}=\frac{\delta_n}{b_h} \tag{5-17}$$

式中，δ_n定义为裂隙面法向柔度系数。当裂隙面没有发生剪胀时，δ_n为：

$$\delta_n = \frac{1}{k_n} = \frac{\partial \Delta V_j}{\partial \sigma_{fne}} \tag{5-18}$$

由于外荷载确定后，裂隙面上的总应力不再变化，因此法向有效应力和渗透压力满足如下关系：

$$d\sigma_{fne} = -dp_i \tag{5-19}$$

将式(5-19)代入式(5-17)可得：

$$\frac{\partial b_h}{\partial t} = \delta_n \frac{\partial p_i}{\partial t} \tag{5-20}$$

将式(5-20)代入式(5-15)，最后再代入式(5-14)中，便可以得出裂隙渗流的控制方程为：

$$\rho g(b_h\beta_p + \delta_n)\frac{\partial p}{\partial t} + \frac{\partial}{\partial x_i}\left[T_{fi}\left(\frac{\partial p_i}{\partial x_i} + \rho g\frac{\partial z_i}{\partial x_i}\right)\right] = 0 \tag{5-21}$$

其中，β_p为流体在外荷载 p 作用下的压缩系数。

假定裂隙的等效水力宽度b_h等于力学隙宽b_m，并且满足立方定律，则裂隙面 i 的渗透系数为：

$$K_{fi} = \frac{\rho g\left[\dfrac{b_{m0}^2 k_{n0} + \sigma_{fne}(b_{m0} - 1)}{b_{m0}k_{n0} + \sigma_{fne}}\right]^2}{12\mu} \tag{5-22}$$

导水系数为：

$$T_{fi} = K_{fi}b_{hi} = \frac{\rho g\left[\dfrac{b_{m0}^2 k_{n0} + \sigma_{fne}(b_{m0} - 1)}{b_{m0}k_{n0} + \sigma_{fne}}\right]^3}{12\mu} \tag{5-23}$$

式中，μ 为流体的动力黏滞系数；g 为重力加速度。

5.2 模型验证

为了验证上述模型的合理性，本书与 Bower 和 Zyvoloski[265] 的一个计算算例进行对比，分析了水头差作用下单一裂隙隙宽的变化特征。计算模型如图 5-5 所示，具体计算参数见表 5-1。其中裂隙面假设为光滑平行板模型，且裂隙中流体的流动特征可以用立方定律进行描述。

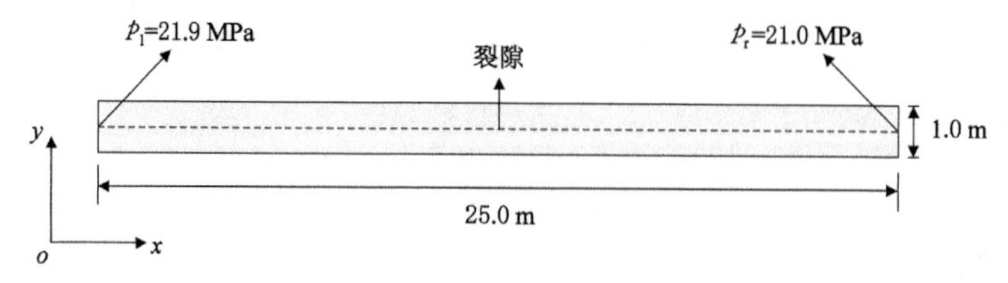

图 5-5 验证模型

该模型的初始条件为：岩体基质和裂隙中施加一个 $p_0 = 21.0$ MPa 的初始应力场，表 5-1 中的初始裂隙宽度即为该初始应力条件下的隙宽；在初始时刻以水压力 $p_l = 21.9$

MPa 从裂隙的左端持续注入流体。模型的边界条件为：模型的左侧、上侧和下侧为位移约束端；裂隙左端流体压力 p_l恒为 21.9 MPa，右端流体压力 p_r恒为 21.0 MPa。计算中，裂隙的法向刚度恒为定值。

表 5-1　　验证模型计算参数[265]

参数名称	参数值	单位	备注
长度	25	m	模型
宽度	1	m	
密度	2 716	kg/m^3	岩体基质
杨氏模量	1 000	MPa	
泊松比	0.0		
法向刚度	1×10^{6}	MPa/m	裂隙
初始裂隙隙宽	1×10^{-5}	m	
孔隙度	1.0		
残余隙宽	1×10^{-30}	m	
最大隙宽	0.002	m	
密度	1 000	kg/m^3	流体
动力黏滞系数	0.001	Pa·s	
流体压缩系数	0.0	1/Pa	

由于裂隙左右两侧水压力差为 0.9 MPa（相当于 90.0 m 的水头），导致裂隙水力梯度约为 3.6，因此需要计算这种工况下流体的层流假设是否成立。通过公式(5-24)和(3-10)对初始裂隙隙宽为 1×10^{-5} m 的裂隙在渗流过程中的雷诺数 Re 进行计算分析，结果发现该模型在渗流过程中的雷诺数约为 2.997×10^{-3}，远小于 1.0，因此，可以忽略非线性渗流行为的影响。

$$Q=-\frac{w\rho g b_h^3}{12\mu}J \tag{5-24}$$

Bower 等分别给出了该算例在 500 d 和 2 000 d 时裂隙隙宽改变量沿裂隙长度方向变化的数值解和解析解，其中数值解是根据 FEHM 计算程序得到的，解析解是根据 Wijesinghe[266] 提出的方法得到的。本书采用 5.1 节中所推导的应力场和渗流场的数学模型，采用 COMSOL Multiphysics 计算软件，采用瞬态分析步，重新对这个算例进行计算，计算结果对比情况如图 5-6 所示。

为了评价图 5-6 中不同算法计算得到的裂隙隙宽变化量之间的吻合程度，提出一个评价系数 μ_0进行分析[267]：

$$\mu_0=\sqrt{\frac{\sum_{i=1}^{n}(\Delta b_{hc}-\Delta b_{h2})^2}{n}} \tag{5-25}$$

式中，n 为总测点个数；Δb_{hc}为采用本书模型得到的裂隙隙宽变化量的计算结果；Δb_{h2}表示采用其他算法得到的裂隙隙宽的变化量（数值解和解析解）。

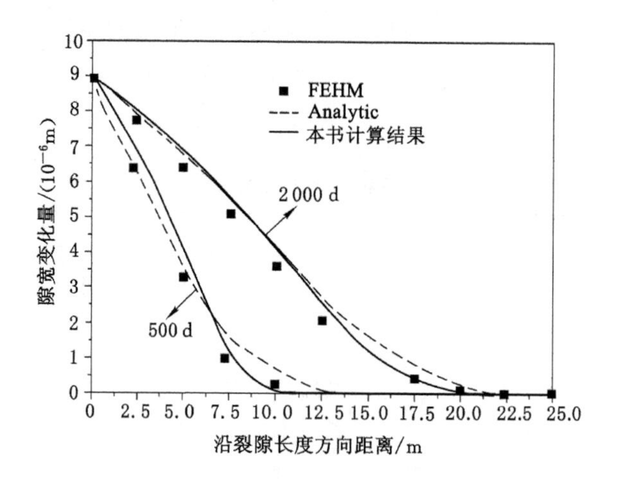

图 5-6 计算结果对比

通过计算，当时间 t=500 和 2 000 d 时，本书计算结果和解析解之间的评价系数 μ_0分别仅为 3.36×10^{-7}和 1.63×10^{-7} m；当时间 t=500 和 2 000 d 时，本书计算结果和 FEHM 数值解之间的评价系数 μ_0分别仅为 3.79×10^{-7}和 3.18×10^{-7} m，表明本书的计算结果与文献[265]中给出的数值解和解析解具有较好的吻合特征，这就进一步说明了 5.1 节中应力场和渗流场控制方程的合理性和适用性。

5.3 单一裂隙渗流特征研究

为了分析荷载作用下裂隙岩体的渗透特性，首先对单裂隙岩体进行讨论，计算模型如图 5-7 所示。

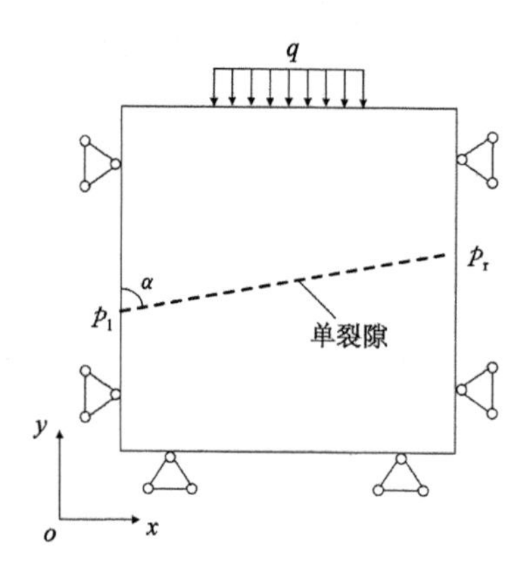

图 5-7 单裂隙计算模型（α 为裂隙与垂直方向的夹角）

模型尺寸为 5 m×5 m，裂隙连接模型左右两个边界且通过模型中心点位置。模型的边界条件为：左、右和下边界为位移约束，垂直荷载 q 作用于模型上边界。流体压力 p_l和 p_r分别作用在裂隙的左右两端。具体模型计算参数如表 5-2 所列。

表 5-2 模型计算参数

参数名称	参数值	单位	备注
密度	2 680	kg/m^3	岩体基质
弹性模量	30	GPa	
泊松比	0.25		
初始法向刚度	1×10^6	MPa/m	裂隙
初始裂隙隙宽	b_{m0}	m	
残余隙宽	1×10^{-6}	m	
最大隙宽	0.002	m	
裂隙左端流体压力	p_l	MPa	
裂隙右端流体压力	p_r	MPa	
密度	1 000	kg/m^3	流体
动力黏滞系数	0.001	Pa·s	
压缩系数	3×10^{-10}	1/Pa	

对于单裂隙模型，首先讨论注入流体之后不同时刻水平单裂隙法向有效应力 σ_{fne} 和渗流压力 p_i 的变化特征，然后讨论以下 4 种不同工况裂隙的渗透特性：① 不同裂隙倾角 α；② 不同进口水压力 p_l；③ 不同上覆岩层压力 q；④ 不同初始裂隙隙宽 b_{m0}。

5.3.1 水平单裂隙(α=90°)

对于水平单裂隙，初始条件为：裂隙倾角 $\alpha=90°$，初始裂隙隙宽 $b_{m0}=0.05$ mm；竖向均布荷载 $q=25.0$ MPa；裂隙左端水压力 $p_l=1.0$ MPa；裂隙右端水压力 $p_r=0$ MPa，其他模型计算参数如表 5-2 所列，初始时刻从裂隙左端持续注入流体。

由于模型左右两侧为零位移约束端，外界荷载的作用导致裂隙中有效应力 σ_{fne} 发生变化，从而导致裂隙隙宽 b_m 和渗透压力 p_i 发生改变。不同时刻，裂隙面中法向有效应力 σ_{fne}、渗透压力 p_i 和裂隙隙宽 b_m 沿裂隙长度方向的分布特征如图 5-8 所示，其中 L_0 表示测点位置到裂隙左侧端点的距离。

从图 5-8(a)可以看出，随着流体的持续注入，裂隙中法向有效应力逐渐减小，在时间 $t=20$ ms 左右时达到稳定状态，稳定后法向有效应力沿着裂隙长度方向逐渐增加。由于该种应力和水压力条件下裂隙中法向有效应力恒为正值，因此裂隙一直处于受压闭合状态，从图 5-8(b)可以看出，不同时刻下裂隙隙宽均小于初始裂隙隙宽 b_{m0}。稳定状态下裂隙隙宽沿着裂隙长度方向逐渐减小。

当外界荷载 q 一定时，裂隙面法向总应力恒为定值，因此渗透压力 p_i 沿裂隙长度方向的分布特征与法向有效应力完全相反，如图 5-8(c)所示。

随着时间 t 的增加，裂隙中导水系数 T_f 逐渐增大，当裂隙面应力状态稳定时，导水系数也达到稳定状态，稳定后裂隙中导水系数沿着裂隙长度方向逐渐减小，如图 5-9(a)所示；而随着时间 t 的增加，裂隙平均导水系数先逐渐增加后达到一个稳定值[图 5-9(b)]。

5.3.2 不同裂隙倾角 α

由于复杂的地质构造作用，岩体中次生裂隙的分布方向不尽相同。为了研究裂隙倾角

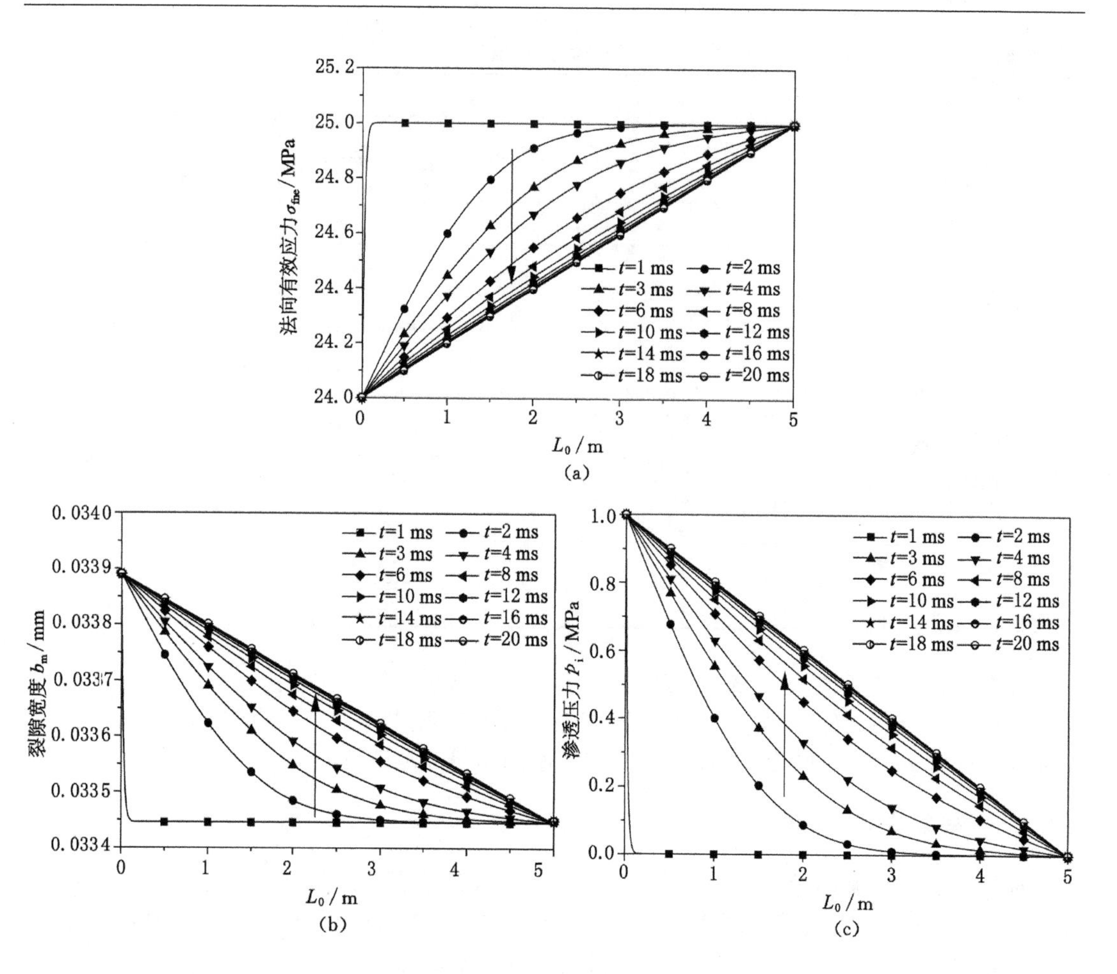

图 5-8　不同时刻裂隙中法向有效应力 σ_{fne}、渗透压力 p_i 和裂隙隙宽 b_m 沿裂隙长度的分布特征

(a) 法向有效应力 σ_{fne}；(b) 裂隙隙宽 b_m；(c) 渗透压力 p_i

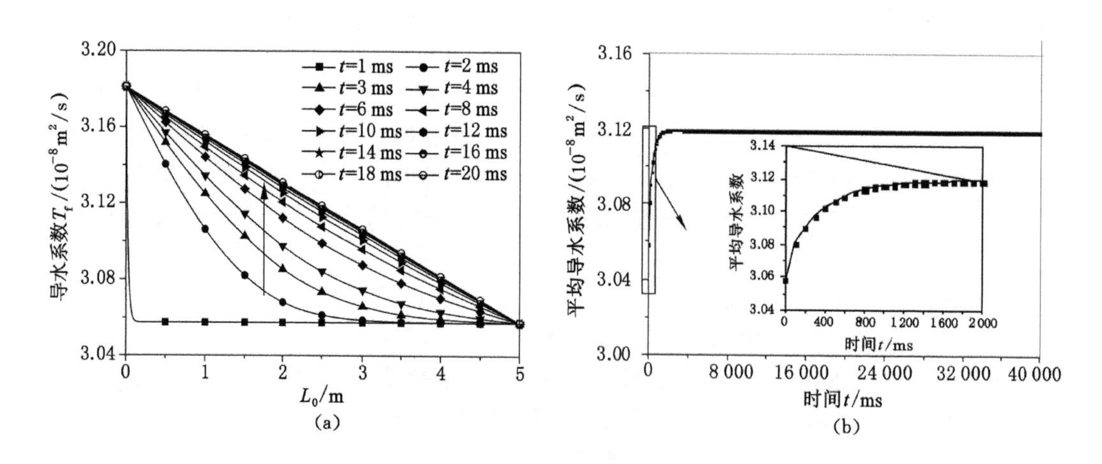

图 5-9　不同时刻裂隙中导水系数的分布特征

(a) 导水系数沿裂隙长度分布特征；(b) 平均导水系数随时间变化特征

对裂隙渗透特性的影响特征，本节主要展开了含 5 种不同裂隙倾角（$\alpha=50°$、$60°$、$70°$、$80°$、$90°$）模型的计算分析，如图 5-10 所示。计算过程中，模型的初始条件如下：$p_1=1.0$ MPa，$b_{m0}=0.05$ mm，$q=25.0$ MPa，模型的边界条件和其他计算参数均与 5.3.1 节中相同。

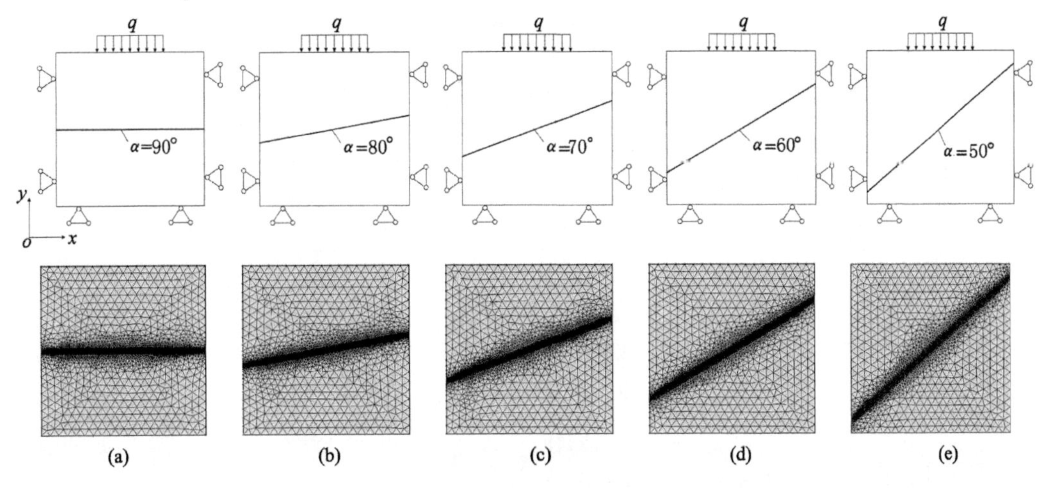

图 5-10　二维含不同倾角裂隙计算模型及网格划分

(a) $\alpha=90°$；(b) $\alpha=80°$；(c) $\alpha=70°$；(d) $\alpha=60°$；(e) $\alpha=50°$

随着时间的增加，含不同倾角 α 裂隙平均有效应力、平均裂隙隙宽和平均导水系数的变化特征如图 5-11 所示，从图中可以得出以下结论：

(1) 随着时间 t 的增加，含不同倾角裂隙的平均有效应力均表现出先逐渐减小后趋于稳定的趋势，稳定后裂隙的平均有效应力随夹角 α 的增大逐渐增加[图 5-11(a)]，但增加幅度逐渐减小[图 5-11(b)]。稳定状态下含不同倾角裂隙的平均有效应力分别为 17.61($\alpha=50°$)、20.35($\alpha=60°$)、22.55($\alpha=70°$)、24.00($\alpha=80°$)和 24.50 MPa($\alpha=90°$)，与 $\alpha=50°$相比，$\alpha=90°$时裂隙的平均有效应力增加了 39.09%。

(2) 由于法向有效应力恒为正值，因此含不同倾角裂隙均处于受压状态，图 5-11(c)和(d)表现了裂隙平均隙宽随裂隙倾角的变化特征。可以看出，随着时间的增加，含不同倾角裂隙的平均隙宽均表现出先逐渐增加后趋于稳定的趋势；稳定状态下裂隙隙宽随着裂隙倾角的增加逐渐减小，与 $\alpha=50°$相比，$\alpha=90°$时裂隙的平均隙宽减小了 9.12%。此外，与初始裂隙隙宽 $b_{m0}=0.05$ mm 相比，5 种不同裂隙倾角下，裂隙的平均隙宽分别减小了 25.91%($\alpha=50°$)、28.76%($\alpha-60°$)、30.88%($\alpha=70°$)、32.22%($\alpha=80°$)和 32.66%($\alpha=90°$)。

(3) 由公式(5-23)可知，裂隙隙宽 b_m 直接制约着裂隙的导水系数 T_f，因此裂隙倾角 α 对裂隙的导水系数有着重要影响，如图 5-11(e)和(f)所示。可以看出，裂隙平均导水系数随裂隙倾角的变化特征与裂隙平均隙宽相似，即随着裂隙倾角 α 的增加，平均导水系数逐渐减小，稳定状态下，与 $\alpha=50°$相比，$\alpha=90°$时裂隙的平均导水系数减小了 24.93%。

5.3.3　不同进水口压力 p_1

裂隙渗流过程中，注入的水压力越大，越容易使流体在裂隙中扩散；但是较大的渗透压力直接导致裂隙面上有效应力逐渐降低，这时，裂隙面的渗透系数也会相应增大。为了研究不同进水口压力 p_1 对裂隙渗透特性的影响，本节主要对以下 5 种不同进水口压力（$p_1=$

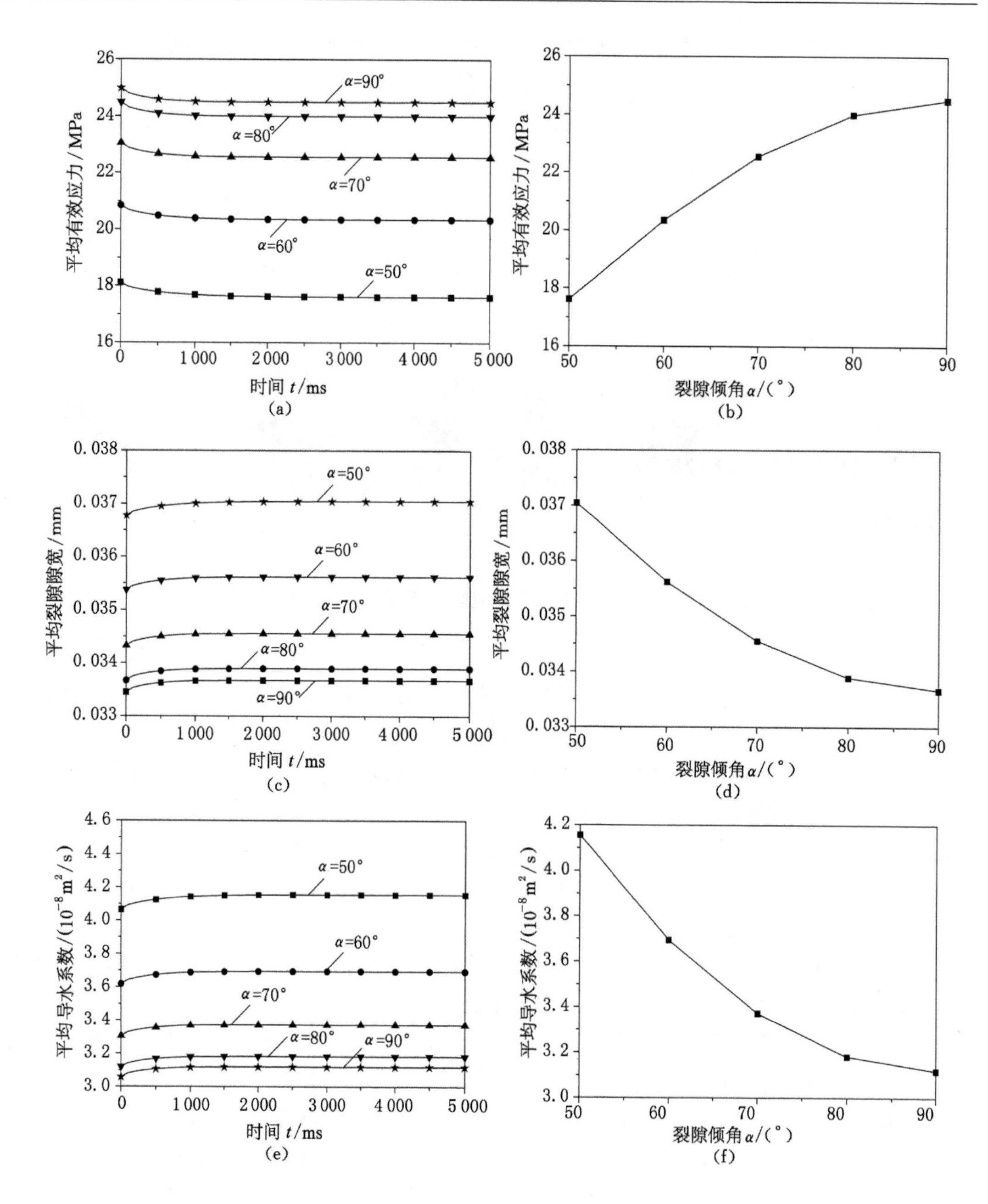

图 5-11　含不同倾角 α 裂隙平均有效应力、平均裂隙隙宽和平均导水系数的变化特征

(a) 平均有效应力-t;(b) 平均有效应力-α;(c) 平均裂隙隙宽-t;

(d) 平均裂隙隙宽-α;(e) 平均导水系数-t;(f) 平均导水系数-α

0.1、0.5、1.0、2.5、5.0 MPa)作用下裂隙的渗透特性进行计算分析。计算过程中,模型的初始条件为:$\alpha=90°$,$b_{m0}=0.05$ mm,$q=25.0$ MPa,其他模型计算参数和边界条件均与 5.3.1 节中相同。

随着时间的增加,不同进水口压力 p_1 作用下裂隙平均有效应力、平均裂隙隙宽和平均导水系数的变化特征如图 5-12 所示。

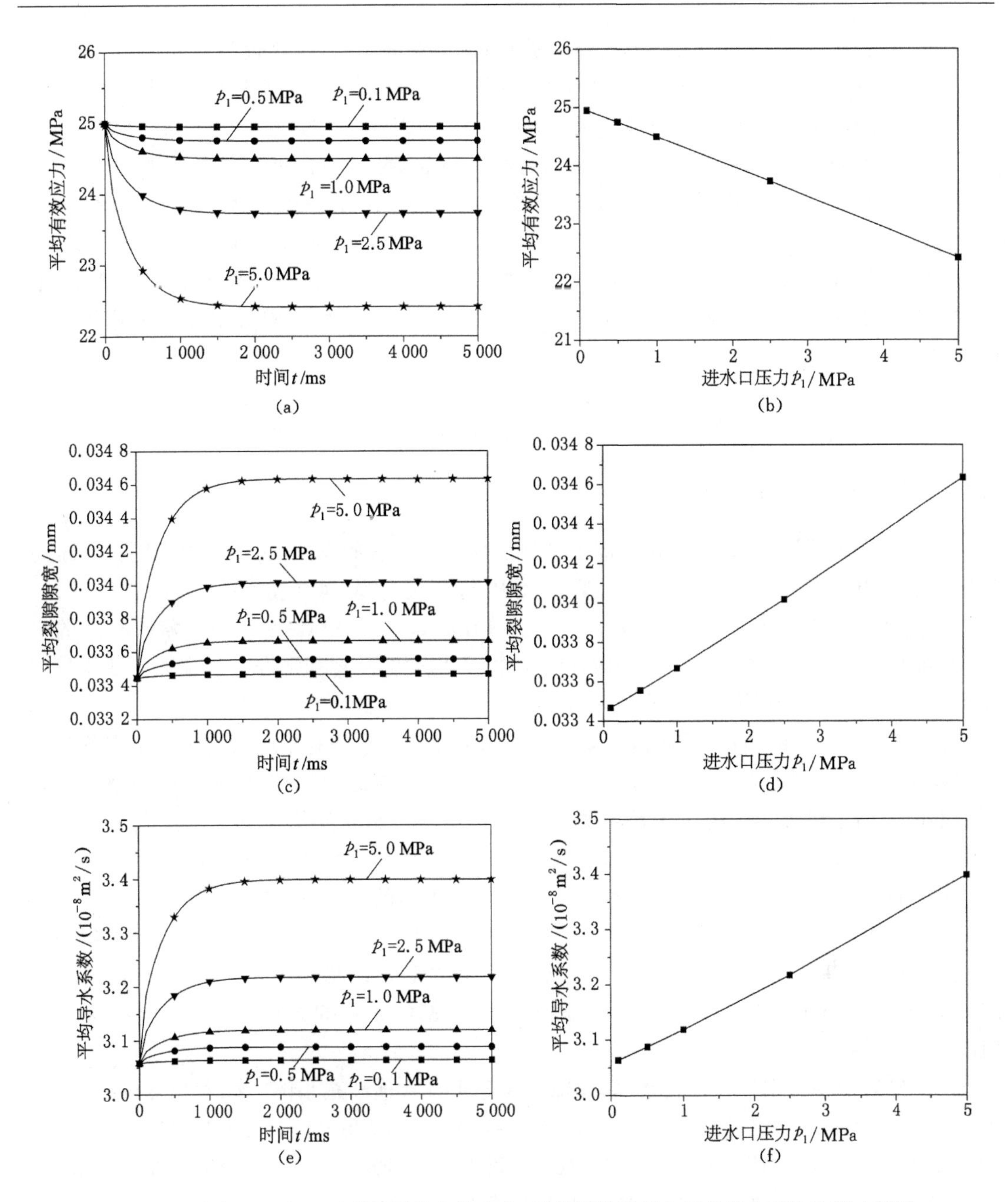

图 5-12 进水口压力 p_1对裂隙平均有效应力、平均裂隙隙宽和平均导水系数的影响特征

(a) 平均有效应力-t；(b) 平均有效应力-p_1；(c) 平均裂隙隙宽-t；

(d) 平均裂隙隙宽-p_1；(e) 平均导水系数-t；(f) 平均导水系数-p_1

从图 5-12 可以得出以下结论：

(1) 随着时间 t 的增加，不同进水口压力 p_1作用下裂隙的平均有效应力均表现出先逐渐减小后趋于稳定的状态[图 5-12(a)]；随着进水口压力 p_1的增加，稳定状态下，裂隙的平均有效应力逐渐减小，且减小趋势呈近似线性关系[图 5-12(b)]，与 p_1＝0.1 MPa 相比，p_1＝5.0 MPa 时裂隙的平均有效应力减小了 10.16％。

(2) 由于不同水压力作用下裂隙的平均有效应力均为正值,因此裂隙均处于压缩状态。随着时间 t 的增加,平均裂隙隙宽均表现出先逐渐增加后趋于稳定的趋势,稳定状态下,平均裂隙隙宽随着进水口压力 p_1的增加逐渐增大[图 5-12(d)]。与 p_1=0.1 MPa 相比,p_1=5.0 MPa 时裂隙的平均隙宽增加了 3.48%。与初始裂隙隙宽 b_{m0}=0.05 mm 相比,5 种不同进水口压力作用下,裂隙的平均隙宽分别减小了 33.06%(p_1=0.1 MPa)、32.89%(p_1=0.5 MPa)、32.66%(p_1=1.0 MPa)、31.97%(p_1=2.5 MPa)和 30.73%(p_1=5.0 MPa)。

(3) 与平均裂隙隙宽的变化规律相似,随着裂隙进水口压力 p_1的增加,稳定状态下,裂隙的平均导水系数呈近似线性关系逐渐增大[图 5-12(f)]。5 种不同进水口压力作用下裂隙的平均导水系数分别为 3.06×10^{-8}(p_1=0.1 MPa)、3.09×10^{-8}(p_1=0.5 MPa)、3.12×10^{-8}(p_1=1.0 MPa)、3.22×10^{-8}(p_1=2.5 MPa)和 3.40×10^{-8} m^2/s(p_1=5.0 MPa),与 p_1=0.1 MPa 相比,p_1=5.0 MPa 时裂隙的平均导水系数增加了 10.95%。

5.3.4 不同上覆岩层压力 q

当裂隙岩体埋深不同时,其承受的上覆岩层压力 q 也有所不同,为了讨论不同覆岩压力作用下岩体中裂隙的渗透特性,在计算过程中将压力 q 设为变量(q=5、15、25、35、45 MPa),其余参数同上(b_{m0}=0.05 mm,p_1=1.0 MPa,p_r=0 MPa,α=90°)。随着时间的增加,不同上覆岩层压力作用下裂隙平均有效应力、平均裂隙隙宽和平均导水系数的变化特征如图 5-13 所示,从图中可以得出以下结论:

(1) 随着时间 t 的增加,不同覆岩压力 q 作用下裂隙的平均有效应力均表现出先逐渐减小后趋于稳定的状态[图 5-13(a)],但是与进水口压力 p_1相比,平均有效应力达到稳定状态所需的时间相对较短。稳定状态下,平均有效应力随着上覆岩层压力 q 的增加呈近似线性增大。与 q=5 MPa 相比,q=45 MPa 时裂隙的平均有效应力增加了 8.90 倍。

(2) 稳定状态下,平均裂隙隙宽随着上覆岩层压力 q 的增加逐渐减小[图 5-13(d)]。与 q=5 MPa 相比,q=45 MPa 时裂隙的平均隙宽减小了 41.85%。与初始隙宽 b_{m0}=0.05 mm 相比,5 种不同上覆岩层压力作用下,裂隙的平均隙宽分别减小了 8.24%(q=5 MPa)、22.38%(q=15 MPa)、32.66%(q=25 MPa)、40.48%(q=35 MPa)和 46.64%(q=45 MPa)。

(3) 随着上覆岩层压力 q 的增加,裂隙平均导水系数逐渐减小[图 5-12(f)]。稳定状态下,裂隙的平均导水系数分别为 7.89×10^{-8}(q=5 MPa)、4.79×10^{-8}(q=15 MPa)、3.12×10^{-8}(q=25 MPa)、2.15×10^{-8}(q=35 MPa)和 1.55×10^{-8} m^2/s(q=45 MPa),与 q=5 MPa 相比,q=45 MPa 时裂隙的平均导水系数减小了 80.34%。

5.3.5 不同初始裂隙隙宽 b_{m0}

由公式(5-23)可知,裂隙的渗透特性与裂隙隙宽密切相关,为了研究初始裂隙隙宽 b_{m0} 对裂隙渗透特性的影响,本节主要计算了含 5 种不同初始裂隙隙宽(b_{m0}=0.02、0.03、0.04、0.05、0.06 mm)的单裂隙模型,其余参数同上(p_1=1.0 MPa,p_r=0 MPa,α=90°,q=25.0 MPa)。不同初始裂隙隙宽计算稳定后裂隙的平均有效应力、平均裂隙隙宽和平均导水系数的变化特征如图 5-14 和图 5-15 所示,从图中可以得出以下结论:

(1) 随着时间的增加,裂隙的平均有效应力逐渐减小,且计算稳定时,含不同初始裂隙

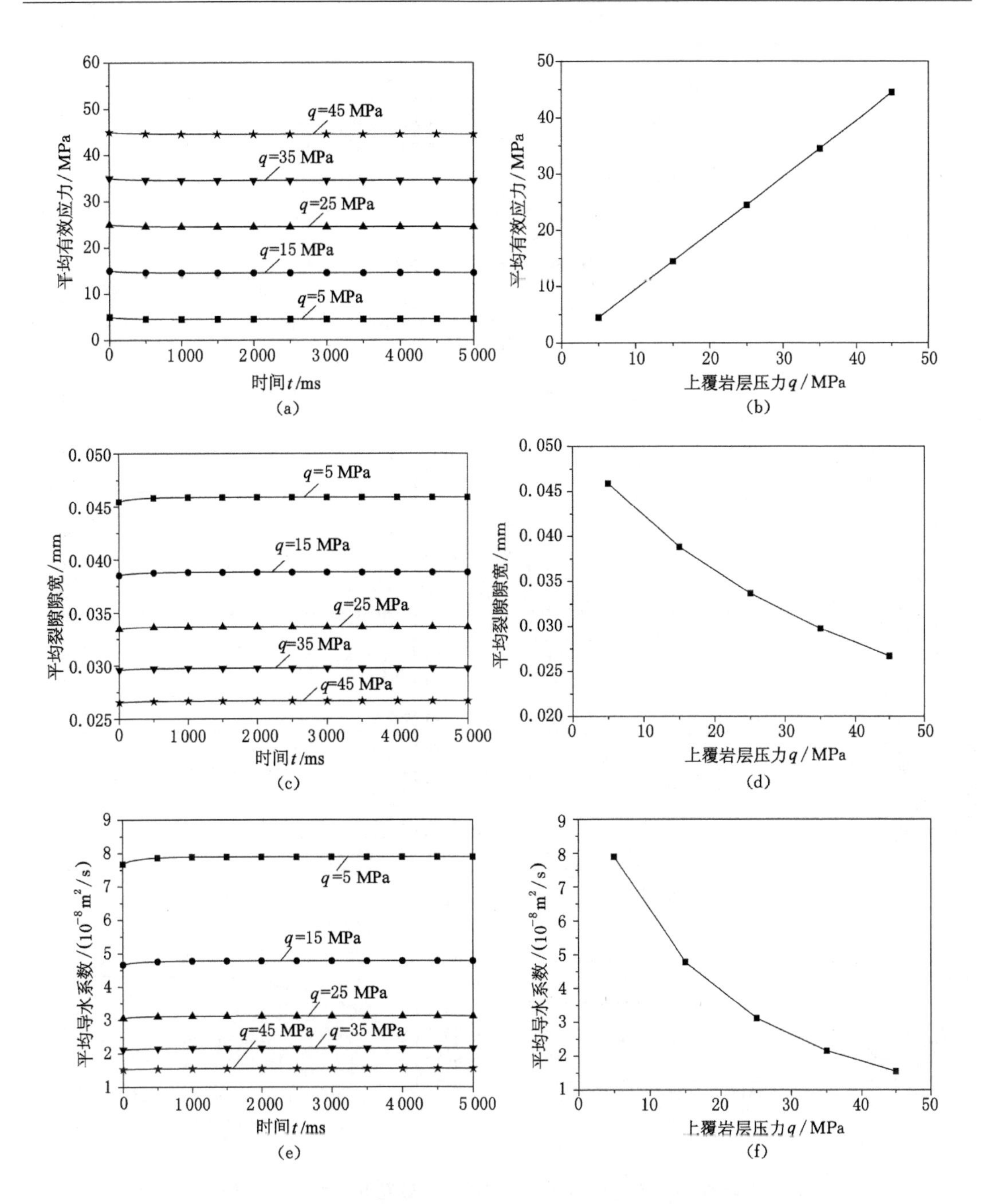

图 5-13 上覆岩层压力 q 对裂隙平均有效应力、平均裂隙隙宽和平均导水系数的影响特征

(a) 平均有效应力-t;(b) 平均有效应力-q;(c) 平均裂隙隙宽-t;

(d) 平均裂隙隙宽-q;(e) 平均导水系数-t;(f) 平均导水系数-q

隙宽的裂隙均具有大致相同的平均有效应力(24.50 MPa 左右)。然而需要指出的是,裂隙的初始隙宽 b_{m0} 越小,计算达到稳态所需要的时间越长,如图 5-14 所示。

(2) 从图 5-15 可以看出,随着时间 t 的增加,平均裂隙隙宽和平均导水系数均表现出先逐渐增加后趋于稳定的趋势,且初始裂隙隙宽越小,达到稳态所需的时间越长(红色直线所

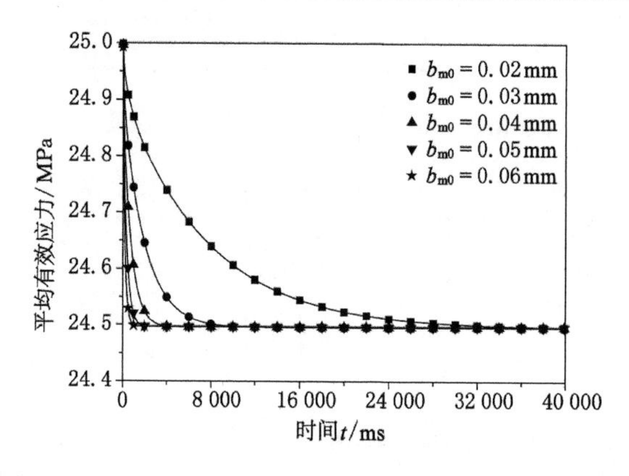

图 5-14　不同初始裂隙隙宽 b_{m0} 对裂隙平均有效应力的影响

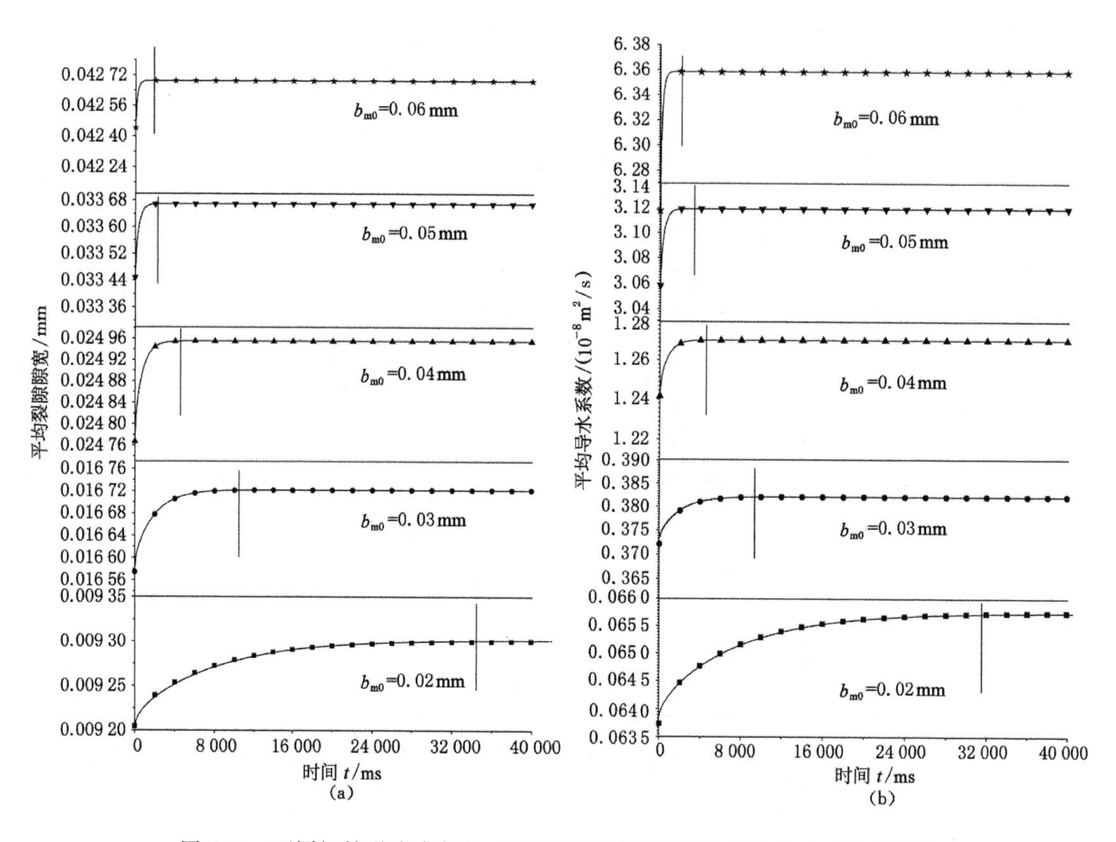

图 5-15　不同初始裂隙隙宽 b_{m0} 对裂隙平均裂隙隙宽和平均导水系数的影响

(a) 平均裂隙隙宽；(b) 平均导水系数

示)。稳定状态下，裂隙的平均导水系数分别为 6.57×10^{-10} (b_{m0} = 0.02 mm)、3.82×10^{-9} (b_{m0} = 0.03 mm)、1.27×10^{-8} (b_{m0} = 0.04 mm)、3.12×10^{-8} (b_{m0} = 0.05 mm) 和 6.36×10^{-8} m^2/s (b_{m0} = 0.06 mm)，随着 b_{m0} 的增加，裂隙平均导水系数逐渐增大，可以用指数函数很好地拟合，与 b_{m0} = 0.02 mm 相比，b_{m0} = 0.06 mm 时裂隙的平均导水系数增加了近 2 个数量级。稳定状态下平均裂隙隙宽随 b_{m0} 呈近似线性增加，如图 5-16 所示。

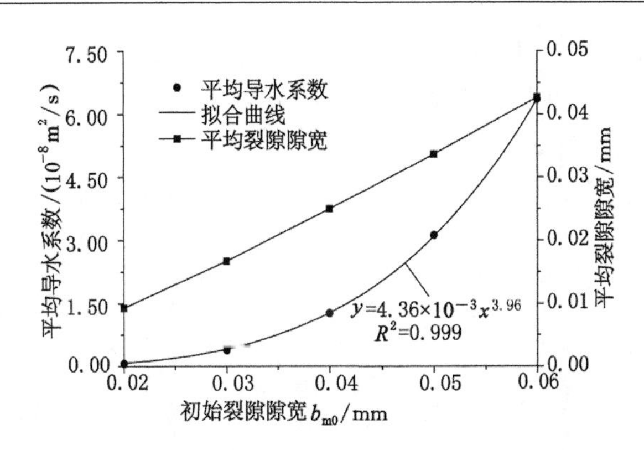

图 5-16 稳定状态下平均导水系数和平均裂隙隙宽随初始裂隙隙宽的变化特征

5.4 裂隙网络渗流特征研究

对于应力作用下裂隙网络的渗流特征研究，本节主要对第 4 章中含两组不同裂隙网络形式(不同裂隙网络夹角 β 和不同裂隙交叉点个数 N)的模型进行计算分析。计算模型的尺寸均为 495 mm×495 mm。模型的边界条件和初始条件分别为：模型左、右和下边界均为位移约束，上边界作用垂直荷载 q=25.0 MPa，初始裂隙隙宽 b_{m0}=0.03 mm，初始时刻从模型左侧持续注入 p_l=1.0 MPa 的流体，右侧水压力 p_r=0 MPa，其他模型计算参数如表 5-2 所列。

5.4.1 含不同裂隙网络夹角 γ

图 5-17 为含不同裂隙网络夹角 γ 的计算模型和网格划分，模型建立过程中保持所有模型中的基质和裂隙均分别具有相同的网格尺寸。

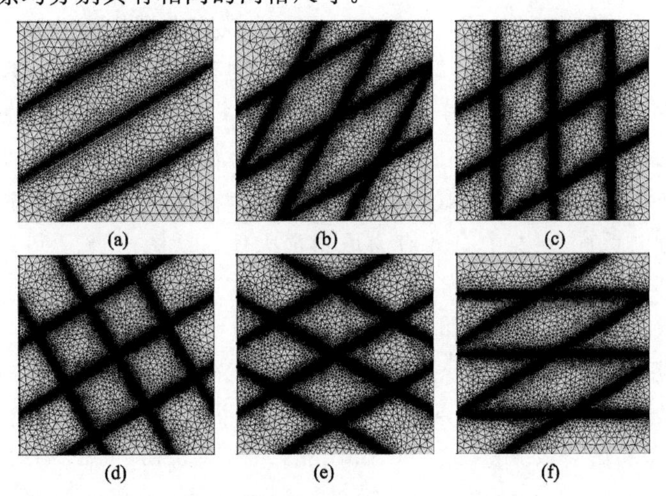

图 5-17 含不同裂隙网络夹角 γ 计算模型和网格划分

(a) γ=0°；(b) γ=30°；(c) γ=60°；(d) γ=90°；(e) γ=120°；(f) γ=150°

稳定状态下含不同裂隙网络夹角模型裂隙中平均有效应力、平均裂隙隙宽、平均水压力、渗流通道以及平均渗流速度的分布特征分别如图 5-18～图 5-21 所示。由于裂隙网络是由两组平行裂隙构成，为了方便分析，将保持不动的那一组裂隙编号为 1#，而将发生转动的那一组裂隙编号为 2#。从图中可以得出以下结论：

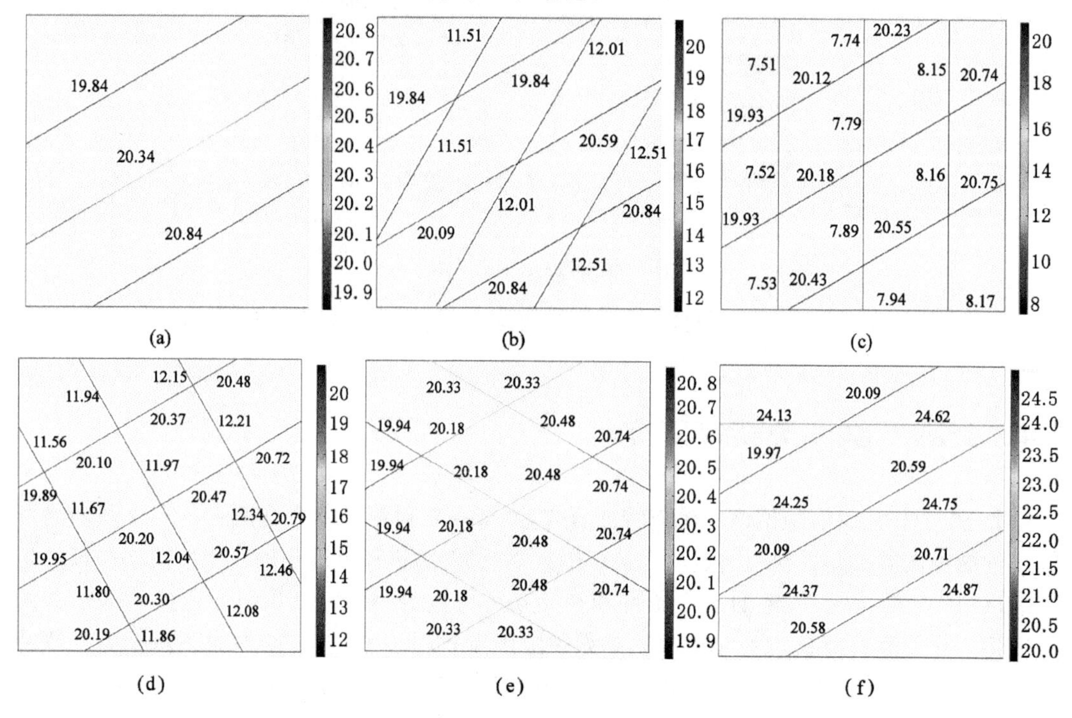

图 5-18　含不同裂隙网络夹角模型稳定状态下裂隙中平均有效应力(MPa)的分布特征

(a) $\gamma=0°$；(b) $\gamma=30°$；(c) $\gamma=60°$；(d) $\gamma=90°$；(e) $\gamma=120°$；(f) $\gamma=150°$

当模型顶部作用 25.0 MPa 垂直荷载时，不同裂隙网络夹角 γ 作用下，1# 裂隙中平均有效应力变化幅度较小，在 20.50 MPa 左右波动；而 2# 裂隙中平均有效应力则变化显著，当裂隙网络夹角 γ 由 30°增加至 60°时，2# 裂隙中有效应力有所降低，降低幅度在 35%左右，这是因为当 $\gamma=30°\sim60°$时，2# 裂隙与模型顶部垂直荷载方向的夹角逐渐减小，尤其是当 $\gamma=60°$时，2# 裂隙走向与荷载 q 的方向相同，裂隙中有效应力降低至最小值；而当 γ 由 60°增加至 150°时，2# 裂隙中有效应力 σ_{fne} 又显著增加，增加幅度在 2.14 倍左右，当 $\gamma=150°$，2# 裂隙走向与荷载 q 的方向垂直，裂隙中有效应力取得最大值。从图 5-18 还可以看出，裂隙中有效应力从模型顶部到底部呈现逐渐增加的趋势，以 $\gamma=0°$为例，稳定状态下裂隙中平均有效应力从上到下依次为 19.84、20.34 和 20.84 MPa，增加了 5.04%。

裂隙中有效应力 σ_{fne} 的变化直接导致裂隙隙宽 b_{m} 发生改变，如图 5-19 所示。由于稳定状态下，含不同裂隙网络夹角模型中裂隙的有效应力均为正值，由图 5-3 可知裂隙均处于压缩状态，隙宽均小于初始裂隙隙宽($b_{\mathrm{m0}}=0.03$ mm)。从图 5-19 可知，平均裂隙隙宽随裂隙网络夹角 γ 的变化特征与有效应力相反。随着 γ 的增加，1# 裂隙的隙宽变化幅度较小，而 2# 裂隙隙宽则发生显著变化。当 $\gamma=30°\sim60°$时，2# 裂隙隙宽逐渐增加，增加幅度为 9.66%左右，当 $\gamma=60°$时，2# 裂隙走向与荷载 q 的方向相同，此时裂隙隙宽取得最大值；而当 $\gamma=60°\sim150°$时，2# 裂隙隙宽随着裂隙网络夹角的增加逐渐减小，当 $\gamma=150°$时，2# 裂隙与荷载 q 的方向垂直，此时裂隙隙宽取得最小值(0.016 6 mm 左右)。

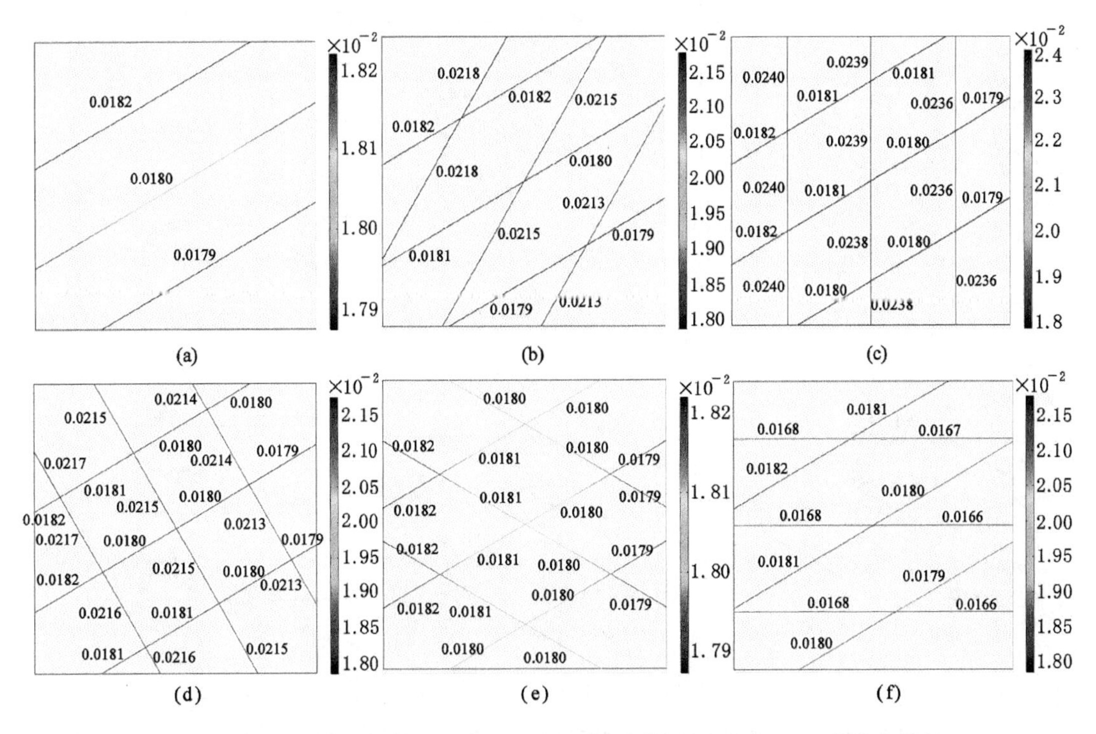

图 5-19　含不同裂隙网络夹角模型稳定状态下平均裂隙隙宽(mm)的分布特征

(a) $\gamma=0°$;(b) $\gamma=30°$;(c) $\gamma=60°$;(d) $\gamma=90°$;(e) $\gamma=120°$;(f) $\gamma=150°$

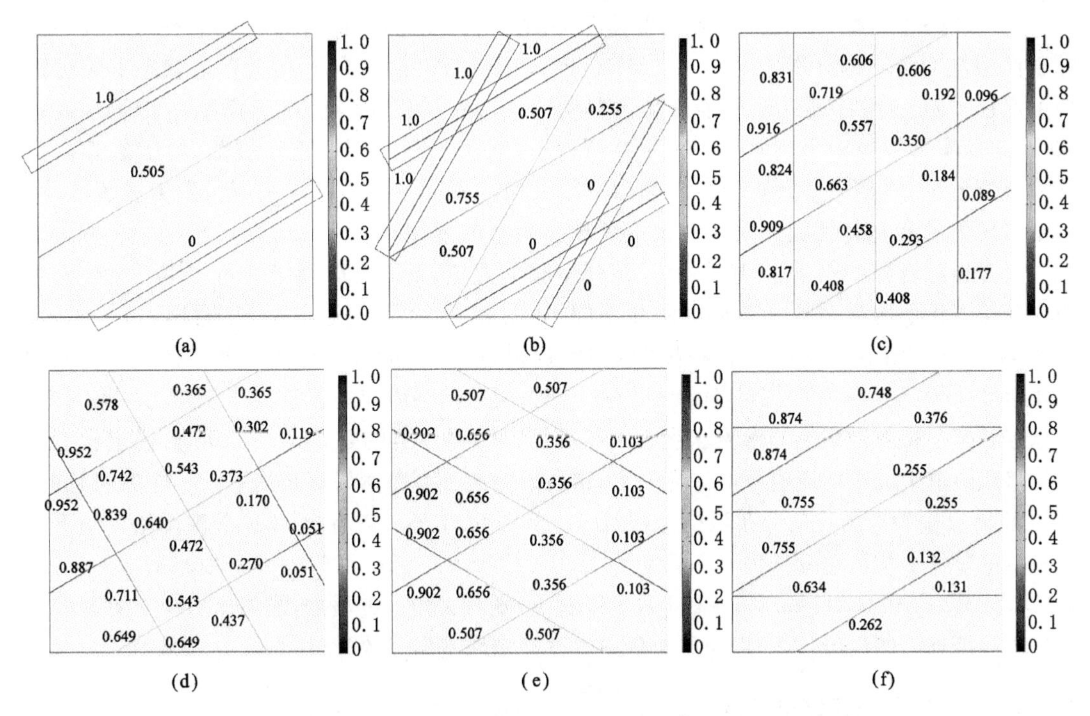

图 5-20　含不同裂隙网络夹角模型稳定状态下裂隙中平均水压力(MPa)的分布特征

(a) $\gamma=0°$;(b) $\gamma=30°$;(c) $\gamma=60°$;(d) $\gamma=90°$;(e) $\gamma=120°$;(f) $\gamma=150°$

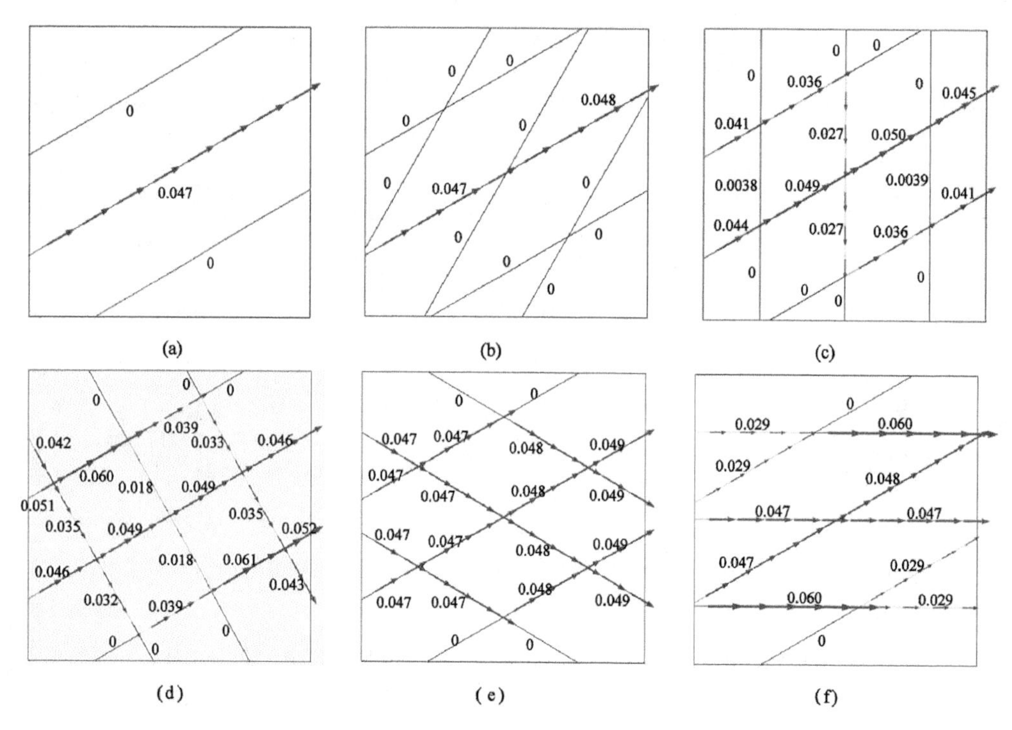

图 5-21　含不同裂隙网络夹角模型稳定状态下裂隙中平均渗流速度(m/s)的分布特征及渗流通道

(a) $\gamma=0°$;(b) $\gamma=30°$;(c) $\gamma=60°$;(d) $\gamma=90°$;(e) $\gamma=120°$;(f) $\gamma=150°$

稳定状态下,含不同裂隙网络夹角模型裂隙中平均水压力的分布特征如图 5-20 所示。由于模型左侧和右侧分别作用 $p_l=1$ MPa 和 $p_r=0$ MPa 的水压力,因此稳定状态下裂隙网络中水压力从左到右表现出逐渐降低的趋势。当 $\gamma=0°$和 30°时,对于模型左侧非连通裂隙,稳定状态下裂隙中平均水压力为 1.0 MPa;而对于模型右侧非连通裂隙,由于裂隙内部没有流体通过,水压力 $p_i=0$ MPa。裂隙网络夹角的不同导致裂隙中水压力发生显著变化,但是水压力的变化特征随夹角 γ 并没有表现出明显的规律。

由于裂隙岩体中连通的裂隙网络是流体运移的通道,不同裂隙网络夹角作用下裂隙网络的渗流通道和平均流速的分布特征明显不同,如图 5-21 所示。从图中可以看出,当 $\gamma=0°$和 30°时,模型中仅存在一条连接左右边界的渗流通道(箭头所示),此时裂隙中具有大体相同的流体速度(0.047 m/s 左右);而当 $\gamma=60°\sim150°$时,裂隙网络中存在多条甚至复杂的渗流通道,且稳定状态下裂隙网络中的渗流速度也不尽相同。值得注意的是,当 $\gamma=120°$时,稳定状态下裂隙渗流通道中的平均流速基本保持一致,这是因为此种裂隙网络形式是上下且左右对称的,这与图 5-19 中裂隙隙宽的分布特征是相似的。从图 5-21 还可以看出,不同裂隙网络夹角下模型右侧的整体平均流速分别为 0.047($\gamma=0°$)、0.048($\gamma=30°$)、0.086($\gamma=60°$)、0.141($\gamma=90°$)、0.196($\gamma=120°$)和 0.213 m/s($\gamma=150°$),可以看出,随着夹角 γ 的增加,模型出水口处的整体流速呈现逐渐增大的趋势,这一点与第 4 章中的试验结果基本一致。

5.4.2　含不同裂隙网络交叉点个数 N

含不同裂隙网络交叉点个数 N 的计算模型如图 5-22 所示。计算过程中,模型参数、边界条件和初始条件均与 5.4.1 节中相同。

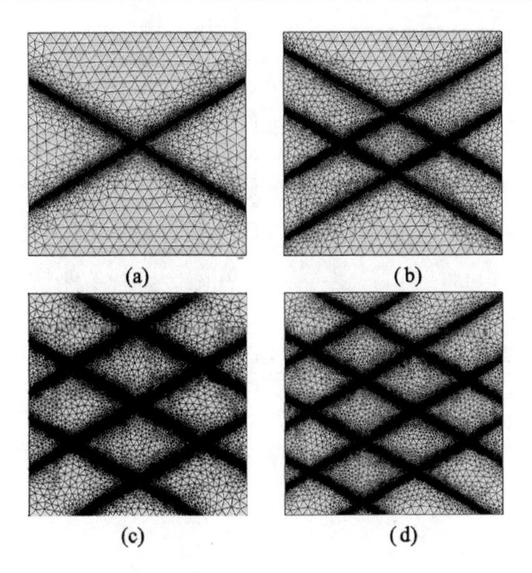

图 5-22 含不同裂隙网络交叉点个数 N 计算模型和网格划分

(a) $N=1$；(b) $N=4$；(c) $N=7$；(d) $N=12$

稳定状态下，含不同裂隙网络交叉点个数 N 的计算模型中裂隙平均有效应力、平均裂隙隙宽、平均水压力、平均渗流速度及渗流通道的分布特征分别如图 5-23～图 5-26 所示。

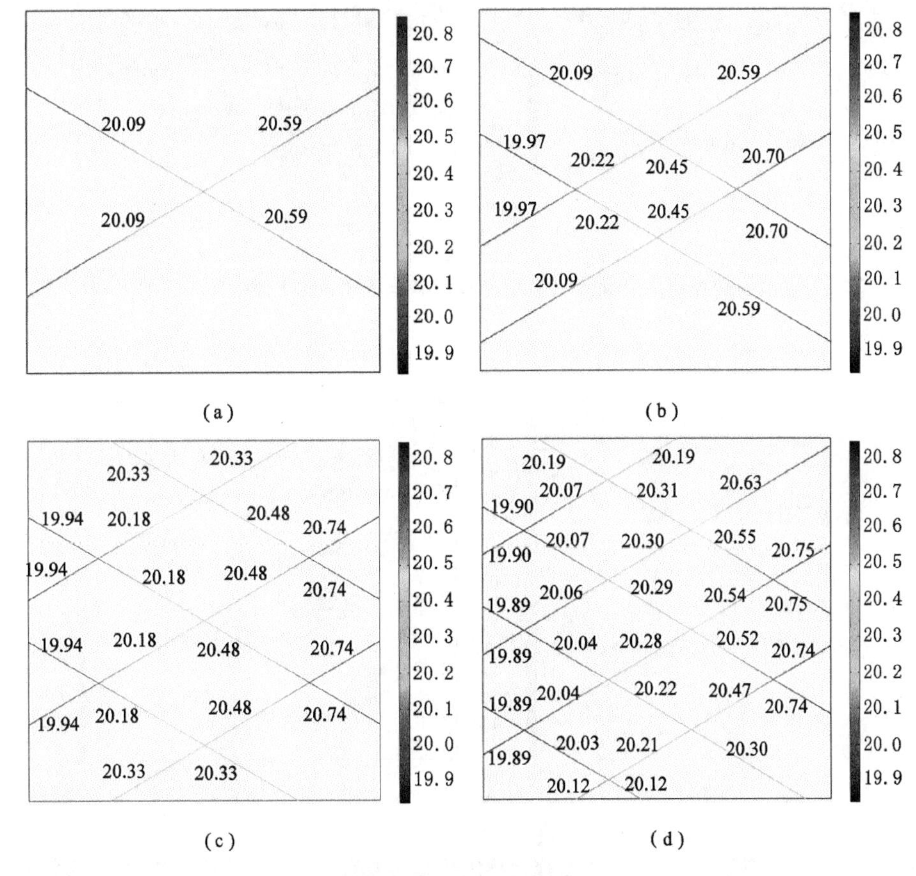

图 5-23 含不同裂隙网络交叉点个数模型稳定状态下裂隙中平均有效应力(MPa)的分布特征

(a) $N=1$；(b) $N=4$；(c) $N=7$；(d) $N=12$

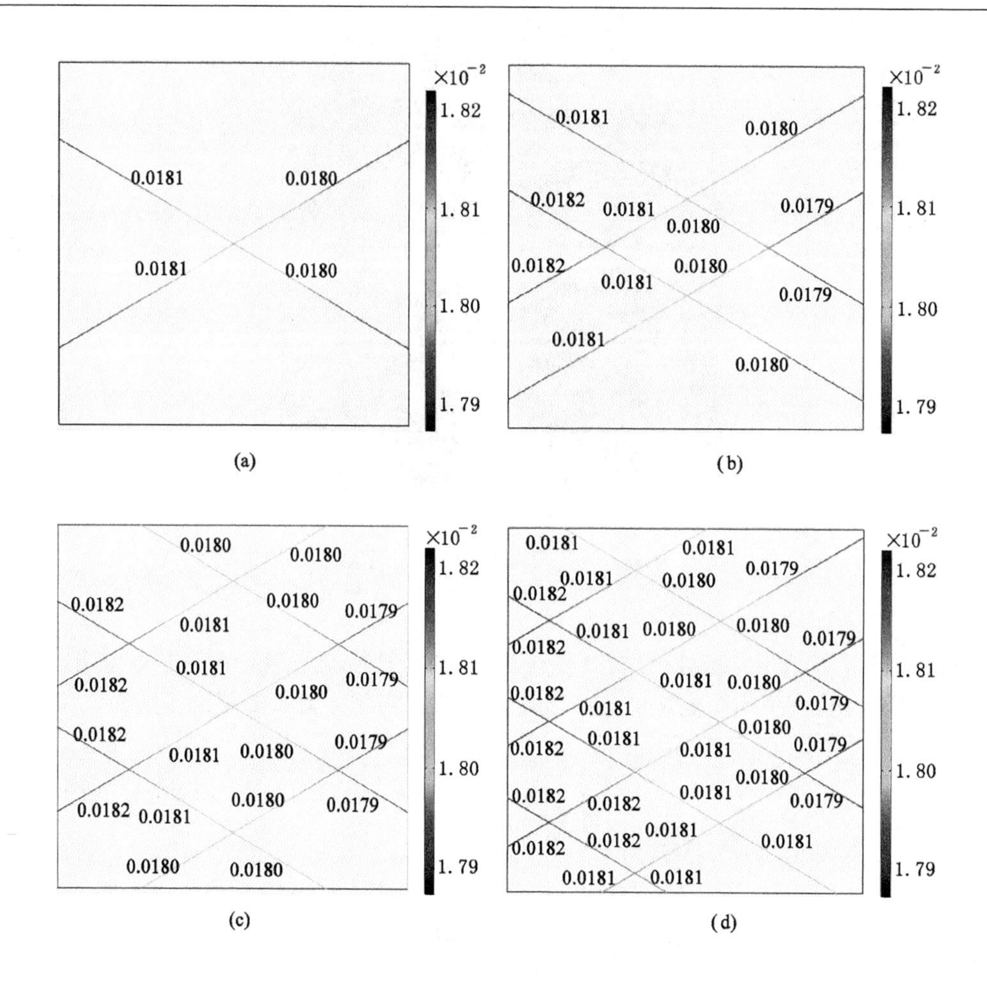

图 5-24　含不同裂隙网络交叉点个数模型稳定状态下平均裂隙隙宽(mm)的分布特征

(a) $N=1$;(b) $N=4$;(c) $N=7$;(d) $N=12$

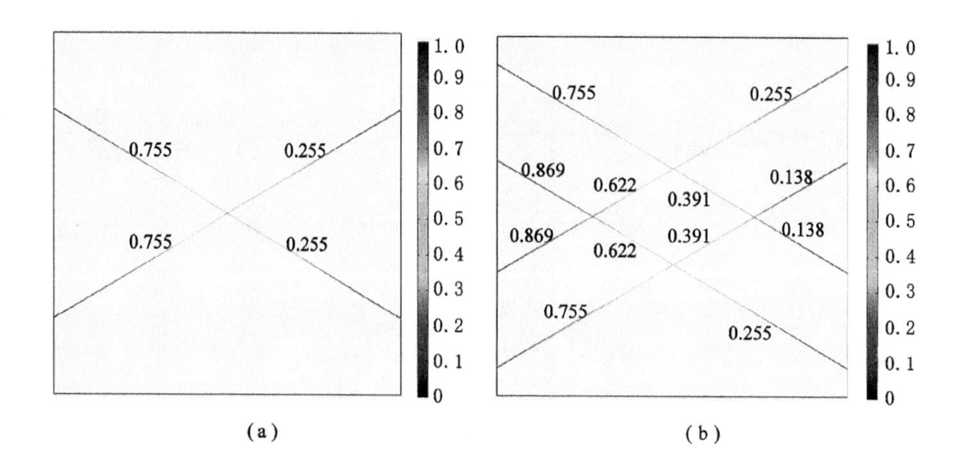

图 5-25　含不同裂隙网络交叉点个数模型稳定状态下裂隙中平均水压力(MPa)的分布特征

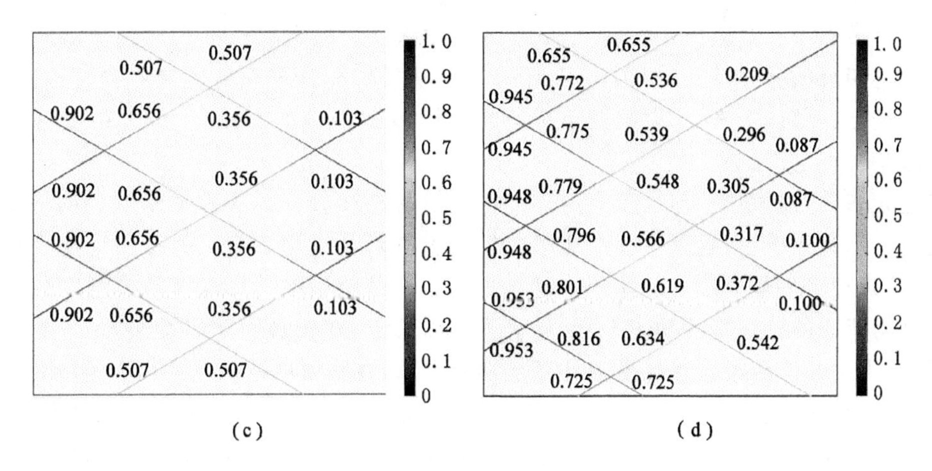

续图 5-25 含不同裂隙网络交叉点个数模型稳定状态下裂隙中平均水压力(MPa)的分布特征

(a) $N=1$;(b) $N=4$;(c) $N=7$;(d) $N=12$

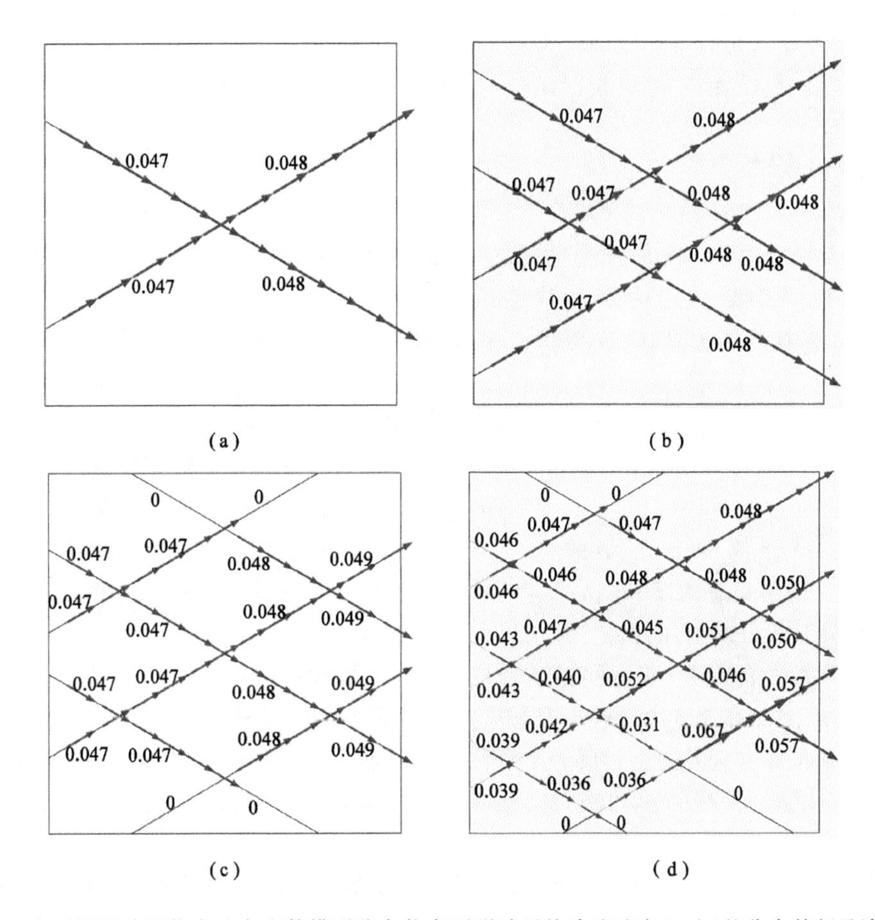

图 5-26 含不同裂隙网络交叉点个数模型稳定状态下裂隙平均渗流速度(m/s)的分布特征及渗流通道

(a) $N=1$;(b) $N=4$;(c) $N=7$;(d) $N=12$

从图 5-23 可以看出,裂隙中平均有效应力从模型左侧到右侧逐渐增加。由于含不同裂隙网络交叉点个数模型中裂隙是上下对称结构,平均有效应力的分布特征也基本是上下对称的。由于裂隙中有效应力 σ_{fne} 直接制约着裂隙隙宽 b_m，稳定状态下平均裂隙隙宽呈现出与有效应力相反的分布特征，如图 5-24 所示。裂隙隙宽 b_m 从模型左侧向右侧逐渐减小，但减小幅度较小。整体上来说，裂隙网络交叉点个数 N 对裂隙的有效应力 σ_{fne} 和裂隙隙宽 b_m 的影响较小。

稳定状态下，裂隙中平均水压力的分布特征如图 5-25 所示。裂隙中水压力的分布从模型左侧到右侧逐渐减小，且以模型中部基本呈现上下对称结构分布。裂隙网络交叉点个数 N 越大，靠近模型右侧裂隙中的水压力越小。含不同裂隙网络交叉点个数模型中流体渗流通道及平均流速的分布特征如图 5-26 所示。可以看出，随着裂隙网络交叉点个数 N 的增加，裂隙网络中的渗流通道逐渐变密且复杂，同时模型右侧出口处流体平均流速随着交叉点个数 N 的增加逐渐增大，与 $N=1$ 相比，$N=12$ 时模型右侧出水口处平均流速增加了 1.73 倍左右。需要说明的是，当交叉点个数由 $N=4$ 增加至 $N=7$ 时，由于模型右侧具有相同的裂隙出水口个数，模型出水口处平均流速的增加幅度相对较小，这一计算结果与第 4 章中含不同裂隙网络交叉点个数花岗岩板状试样的试验结果具有大体一致的规律，但是与试验结果相比，数值计算结果的增加幅度相对较小，归其原因可能是因为数值模拟中的计算模型是二维的，与试验中真实的三维板状试样存在一定差异。

5.5 本章小结

本章主要采用数值计算的方法对应力作用下裂隙岩体的渗流特性进行计算分析。首先建立一个考虑裂隙岩体应力场和渗流场共同作用的计算模型，然后采用 COMSOL Multiphysics 多物理场仿真软件对含单一裂隙和裂隙网络的模型分别进行计算，重点研究单一裂隙倾角、上覆岩层压力、进水口压力、初始裂隙隙宽以及裂隙网络中裂隙夹角和交叉点个数对裂隙岩体渗流特征的影响。具体可以得出以下几点结论：

(1) 通过计算二维单裂隙模型在应力和水压力共同作用下裂隙隙宽变化量沿裂隙长度方向的分布特征，对本章中应力场和渗流场控制方程的适用性进行验证。结果表明，采用书中的控制方程计算得到的结果与 Bower 和 Zyvoloski[265] 的数值计算结果以及 Wijesinghe[266] 的解析解的结果是高度吻合的，这就进一步说明了本书提出的应力场和渗流场控制方程具有较好的适用性。

(2) 对于水平单裂隙模型，随着流体的持续注入，裂隙中法向有效应力先逐渐减小后趋于稳定，稳定后法向有效应力沿着裂隙长度方向逐渐增加。渗透压力 p_i 沿裂隙长度方向的分布特征与法向有效应力完全相反。由于法向有效应力恒为正值，裂隙处于受压闭合状态，稳定状态下裂隙隙宽沿裂隙长度方向逐渐减小。随着时间的增加，裂隙平均导水系数先逐渐增加后达到一个稳定值。

(3) 单裂隙模型中裂隙倾角 α、进水口压力 p_1、上覆岩层压力 q 以及初始裂隙隙宽 b_{m0} 均对裂隙的平均导水系数产生影响。对于所有工况，随着时间的增加，裂隙平均法向有效应力均先逐渐减小后趋于稳定；而平均裂隙隙宽和平均导水系数均先逐渐增加后趋于稳定。稳定状态下，在 $\alpha=50°\sim90°$、$q=5\sim45$ MPa 的范围内，裂隙平均导水系数分别减小了 24.93% 和 80.34%；而当 $p_1=0.1\sim5.0$ MPa、$b_{m0}=0.02\sim0.06$ mm 时，裂隙平均导水系数分别增加了 10.95% 和两个数量级左右。

(4) 裂隙网络中裂隙夹角 γ 和交叉点个数 N 均对裂隙岩体的渗流特性产生影响。随着夹角 γ 的增加,裂隙中有效应力、裂隙隙宽和水压力均发生显著变化,且裂隙网络中的渗流通道逐渐变得复杂;而裂隙网络交叉点个数 N 对裂隙有效应力、裂隙隙宽和水压力的影响特征则相对较小,裂隙网络渗流通道随着 N 的增加逐渐变密。总体来说,随着夹角 β 和交叉点个数 N 的增加,模型的渗透特性均表现出逐渐增强的趋势。

6 结论与展望

6.1 主要结论与创新点

由于复杂的赋存条件、地质构造运动和开挖扰动等的影响，地下工程岩体中通常含有复杂的裂隙或裂隙网络，而贯通的裂隙网络是流体流动和溶质运移的主要通道。应力作用下裂隙岩体渗流问题普遍涉及包括采矿、地热开发、油和天然气开采、核废料处置等岩石工程活动，理解应力作用下裂隙岩体的渗流特征对保证这些工程活动的安全性能具有重要意义。本书以预制裂隙花岗岩为研究对象，通过研发裂隙网络岩石渗流可视化综合模拟试验系统，综合运用室内试验、理论分析和数值模拟相结合的研究手段，分别对不同加载路径作用后损伤破裂岩石的渗流特性、三维粗糙单裂隙剪切渗流及裂隙网络岩石的渗流特征进行研究。同时建立应力作用下裂隙渗透特性的理论模型，通过数值模拟对裂隙岩体的渗透特征展开进一步探讨。主要得出以下几点结论：

(1) 随着围压 σ_3 的增加，常规三轴压缩和三轴压缩峰前卸荷两种应力路径作用后，花岗岩试样的纵波波速均总体上表现出逐渐增大的趋势；岩石试样声发射活动与加载路径具有明显的对应特征；通过高分辨率岩石 CT 扫描系统对试验后花岗岩试样内部裂隙发育特征进行三维重构，结果表明，重构出来的裂纹扩展模式与试验结果较为相似；随着围压 σ_3 的增加，常规三轴和三轴峰前卸荷两种工况下，花岗岩试样内部次生裂隙逐渐单一，表现为拉剪混合破坏。

(2) 单轴压缩后花岗岩试样渗流试验过程中流速与压力梯度之间呈现明显的非线性特征，可以用 Forchheimer 方程进行描述，拟合方程中回归系数 a' 和 b' 均随着围压 σ_s 的增加逐渐增大，试样导水系数随着压力梯度的增加逐渐降低。常规三轴和三轴峰前卸荷试验后，花岗岩试样流速与压力梯度之间均呈现近似线性关系，试样等效渗透系数均随渗流试验围压 σ_s 的增加逐渐减小，而随着围压 σ_3 的变化特征存在一定差异。

(3) 研发新型的裂隙网络岩石渗流综合模拟和分析系统，完整花岗岩试样的渗流试验表明该试验系统具有良好的密封性能。展开一系列含不同剪切位移三维粗糙单裂隙的渗流试验，渗流过程中流体的流动行为均可以用 Forchheimer 定律和 Izbash 定律进行描述。随着剪切位移的增加，回归拟合系数 a 和 b 均逐渐减小，且在 0～9 mm 剪切位移区间内的减小幅度较 9～15 mm 更为显著。在整个剪切位移区间内，Izbash 拟合方程中系数 λ 减小了 2～3 个数量级，而系数 m 在 1.35～1.80 范围内波动。

(4) 裂隙剪切渗流过程中导水系数与雷诺数之间的相关性可以用一个多项式函数进行拟合分析。导水系数随剪切位移的增加逐渐增大，而随荷载水平的增加逐渐减小。随着剪切位移的增加，临界水力梯度表现出逐渐增大的趋势，且变化过程可分为 3 个阶段：当剪切位移小于 3 mm 时，临界水力梯度基本保持定值；当剪切位移在 3～9 mm 之间时，临界水力梯度变化剧烈；而当剪切位移大于 9 mm 时，临界水力梯度变化较缓。随着剪切位移的增加，裂隙等效水力隙宽逐渐增大，且在 0～9 mm 之间变化显著。

(5) 荷载作用下裂隙网络岩石试样的渗流特征均可以用 Forchheimer 和 Izbash 函数进行描述。回归拟合系数 a 和 b 随荷载水平的增加逐渐增大，而随裂隙网络夹角和交叉点个数的增加表现出逐渐减小的趋势。随着荷载水平的增加，裂隙网络的导水系数逐渐减小；随着裂隙网络夹角和交叉点个数的增加，板状试样导水系数均逐渐增大，而临界水力梯度和临界雷诺数总体上呈现出逐渐减小的趋势，板状试样的渗透特性逐渐增强。

(6) 随着侧压力系数的增加，相同的水力梯度引起的体积流速逐渐减小，试样的渗透特性逐渐减弱，试验过程中没有发生裂隙剪胀现象。拟合方程中系数 a 和 b，以及临界水力梯度和临界雷诺数均随侧压力系数的增加逐渐增大，而随裂隙网络夹角或交叉点个数的增加逐渐减小。对于相同的 F_y，与荷载水平 $F_x=F_y$ 时试样的体积流速相比，$F_x<F_y$ 时试样的体积流速相对较大，且 (F_y-F_x) 越大，试样的渗流特性差异越明显。

(7) 提出一个理论模型描述应力场与渗流场共同作用下裂隙的渗透特性，然后采用 COMSOL Multiphysics 仿真软件对单裂隙和裂隙网络的渗透特性进行计算分析。对于水平单裂隙，随着流体的注入，裂隙中法向有效应力先逐渐减小后趋于稳定，稳定后法向有效应力沿着裂隙长度逐渐增加。渗透压力的分布特征与法向有效应力完全相反。由于法向有效应力恒为正值，裂隙处于受压状态，且隙宽沿裂隙长度方向逐渐减小。随着时间的增加，平均导水系数先逐渐增加后达到一个稳定值。

(8) 稳定状态下，单裂隙平均导水系数随裂隙倾角和上覆岩层压力的增加逐渐减小，而随进水口压力和初始裂隙隙宽的增加逐渐增大。对于裂隙网络，随着裂隙夹角的增加，裂隙中有效应力、隙宽及水压力均发生显著变化，且裂隙网络渗流通道逐渐变得复杂；而裂隙网络交叉点个数对裂隙有效应力、隙宽及水压力的影响相对较小。总体来说，随着裂隙夹角和交叉点个数的增加，模型出水口处整体流速均表现出逐渐增加的趋势，这一点与试验结果是一致的。

总结本书研究内容，主要有以下几个创新点：

(1) 采用 MTS815.02 岩石力学伺服控制系统展开不同应力路径作用下岩石试样破裂压缩试验，对损伤岩石内部裂隙发育信息进行高精度 CT 扫描和三维重构。通过不同应力作用下破裂岩石试样渗透试验，阐明试样渗透系数与内部裂隙发育特征之间的相关性，并对不同应力路径作用后试样的渗透特性进行对比。

(2) 自主研发高精度先进的裂隙网络岩石渗流综合模拟试验系统，展开不同荷载作用下粗糙单裂隙剪切渗流试验。试验结果揭示了粗糙单裂隙剪切渗流过程中的非线性流动机制、导水系数、临界水力梯度、临界雷诺数和等效水力隙宽随剪切位移的变化规律。

(3) 采用高压水射流切割技术加工不同形式的裂隙网络(不同裂隙网络夹角和不同交叉点个数)，并通过新研发的渗流试验系统展开不同荷载作用下裂隙网络岩石试样的渗透特性试验，分析了裂隙网络夹角、裂隙交叉点个数及侧压力系数对岩石试样非线性流动特征的影响。

(4) 建立应力作用下裂隙力学开度和导水系数的理论模型，采用 COMSOL Multiphysics 多物理场仿真软件展开裂隙渗透特性试验。揭示裂隙倾角、进水口压力、上覆岩层压力及初始隙宽对单裂隙渗透特性的影响，同时获得裂隙有效应力、隙宽、导水系数、流速和渗流通道随裂隙网络夹角和交叉点个数的变化特征。

6.2 研究展望

裂隙岩体渗流问题涉及众多岩石工程活动，是岩石力学和流体力学领域关注的焦点，针对这一问题，国内外众多学者展开了大量的探索和研究并取得一定的成果和进展。但是由于裂隙粗糙度、应力作用下裂隙表面接触效应、裂隙网络复杂性、大型试验设备研发困难等因素的影响，精确描述应力作用对裂隙岩体渗透特性的影响还存在许多问题。本书通过研制新型的裂隙网络岩石渗流综合模拟和分析系统，对不同应力路径作用后花岗岩试样渗透特性、粗糙单裂隙剪切渗流和裂隙网络渗流特性进行研究，同时建立数值计算理论模型并展开一系列数值模拟工作，但是研究还是处于初步探索阶段，仍存在许多问题亟待进一步探讨：

（1）对于不同应力路径作用后花岗岩试样的 CT 扫描三维重构模型，可以导入 COMSOL Multiphysics 多物理场仿真软件中开展岩石试样的渗透特性数值模拟分析，进一步探讨不同应力加载路径对岩石试样破坏特征、次生裂隙发育及渗透特性的影响。重点需要解决的工作是应力作用下模型的网格划分和计算收敛问题。

（2）依托新研发的裂隙网络岩石渗流综合模拟和分析系统，进一步研究裂隙表面粗糙度系数(JRC)对裂隙剪切渗流过程中非线性流动状态的影响。此外，采用透明的亚克力材料制作裂隙模型试样，以实现裂隙网络中流体路径的可视化研究。

（3）由于复杂的地质构造运动和开挖扰动，地下工程岩体内的节理、裂隙错综复杂，通常以裂隙网络的形式存在。因此，可以采用蒙特卡罗法建立随机分布的裂隙网络结构，通过第 5 章中提出的理论模型，采用有限元软件对随机裂隙网络结构的渗透特性进行计算，分析裂隙几何特征和应力环境的影响。

（4）在不同沉积时间和构造影响下，裂隙岩体内部通常含有物理力学性能存在较大差异的充填物，而充填物的渗透特性对裂隙岩体的渗流机理具有重要影响，应当对不同充填条件下的裂隙岩体进行渗透试验或数值模拟分析，从而反映充填物性能对裂隙岩体渗流规律的影响。

（5）许多地下工程如高温核废料处置、CO_2地质封存、地下煤炭气化等都涉及温度场-应力场-渗流场三场耦合问题（THM）。因此，可以对试验设备进行改进或者在理论模型中加入温度项，从而展开裂隙岩体三场耦合问题的研究。

参考文献

[1] 尹乾,靖洪文,苏海健,等.单轴压缩下充填正交裂隙花岗岩强度及裂纹扩展演化[J].中国矿业大学学报,2016,45(2):225-232.

[2] YIN Q, JING H W, MA G W. Experimental study on mechanical properties of sandstone specimens containing a single hole after high-temperature exposure[J]. Géotechnique Letters,2015,5:43-48.

[3] RUTQVIST J,STEPHANSSON O. The role of hydromechanical coupling in fractured rock engineering[J]. Hydrogeology Journal,2003,11(1):7-40.

[4] LI B,JIANG Y J,KOYAMA T,et al. Experimental study of the hydro-mechanical behavior of rock joints using a parallel-plate model containing contact areas and artificial fractures[J]. International Journal of Rock Mechanics & Mining Sciences, 2008,45(3):362-375.

[5] YIN Q,JING H W,ZHU T T. Experimental study on mechanical properties and cracking behavior of pre-cracked sandstone specimens under uniaxial compression[J]. Indian Geotechnical Journal,2017,47(3):265-279.

[6] ZHAO Z,JING L,NERETNIEKS I,et al. Numerical modeling of stress effects on solute transport in fractured rocks[J]. Computers & Geotechnics, 2011, 38(2): 113-126.

[7] HUENGES E, Kohl T, Kolditz O, et al. Geothermal energy systems: research perspective for domestic energy provision[J]. Environmental Earth Sciences,2013,70(8):3927-3933.

[8] ESAKI T,DU S,MITANI Y,et al. Development of a shear-flow test apparatus and determination of coupled properties for a single rock joint[J]. International Journal of Rock Mechanics & Mining Sciences,1999,36(5):641-650.

[9] JAVADI M,SHARIFZADEH M,SHAHRIAR K,et al. Critical reynolds number for nonlinear flow through rough-walled fractures: the role of shear processes[J]. Water Resources Research,2014,50(2):1789-1804.

[10] RONG G,YANG J,CHENG L,et al. Laboratory investigation of nonlinear flow characteristics in rough fractures during shear process[J]. Journal of Hydrology, 2016,541:1385-1394.

[11] BARTON N,BANDIS S,BAKHTAR K. Strength, deformation and conductivity coupling of rock joints[J]. International Journal of Rock Mechanics & Mining Sciences & Geomechanics Abstracts,1985,22(3):121-140.

[12] RAVEN K G,GALE J E. Water flow in a natural rock fracture as a function of stress and sample size[J]. International Journal of Rock Mechanics & Mining Sciences &

Geomechanics Abstracts,1985,22(4):251-261.
[13] DURHAM W B,BONNER B P. Self-propping and fluid flow in slightly offset joints at high effective pressures[J]. Journal of Geophysical Research Atmospheres,1994,99(B5):9391-9399.
[14] ZHANG Z Y,NEMCIK J. Fluid flow regimes and nonlinear flow characteristics in deformable rock fractures[J]. Journal of Hydrology,2013,447(1):139-151.
[15] 赵阳升. 多孔介质多场耦合作用及其工程响应[M]. 北京:科学出版社,2010.
[16] 刘仲秋,章青. 岩体中饱和渗流应力耦合模型研究进展[J]. 力学进展,2008,38(5):585-600.
[17] TSANG C F. Coupled behavior of rock joints[M]//BARTON N,STEPHANSSON O,Rock joints. Balkema,1990:505-518.
[18] 张有天. 岩石水力学与工程[M]. 北京:中国水利水电出版社,2005.
[19] BAI M,ELSWORTH D. Coupled processes in subsurface deformation,flow,and transport [M]. Reston, VA, United States: American Society of Civil Engineers,2000.
[20] 杨天鸿,唐春安,谭志宏,等. 岩体破坏突水模型研究现状及突水预测预报研究发展趋势[J]. 岩石力学与工程学报,2007,26(2):268-277.
[21] 缪协兴,刘卫群,陈占清. 采动岩体渗流理论[M]. 北京:科学出版社,2004.
[22] CACACE M,BLÖCHER G,WATANABE N,et al. Modelling of fractured carbonate reservoirs:outline of a novel technique via a case study from the Molasse Basin, southern Bavaria, Germany [J]. Environmental Earth Sciences, 2013, 70 (8):3585-3602.
[23] ESHIET K I,SHENG Y. Carbon dioxide injection and associated hydraulic fracturing of reservoir formations[J]. Environmental Earth Sciences,2014,72(4):1011-1024.
[24] ESHIET K I,SHENG Y,YE J. Microscopic modelling of the hydraulic fracturing process[J]. Environmental Earth Sciences,2013,68(4):1169-1186.
[25] KISSINGER A, HELMIG R, EBIGBO A, et al. Hydraulic fracturing in unconventional gas reservoirs: risks in the geological system, part 2 [J]. Environmental Earth Sciences,2013,70(8):3839-3853.
[26] MARINA S,IMO-IMO E K,DEREK I,et al. Modelling of hydraulic fracturing process by coupled discrete element and fluid dynamic methods[J]. Environmental Earth Sciences,2014,72(9):3383-3399.
[27] XIE L Z,GAO C,REN L,et al. Numerical investigation of geometrical and hydraulic properties in a single rock fracture during shear displacement with the Navier - Stokes equations[J]. Environmental Earth Sciences,2015,73(11):7061-7074.
[28] 张立海,张业成. 中国煤矿突水灾害特点与发生条件[J]. 中国矿业,2008,17(2):44-46.
[29] 于景邨,刘志新,刘树才,等. 深部采场突水构造矿井瞬变电磁法探查理论及应用[J]. 煤炭学报,2007,32(8):818-821.

[30] 虎维岳.矿山水害防治理论与方法[M].北京:煤炭工业出版社,2005.
[31] 周心权,陈国新.煤矿重大瓦斯爆炸事故致因的概率分析及启示[J].煤炭学报,2008,33(1):42-46.
[32] 周世宁,林柏泉.煤矿瓦斯动力灾害防治理论及控制技术[M].北京:科学出版社,2007.
[33] 付建华,程远平.中国煤矿煤与瓦斯突出现状及防治对策[J].采矿与安全工程学报,2007,24(3):253-259.
[34] 何峰,王来贵,王振伟,等.煤岩蠕变-渗流耦合规律实验研究[J].煤炭学报,2011,36(6):930-933.
[35] 王华俊.锦屏二级水电站闸基深厚覆盖层渗流分析与控制研究[D].成都:成都理工大学,2005.
[36] 仵彦卿,张倬元.岩体水力学导论[M].成都:西南交通大学出版社,1995.
[37] 刘泉声,吴月秀,刘滨.应力对裂隙岩体等效渗透系数影响的离散元分析[J].岩石力学与工程学报,2011,30(1):176-183.
[38] 周维垣.高等岩石力学[M].北京:水利电力出版社,1990.
[39] 仵彦卿.岩体水力学概述[J].地质灾害与环境保护,1995,6(1):58-64.
[40] LOUIS C,MAINI Y N. Determination of in situ hydraulic parameters in jointed rock [J]. International Society of Rock Mechanics Proceedings,1970,1:1-19.
[41] LOUIS C. Rock Hydraulics[M]//Rock Mechanics. Springer Vienna,1972:59-59.
[42] TSANG Y W,WITHERSPOON P A. Hydromechanical behavior of a deformable rock fracture subject to normal stress [J]. Journal of Geophysical Research Atmospheres,1981,86(B10):9287-9298.
[43] TSANG Y W,WITHERSPOON P A. The dependence of fracture mechanical and fluid flow properties on fracture roughness and sample size [J]. Journal of Geophysical Research Atmospheres,1983,88(B3):2359-2366.
[44] ELSWORTH D. A model to evaluate the transient hydraulic response of three-dimensional sparsely fractured rock masses[J]. Water Resources Research,1986,22(13):1809-1819.
[45] TSANG Y W,TSANG C F. Channel model of flow through fractured media[J]. Water Resources Research,1987,23(3):467-479.
[46] ZIMMERMAN R W,KUMAR S,BODVARSSON G S. Lubrication theory analysis of the permeability of rough-walled fractures [J]. International Journal of Rock Mechanics & Mining Science & Geomechanics Abstracts,1991,28(4):325-331.
[47] 张有天.裂隙岩体中水的运动及其与水工建筑物的相互作用[M].天津:天津大学出版社,1992.
[48] 速宝玉,詹美礼,赵坚.仿天然岩体裂隙渗流的实验研究[J].岩土工程学报,1997,17(5):19-24.
[49] 刘才华,陈从新,付少兰.二维应力作用下岩石单裂隙渗流规律的实验研究[J].岩石力学与工程学报,2002,21(8):1194-1198.

[50] 蒋宇静,王刚,李博,等.岩石节理剪切渗流耦合试验及分析[J].岩石力学与工程学报,2007,26(11):2253-2259.

[51] 蒋宇静,李博,王刚,等.岩石裂隙渗流特性试验研究的新进展[J].岩石力学与工程学报,2008,27(12):2377-2386.

[52] JU Y,ZHANG Q G,YANG Y M,et al. An experimental investigation on the mechanism of fluid flow through single rough fracture of rock[J]. Science China Technological Sciences,2013,56(8):2070-2080.

[53] 肖维民,夏初才,邓荣贵.岩石节理应力-渗流耦合试验系统研究进展[J].岩石力学与工程学报,2014,33(增刊2):3456-3465.

[54] ISHIBASHI T,WATANABE N,HIRANO N,et al. Beyond-laboratory-scale prediction for channeling flows through subsurface rock fractures with heterogeneous aperture distributions revealed by laboratory evaluation[J]. Journal of Geophysical Research Solid Earth,2014,120(1):106-124.

[55] HAKAMI E,LARSSON E. Aperture measurement and flow experiments on a single natural fracture[J]. International Journal of Rock Mechanics & Mining Sciences & Geomechanics Abstracts,1996,33(95):395-404.

[56] 周创兵,熊文林.地应力对裂隙岩体渗透特性的影响[J].地震学报,1997,19(2):154-163.

[57] NICHOLL M J,RAJARAM H,GLASS R J,et al. Saturated flow in a single fracture: evaluation of Reynolds equation in measured aperture fields[J]. Water Resources Research,2000,35(11):3361-3374.

[58] WANG L,CARDENAS M B,SLOTTKE D T,et al. Modification of the Local Cubic Law of fracture flow for weak inertia,tortuosity,and roughness[J]. Water Resources Research,2015,51(4):2064-2080.

[59] 张世殊.溪洛渡水电站坝基岩体钻孔常规压水与高压压水试验成果比较[J].岩石力学与工程学报,2002,21(3):385-387.

[60] 蒋中明,冯树荣,傅胜,等.某水工隧洞裂隙岩体高水头作用下的渗透性试验研究[J].岩石力学与工程学报,2010,31(3):673-676.

[61] 蒋中明,陈胜宏,冯树荣,等.高压条件下岩体渗透系数取值方法研究[J].水利学报,2010,41(10):1228-1233.

[62] 王媛,金华,李冬田.裂隙岩体深埋长隧洞断裂控水模型及突、涌水量多因素综合预测[J].岩石力学与工程学报,2012,31(8):1567-1573.

[63] 孟如真,胡少华,陈益峰,等.高渗压条件下基于非达西流的裂隙岩体渗透特性研究[J].岩石力学与工程学报,2014,33(9):1756-1764.

[64] BERKOWITZ B,BALBERG I. Percolation theory and its application to groundwater hydrology[J]. Water Resources Research,1993,29(4):775-794.

[65] FRIEDEL T,VOIGT H D. Investigation of non-Darcy flow in tight-gas reservoirs with fractured wells[J]. Journal of Petroleum Science & Engineering,2006,54(3/4):112-128.

[66] RANJITH P G, DARLINGTON W. Nonlinear single-phase flow in real rock joints[J]. Water Resources Research, 2007, 43(9): 146-156.

[67] 秦峰，王媛. 非达西渗流研究进展[J]. 三峡大学学报(自然科学版)，2009，31(3)：25-29.

[68] NOWAMOOZ H, MRAD M, ABDALLAH A, et al. Experimental and numerical studies of the hydromechanical behaviour of a natural unsaturated swelling soil[J]. Canadian Geotechnical Journal, 2009, 46(4): 393-410.

[69] 王媛，顾智刚，倪小东，等. 光滑裂隙高流速非达西渗流运动规律的试验研究[J]. 岩石力学与工程学报，2010，29(7)：1404-1408.

[70] SUKOP M C, HUANG H, ALVAREZ P F, et al. Evaluation of permeability and non-Darcy flow in vuggy macroporous limestone aquifer samples with Lattice Boltzmann methods[J]. Water Resources Research, 2013, 49(1): 216-230.

[71] CHEN Y F, ZHOU J Q, HU S H, et al. Evaluation of Forchheimer equation coefficients for non-Darcy flow in deformable rough-walled fractures[J]. Journal of Hydrology, 2015, 529: 993-1006.

[72] PRUESS K, TSANG Y W. On two-phase relative permeability and capillary pressure of rough-walled rock fractures[J]. Water Resources Research, 1990, 26(9): 1915-1926.

[73] MURPHY J R, THOMSON N R. Two-phase flow in a variable aperture fracture[J]. Water Resources Research, 1993, 29(10): 3453-3476.

[74] REITSMA S, KUEPER B H. Laboratory measurement of capillary pressure-saturation relationships in a rock fracture[J]. Water Resources Research, 1994, 30(4): 865-878.

[75] PERSOFF P, PRUESS K. Two-phase flow visualization and relative permeability measurement in natural rough-walled rock fracture[J]. Water Resources Research, 1995, 31(5): 1175-1186.

[76] GLASS R J, NICHOLL M J. Quantitative visualization of entrapped phase dissolution within a horizonal flowing fracture[J]. Geophysical Research Letters, 1995, 22(11): 1413-1416.

[77] FOURAR M, BORIES S. Experimental study of air-water two-phase flow through a fracture(narrow channel)[J]. International Journal of Multiphase Flow, 1996, 21(4): 621-637.

[78] ZHOU D, BLUNT M. Wettability effects in three-phase gravity drainage[J]. Journal of Petroleum Science & Engineering, 1998, 20(3): 203-211.

[79] 周创兵，叶自桐. 岩石节理非饱和渗透特性初步研究[J]. 岩土工程学报，1998，20(6)：4-7.

[80] 叶自桐，韩冰，杨金忠，等. 岩石裂隙毛管压力-饱和度关系曲线的试验研究[J]. 水科学进展，1998，9(2)：112-117.

[81] 赵阳升，杨栋，郑少河，等. 三维应力作用下岩石裂缝水渗流物性规律的实验研究[J].

中国科学(E辑),1999,29(1):82-86.

[82] AMUNDSEN H,WAGNER G,OXAAL U,et al. Slow two-phase flow in artificial fractures:experiments and simulations[J]. Water Resources Research,1999,35(9):2619-2626.

[83] FOURAR M,LENORMAND R. A new model for two-phase flows at high velocities through porous media and fractures [J]. Journal of Petroleum Science & Engineering,2001,30(30):121-127.

[84] 詹美礼,胡云进.裂隙概化模型的非饱和渗流试验研究[J].水科学进展,2002,13(2):172-178.

[85] NICHOLL M J,GLASS G J. Wetting phase permeability in a partially saturated horizonal fracture[J]. American Society of Civil Engineers,1994:2007-2019.

[86] NOWAMOOZ A,RADILLA G,FOURAR M. Non-Darican two-phase flow in a transparent replica of a rough-walled rock fracture[J]. Water Resources Research,2009,45(7):4542-4548.

[87] ZEIN A,HANTKE M,WARNECKE G. Modeling phase transition for compressible two-phase flows applied to metastable liquids[J]. Journal of Computational Physics,2010,229(8):2964-2998.

[88] 贺玉龙,陶玉敬,杨立中.不同节理粗糙度系数单裂隙渗流特性试验研究[J].岩石力学与工程学报,2010,29(增刊1):3235-3240.

[89] JIANG Y J,LI B,TANABASHI Y. Estimating the relation between surface roughness and mechanical properties of rock joints[J]. International Journal of Rock Mechanics & Mining Sciences,2006,43(6):837-846.

[90] JEONG W,SONG J. A numerical study on flow and transport in a rough fracture with self-affine fractal variable apertures[J]. Energy Sources, Part A: Recovery Utilization & Environmental Effects,2008,30(7):606-619.

[91] GLOVER P W J,HAYASHI K. Modelling fluid flow in rough fractures:application to the Hachimantai geothermal HDR test site[J]. Physics & Chemistry of the Earth,1997,22(1/2):5-11.

[92] SAHIMI M. Flow phenomena in rocks: from continuum models to fractals, percolation, cellular automata, and simulated annealing [J]. Reviews of Modern Physics,1993,65(4):1393-1534.

[93] THOMPSON M E. Numerical simulation of solute transport in rough fractures[J]. Journal of Geophysical Research Atmospheres,1991,96(B3):4157-4166.

[94] BROWN S R. Transport of fluid and electric current through a single fracture[J]. Journal of Geophysical Research Atmospheres,1989,94(B7):9429-9438.

[95] PAN P Z,FENG X T,XU D P,et al. Modelling fluid flow through a single fracture with different contacts using cellular automata[J]. Computers & Geotechnics,2011,38(8):959-969.

[96] NEMOTO K,WATANABE N,HIRANO N,et al. Direct measurement of contact

area and stress dependence of anisotropic flow through rock fracture with heterogeneous aperture distribution[J]. Earth & Planetary Science Letters,2009,281(1/2):81-87.

[97] 蔡金龙,周志芳. 粗糙裂隙渗流研究综述[J]. 勘察科学技术,2009(4):18-23.

[98] ZIMMERMAN R W,CHEN D W,COOK N G W. The effect of contact area on the permeability of fractures[J]. Journal of Hydrology,1989,139(1/4):79-96.

[99] 张奇. 平面裂隙接触面积对裂隙渗透性的影响[J]. 河海大学学报(自然科学版),1994,22(2):57-64.

[100] OLSSON R,BARTON N. An inproved model for hydromechanical coupling during shearing of rock joints[J]. International Journal of Rock Mechanics & Mining Sciences,2001,38(3):317-329.

[101] TSANG Y W. The effect of tortuosity on fluid flow through a single fracture[J]. Water Resources Research,1984,20(9):1209-1215.

[102] GE S. A governing equation for fluid flow in rough fractures[J]. Water Resources Research,1997,33(1):53-61.

[103] BELEM T,HOMAND-ETIENNE F,SOULEY M. Quantitative parameters for rock joint surface roughness[J]. Rock Mechanics & Rock Engineering,2000,33(4):217-242.

[104] 杨米加,陈明雄. 单裂隙曲折率对流体渗流过程的影响[J]. 岩土力学,2001,22(1):78-82.

[105] 盛金昌,王璠,张霞,等. 格子 Boltzmann 方法研究岩石粗糙裂隙渗流特性[J]. 岩土工程学报,2014,36(7):1213-1217.

[106] WALSH J B. Effect of pore pressure and confining pressure on fracture permeability[J]. International Journal of Rock Mechanics & Mining Sciences & Geomechanics Abstracts,1981,18(5):429-435.

[107] OBDAM A N M,VELING E J M. Elliptical inhomogeneities in groundwater flow:an analytical description [J]. Journal of Hydrology,1987,95(1/2):87-96.

[108] 周创兵,熊文林. 岩石节理的渗流广义立方定理[J]. 岩土力学,1996,17(4):1-7.

[109] ZIMMERMAN R W,BODVARSSON G S. Hydraulic conductivity of rock fractures[J]. Transport in Porous Media,1996,23(1):1-30.

[110] BRUSH D J,THOMSON N R. Fluid flow in synthetic rough-walled fractures:Navier-Stokes,Stokes,and local cubic law simulations[J]. Water Resources Research,2003,39(4):1037-1041.

[111] SNOW D T. Anisotropic permeability of fractured media[J]. Water Resources Research,1969,5(6):1273-1289.

[112] WITHERSPOON P A,WANG J S Y,IWAI K,et al. Validity of Cubic Law for fluid flow in a deformable rock fracture[J]. Water Resources Research,1979,16(6):1016-1024.

[113] ZIMMERMAN R W,AL-YAARUBI A,PAIN C C,et al. Non-linear regimes of fluid

flow in rock fractures[J]. International Journal of Rock Mechanics & Mining Sciences,2004,41(3):163-169.

[114] FORCHHEIMER P H. Wasserbewegung durch boden[J]. Zeitz Vereines Deutsch Ingenieure,1901,45:1782-1788.

[115] IZBASH S V. O filtracii V kropnozernstom materiale[M]. USSR: Leningrad (in Russian),1931.

[116] ORON A P,BERKOWITZ B. Flow in rock fractures:the local cubic law assumption reexamined[J]. Water Resources Research,1998,34(11):2811-2825.

[117] 许光祥,张永兴,哈秋舲. 粗糙裂隙渗流的超立方和次立方定律及其试验研究[J]. 水力学报,2003,34(3):74-79.

[118] SU G W,GELLER J T,PRUESS K,et al. Experimental studies of water seepage and intermittent flow in unsaturated, rough-walled fractures [J]. Water Resources Research,1999,35(4):1019-1037.

[119] LIU R C,LI B,JIANG Y J. Critical hydraulic gradient for nonlinear flow through rock fracture networks: the roles of aperture, surface roughness, and number of intersections[J]. Advances in Water Resources,2016,88:53-65.

[120] TZELEPIS V,MOUTSOPOULOS K N,PAPASPYROS J N E,et al. Experimental investigation of flow behavior in smooth and rough artificial fractures[J]. Journal of Hydrology,2015,521(2):108-118.

[121] QIAN J Z, CHEN Z, ZHAN H B, et al. Experimental study of the effect of roughness and Reynolds number on fluid flow in rough-walled single fractures: a check of local cubic law[J]. Hydrological Processes,2011,25(4):614-622.

[122] TENG Q,WANG M Y,WANG H F. Experiments on fluid flow and solute transport in the fracture network pipe model[J]. Journal of University of Chinese Academy of Sciences,2014,31(1):54-60.

[123] 满轲,刘晓丽,苏锐,等. 大尺度单裂隙介质应力-渗流耦合试验台架及其渗透系数测试研究[J]. 岩石力学与工程学报,2015,34(10):2064-2072.

[124] RAU G C,ANDERSEN M S,ACWORTH R I. Experimental investigation of the thermal dispersivity term and its significance in the heat transport equation for flow in sediments[J]. Water Resources Research,2012,48(3):1346-1367.

[125] SHARMEEN R,ILLMAN W A,BERG S J,et al. Transient hydraulic tomography in a fractured dolostone: laboratory rock block experiments [J]. Water Resources Research,2012,48(10):W10532.

[126] QIAN J Z, ZHAN H B, ZHAO W D, et al. Experimental study of turbulent unconfined groundwater flow in a single fracture[J]. Journal of Hydrology,2005, 311(1-4):134-142.

[127] 李世平,李玉寿,吴振业. 岩石全应力应变过程对应的渗透率-应变方程[J]. 岩土工程学报,1995,17(2):13-19.

[128] 姜振泉,季梁军. 岩石全应力-应变过程渗透性试验研究[J]. 岩土工程学报,2001,23

(2):153-156.

[129] 刘再斌,靳德武,朱开鹏.岩石强度围压水压耦合效应试验研究[J].矿业安全与环保,2013,40(6):4-8.

[130] 朱珍德,徐卫亚,张爱军.脆性岩石损伤断裂机理分析与试验研究[J].岩石力学与工程学报,2003,22(9):1411-1416.

[131] 邢福东,朱珍德,刘汉龙,等.高围压高水压作用下脆性岩石强度变形特性试验研究[J].河海大学学报(自然科学版),2004,32(2):184-187.

[132] 陈振振,阮怀宁,顾康辉,等.深埋高围压高水压下低渗透岩石的渗透特性[J].科学技术与工程,2012,12(36):9870-9876.

[133] 许江,杨红伟,彭守建,等.孔隙水压力-围压作用下砂岩力学特性的试验研究[J].岩石力学与工程学报,2010,29(8):1618-1623.

[134] 俞缙,李宏,陈旭,等.渗透压-应力耦合作用下砂岩渗透率与变形关联性三轴试验研究[J].岩石力学与工程学报,2013,32(6):1203-1213.

[135] 彭苏萍,孟召平,王虎,等.不同围压下砂岩孔渗规律试验研究[J].岩石力学与工程学报,2003,22(5):742-746.

[136] 彭苏萍,屈洪亮,罗立平,等.沉积岩石全应力应变过程的渗透性试验研究[J].煤炭学报,2000,25(2):113-116.

[137] 朱珍德,张爱军,徐卫亚.脆性岩石全应力-应变过程渗流特性试验研究[J].岩土力学,2002,23(5):555-558.

[138] 许江,李波波,周婷,等.加卸载条件下煤岩变形特性与渗透特征的试验研究[J].煤炭学报,2012,37(9):1493-1498.

[139] 李树刚,钱鸣高,石平五.煤样全应力应变过程中的渗透系数-应变方程[J].煤田地质与勘探,2001,29(1):22-24.

[140] 刘卫群,缪协兴,陈占清.破碎岩石渗透性的试验测定方法[J].实验力学,2003,18(1):56-61.

[141] 王环玲,徐卫亚,杨圣奇.岩石变形破坏过程中渗透率演化规律的试验研究[J].岩土力学,2006,27(10):1703-1708.

[142] 杨天鸿.岩石破裂过程渗透性质及其与应力耦合作用研究[D].沈阳:东北大学,2001.

[143] 王金安,彭苏萍,孟召平.岩石三轴全应力应变过程中的渗透规律[J].北京科技大学学报,2001,23(6):489-491.

[144] 王连国,缪协兴.岩石渗透率与应力、应变关系的尖点突变模型[J].岩石力学与工程学报,2005,24(23):4210-4214.

[145] 卢平,沈兆武,朱贵旺,等.岩样应力应变全过程中的渗透性表征与试验研究[J].中国科学技术大学学报,2002,32(6):678-684.

[146] DETOURNAY E. Hydraulic conductivity of closed rock fracture: an experimental and analytical study[C]//Underground Rock Engineering. Harpell's Press Cooperative CIM, 1980,22:168-173.

[147] 张有天.裂隙岩体渗流的理论与实践[M].上海:同济大学出版社,1990.

[148] BANDIS S C, LUMSDEN A C, BARTON N R. Fundamentals of rock joint

deformation[J]. International Journal of Rock Mechanics & Mining Sciences & Geomechanics Abstracts,1983,20(6):249-268.

[149] GOODMAN R E. Methods of geological engineering in discontinuous rock[M]. West publishing Company,1976.

[150] BAWDEN W F,CURRAN J H,ROEGIERS J C. Influence of fracture deformation on secondary permeability:a numerical approach [J]. International Journal of Rock Mechanics & Mining Sciences & Geomechanics Abstracts,1980,17(5):265-279.

[151] 谢妮,徐礼华,邵建富,等. 法向应力和水压力作用下岩石单裂隙水力耦合模型[J]. 岩石力学与工程学报,2011,30(增刊 2):3796-3803.

[152] 金爱兵,王贺,高永涛,等. 三维应力下岩石节理面的渗流特性[J]. 中南大学学报(自然科学版),2015,46(1):267-273.

[153] NOLTE D D,PYRAK-NOLTE L J,COOK N G W. The fractal geometry of flow paths in natural fractures in rock and the approach to percolation[J]. Pure and Applied Geophysics,1989,131(1):111-138.

[154] STORMONT J C,DAEMEN J J K. Laboratory study of gas permeability changes in rock salt during deformation[J]. International Journal of Rock Mechanics & Mining Science & Geomechanics Abstracts,1992,29(4):325-342.

[155] 郑少河,赵阳升. 三维应力作用下天然裂隙渗流规律的实验研究[J]. 岩石力学与工程学报,1999,18(2):133-136.

[156] 常宗旭,赵阳升,胡耀青,等. 三维应力作用下单一裂缝渗流规律的理论与试验研究[J]. 岩石力学与工程学报,2004,23(4):620-624.

[157] 刘继山. 结构面力学参数与水力参数耦合关系及其应用[J]. 水文地质工程地质,1988(2):11-16.

[158] 刘继山. 单裂隙受正向应力作用时的渗流公式[J]. 水文地质工程地质,1987(2):36-37.

[159] 张玉卓,张金才. 裂隙岩体渗流与应力耦合的试验研究[J]. 岩土力学,1997,18(4):59-62.

[160] GUTIERREZ M, ØINO L E, HØEG K. The effect of fluid content on the mechanical behaviour of fractures in chalk [J]. Rock Mechanics & Rock Engineering,2000,33(2):93-117.

[161] 申林方,冯夏庭,潘鹏志,等. 单裂隙花岗岩在应力-渗流-化学耦合作用下的试验研究[J]. 岩石力学与工程学报,2010,29(7):1379-1388.

[162] 贺玉龙,杨立中. 围压升降过程中岩体渗透率变化特性的试验研究[J]. 岩石力学与工程学报,2004,23(3):415-419.

[163] 王建秀,胡力绳,张金,等. 高水压隧道围岩渗流-应力耦合作用模式研究[J]. 岩土力学,2008,28(增刊 1):237-240.

[164] 耿克勤. 复杂岩基的渗流、力学及其耦合分析研究以及工程应用[D]. 北京:清华大学,1994.

[165] ZHU W, WONG T F. The transition from brittle faulting to cataclastic flow:

permeability evolution[J]. Journal of Geophysical Research Solid Earth, 1997, 102 (B2): 3027-3041.

[166] ZOBACK M D, BYERLEE J D. The effect of microcrack dilatancy on the permeability of westerly granite[J]. Journal of Geophysical Research Atmospheres, 1997, 80(5): 752-755.

[167] 徐礼华,谢妮. 岩石剪切裂隙渗流特性试验与理论研究[J]. 岩石力学与工程学报, 2009, 28(11): 2249-2257.

[168] 刘才华,陈从新,付少兰. 充填砂裂隙在剪切位移作用下渗流规律的实验研究[J]. 岩石力学与工程学报, 2002, 21(10): 1457-1461.

[169] 李术才,平洋,王者超,等. 基于离散介质流固耦合理论的地下石油洞库水封性和稳定性评价[J]. 岩石力学与工程学报, 2012, 31(11): 2161-2170.

[170] 孔亮,王媛. 剪切荷载对裂隙渗透性影响研究现状[J]. 河海大学学报, 2007, 35(1): 42-46.

[171] 薛娈鸾,陈胜宏. 剪切过程中岩石裂隙的渗流与应力-应变耦合分析[J]. 岩石力学与工程学报, 2007, 26(增刊 2): 3912-3919.

[172] 赵延林,王卫军,万文,等. 节理剪胀耦合的岩体渗透特性数值研究与经验公式[J]. 煤炭学报, 2013, 38(1): 91-96.

[173] 王刚. 节理剪切渗流耦合特性及加锚节理岩体计算方法研究[D]. 济南:山东大学, 2008.

[174] 夏才初,王伟,王筱柔. 岩石节理剪切-渗流耦合试验系统的研制[J]. 岩石力学与工程学报, 2008, 27(6): 1285-1291.

[175] MIN K B, RUTQVIST J, TSANG C F, et al. Stress-dependent permeability of fractured rock masses: a numerical study [J]. International Journal of Rock Mechanics & Mining Sciences, 2004, 41(7): 1191-1210.

[176] ZHANG S, COX S F, PATERSON M S. The influence of room temperature deformation on porosity and permeability in calcite aggregates [J]. Journal of Geophysical Research Atmospheres, 1994, 99(B8): 15761-15775.

[177] MORDECAI M, MORRIS L H. Investigation into the changes of permeability occurring in a sandstone when failed under triaxial stress conditions[C]//12th Ann Rock Mech Symp(United States), 1971: 221-239.

[178] PEACH C J, SPIERS C J. Influence of crystal plastic deformation on dilatancy and permeability development in synthetic salt rock[J]. Tectonophysics, 1996, 256(1-4): 101-128.

[179] 汪斌,朱杰兵,邬爱清,等. 锦屏大理岩加、卸载应力路径下力学性质试验研究[J]. 岩石力学与工程学报, 2008, 27(10): 2138-2145.

[180] 黄润秋,黄达. 高地应力条件下卸荷速率对锦屏大理岩力学特性影响规律试验研究[J]. 岩石力学与工程学报, 2010, 29(1): 21-33.

[181] 黄润秋. 岩石高边坡发育的动力过程及其稳定性控制[J]. 岩石力学与工程学报, 2008, 27(8): 1525-1544.

[182] 张倬元,王士天,王兰生. 工程地质分析原理[M]. 北京:地质出版社,1994.

[183] 黄达,谭清,黄润秋. 高围压卸荷条件下大理岩破碎块度分形特征及其与能量相关性研究[J]. 岩石力学与工程学报,2012,31(7):1379-1389.

[184] HE M C,MIAO J L,FENG J L. Rock burst process of limestone and its acoustic emission characteristics under true-triaxial unloading conditions[J]. International Journal of Rock Mechanics & Mining Sciences,2010,47(2):286-298.

[185] ZHOU X P,QIAN Q H,ZHANG B H. Zonal disintegration mechanism of deep crack-weakened rock masses under dynamic unloading[J]. Acta Mechanica Solida Sinica,2009,22(3):240-250.

[186] 李建林. 卸荷岩体力学[M]. 北京:中国水利水电出版社,1999.

[187] WU G,ZHANG L. Studying unloading failure characteristics of a rock mass using the disturbed state concept[J]. International Journal of Rock Mechanics & Mining Sciences,2004,41(3):419-425.

[188] XIE H Q,HE C H. Study of the unloading characteristics of a rock mass using the triaxial test and damage mechanics[J]. International Journal of Rock Mechanics & Mining Sciences,2004,41(3):1-7.

[189] 哈秋舲,李建林,张永兴,等. 节理岩体卸荷非线性岩体力学[M]. 北京:中国建筑工业出版社,1998.

[190] 哈秋舲,张永兴. 长江三峡工程岩石边坡各向异性岩体卸荷非线性力学研究[M]. 北京:中国建筑工业出版社,1997.

[191] 哈秋舲,陈洪凯. 长江三峡工程岩石边坡地下水渗流及排水研究[M]. 北京:中国建筑工业出版社,1997.

[192] 哈秋舲,张永兴. 岩石边坡工程[M]. 重庆:重庆大学出版社,1997.

[193] 哈秋舲,李建林. 长江三峡工程岩石边坡卸荷岩体宏观力学参数研究[M]. 北京:中国建筑工业出版社,1996.

[194] 王伟,徐卫亚,王如宾,等. 低渗透岩石三轴压缩过程中的渗透性研究[J]. 岩石力学与工程学报,2015,34(1):40-47.

[195] 姜振泉,季梁军,左如松,等. 岩石在伺服条件下的渗透性与应变、应力的关联特性[J]. 岩石力学与工程学报,2002,21(10):1442-1446.

[196] MA D,MIAO X X,CHEN Z Q,et al. Experimental investigation of seepage properties of fractured rocks under different confining pressures[J]. Rock Mechanics & Rock Engineering,2015,46(5):1135-1144.

[197] BIOT M A. General theory of three-dimensional consolidation[J]. Journal of Applied Physics,1941,12(2):155-164.

[198] JING L. A review of techniques,advances and outstanding issues in numerical modelling for rock mechanics and rock engineering[J]. International Journal of Rock Mechanics & Mining Sciences,2003,40(3):283-353.

[199] CAPPAA F,GUGLIELMIA Y,SOUKATCHOFF V M,et al. Hydromechanical modeling of a large moving rock slope inferred from slope levelling coupled to spring

long-term hydrochemical monitoring: example of the La Clapière landslide[J]. Journal of Hydrology,2004,291(1/2):67-90.

[200] 张玉,徐卫亚,邵建富,等.渗流-应力耦合作用下碎屑岩流变特性和渗透演化机制试验研究[J].岩石力学与工程学报,2014,33(8):1679-1690.

[201] 尹立明,郭惟嘉,陈军涛.岩石应力-渗流耦合真三轴试验系统的研制与应用[J].岩石力学与工程学报,2014,33(增刊1):2820-2826.

[202] 曹亚军,王伟,徐卫亚,等.低渗透岩石流变过程渗透演化规律试验研究[J].岩石力学与工程学报,2015,34(增刊2):3822-3829.

[203] 刘先珊,林耀生,孔建.考虑卸荷作用的裂隙岩体渗流应力耦合研究[J].岩土力学,2007,28(增刊1):192-196.

[204] 梁宁慧,刘新荣,艾万民,等.裂隙岩体卸荷渗透规律试验研究[J].土木工程学报,2011,44(1):88-92.

[205] 王伟,郑志,王如宾,等.不同应力路径下花岗片麻岩渗透特性的试验研究[J].岩石力学与工程学报,2016,35(2):260-267.

[206] 陈亮,刘建锋,王春萍,等.压缩应力条件下花岗岩损伤演化特征及其对渗透性影响研究[J].岩石力学与工程学报,2014,33(2):287-295.

[207] 郭保华,苏承东.多级加载下岩石裂隙渗流分段特性试验研究[J].岩石力学与工程学报,2012,31(增刊2):3787-3794.

[208] 于洪丹,陈飞飞,陈卫忠,等.含裂隙岩石渗流力学特性研究[J].岩石力学与工程学报,2012,31(增刊1):2788-2795.

[209] 谢和平,陈忠辉.岩石力学[M].北京:科学出版社,2004.

[210] 谢兴华.岩体水力劈裂机理试验及数值模拟研究[D].南京:河海大学,2004.

[211] 杨天鸿,唐春安,徐涛,等.岩石破裂过程的渗流特性:理论、模型与应用[M].北京:科学出版社,2004.

[212] 赵延林.裂隙岩体渗流-损伤-断裂耦合理论及应用研究[D].长沙:中南大学,2009.

[213] TANG C A, LIU H, LEE P K K, et al. Numerical studies of the influence of microstructure on rock failure in uniaxial compression-Part 1: effect of heterogeneity [J]. International Journal of Rock Mechanics & Mining Sciences, 2000, 37(4): 555-569.

[214] TANG C A, THAM L G, LEE P K K, et al. Numerical studies of the influence of microstructure on rock failure in uniaxial compression-Part 2: constraint, slenderness and size effect[J]. International Journal of Rock Mechanics & Mining Sciences, 2000,37(4):571-583.

[215] ZHOU J. Simulating soil properties by particle flow code[J]. Acta Mechanica Solida Sinica,2004,28(3):390-396.

[216] 陈平,张有天.裂隙岩体渗流与应力耦合分析[J].岩石水力学与工程学报,1994,13(4):299-308.

[217] 王媛,刘杰.裂隙岩体非恒定渗流场与弹性应力场动态全耦合分析[J].岩石力学与工程学报,2007,26(6):1150-1157.

[218] 王媛,刘杰.裂隙岩体渗流场与应力场动态全耦合参数反演[J].岩石力学与工程学报,2008,27(8):1652-1658.

[219] 王媛.单裂隙面渗流与应力的耦合特征[J].岩石力学与工程学报,2002,21(1):83-87.

[220] 黄涛,杨立中.隧道裂隙岩体温度-渗流耦合数学模型研究[J].岩土工程学报,1999,21(5):554-558.

[221] 赖远明,吴紫汪,朱元林,等.寒区隧道温度场、渗流场和应力场耦合问题的非线性分析[J].岩土工程学报,1999,21(5):529-533.

[222] 王科锋,柴军瑞,吴坤占.Monte-Carlo 裂隙网络图的计算机处理与自动剖分[J].长江科学院院报,2009,26(增刊1):33-37.

[223] 宋晓晨,徐卫亚.裂隙岩体渗流模拟的三维离散裂隙网络数值模拟(I):裂隙网络的随机生成[J].岩石力学与工程学报,2004,23(12):2015-2020.

[224] 王恩志.岩体裂隙的网络分析及渗流模型[J].岩石力学与工程学报,1993,12(3):214-221.

[225] 王洪涛,聂永丰,李雨松.耦合岩体主干裂隙和网络状裂隙渗流分析及应用[J].清华大学学报(自然科学版),1998,38(12):23-26.

[226] DVERSTORP B, ANDERSSON J. Application of the discrete fracture network concept with field data: possibilities of model calibration and validation[J]. Water Resources Research,1989,25(3):540-550.

[227] 张有天,刘中.降雨过程裂隙网络饱和/非饱和、非恒定渗流分析[J].岩石力学与工程学报,1997,16(2):104-111.

[228] 杜广林,周维垣,赵吉东.裂隙介质中的多重裂隙网络渗流模型[J].岩石力学与工程学报,2000,19(增刊1):1014-1018.

[229] 柴军瑞.大坝及其周围地质体中渗流场与应力场耦合分析[D].西安:西安理工大学,2000.

[230] 王恩志,杨成田.裂隙网络地下水流数值模型及非连通裂隙网络水流的研究[J].水文地质工程地质,1992(1):12-14.

[231] 王洪涛.裂隙网络渗流与离散元耦合分析充水岩质边坡的稳定性[J].水文地质与工程地质,2000,27(2):30-33.

[232] 周创兵,熊文林.双场耦合条件下裂隙岩体的渗透张量[J].岩石力学与工程学报,1996,15(4):338-344.

[233] JING L,MA Y,FANG Z. Modeling of fluid flow and solid deformation for fractured rocks with discontinuous deformation analysis (DDA) method [J]. International Journal of Rock Mechanics & Mining Sciences,2001,38(3):343-355.

[234] JING L. Formulation of discontinuous deformation analysis (DDA): an implicit discrete element model for block systems [J]. Developments in Geotechnical Engineering,1998,49(3/4):371-381.

[235] WARREN J E,ROOT P J. The behavior of naturally fractured reservoirs[J]. Society of Petroleum Engineers Journal,1963,3(3):245-255.

[236] VALLIAPPAN S,KHALILI-NAGHADEH N. Flow through fissured porous media with deformable matrix[J]. International Journal for Numerical Methods in Engineering,2005,29(5):1079-1094.

[237] BAI M, MA Q, ROEGIERS J. Dual-porosity behavior of naturally fractured reservoirs[J]. International Journal for Numerical and Analytical Methods in Geomechanics,1994,18(6):359-376.

[238] 黎水泉,徐秉业.非线性双重孔隙介质渗流[J].岩石力学与工程学报,2000,19(4):417-420.

[239] 杨栋,赵阳升,段康廉,等.广义双重介质岩体水力学模型及有限元模拟[J].岩石力学与工程学报,2000,19(2):182-185.

[240] 吉小明,白世伟,杨春和.裂隙岩体流固耦合双重介质模型的有限元计算[J].岩石力学与工程学报,2003,24(5):748-750.

[241] NOORISHAD J, AYATOLLAHI M S, WITHERSPOON P A. A finite-element method for coupled stress and fluid flow analysis in fractured rock masses[J]. International Journal of Rock Mechanics & Mining Sciences & Geomechanics Abstracts,1982,19(4):185-193.

[242] 陈卫忠,伍国军,戴永浩,等.锦屏二级水电站深埋引水隧洞稳定性研究[J].岩土工程学报,2008,30(8):1184-1190.

[243] 武强,朱斌,刘守强.矿井断裂构造带滞后突水的流-固耦合模拟方法分析与滞后时间确定[J].岩石力学与工程学报,2011,30(1):93-104.

[244] 高江林.基于渗流与应力耦合的防渗墙与坝体相互作用研究[D].天津:天津大学,2012.

[245] 李连崇,唐春安,李根,等.含隐伏断层煤层底板损伤演化及滞后突水机理分析[J].岩土工程学报,2009,31(12):1838-1844.

[246] 冯树荣,蒋中明,钟辉亚,等.高渗压条件下岩体变形特征试验研究[J].水力发电学报,2012,31(4):189-193.

[247] 牛多龙,杨科,华心祝,等.采动岩体应变-渗流耦合效应与致灾机理分析[J].安徽理工大学学报(自然科学版),2013,33(3):45-51.

[248] LIU R C,YU L Y,JIANG Y J. Quantitative estimates of normalized transmissivity and the onset of nonlinear fluid flow through rough rock fractures[J]. Rock Mechanics & Rock Engineering,2017,50(4):1063-1071.

[249] 虞松,朱维申,张云鹏.基于 DDA 方法一种流-固耦合模型的建立及裂隙体渗流场分析和应用[J].岩土力学,2015,36(2):555-560.

[250] 王媛,陆宇光,倪小东,等.深埋隧洞开挖过程中突水与突泥的机理研究[J].水利学报,2011,42(5):595-601.

[251] YIN Q,JING H W,ZHU T T. Mechanical behavior and failure analysis of granite specimens containing two orthogonal fissures under uniaxial compression[J]. Arabian Journal of Geosciences,2016,9(1):31.

[252] 李浩然,杨春和,李佰林,等.三轴多级荷载下盐岩声波声发射特征与损伤演化规律研

究[J].岩石力学与工程学报,2016,35(4):682-691.

[253] MANDELBROT B B. The fractal geometry of nature[M]. New York: W H Freeman,1983.

[254] FEDER J. Fractals[M]. New York:Plenum Press,1988.

[255] TSE R,CRUDEN D M. Estimating joint roughness coefficients[J]. International Journal of Rock Mechanics & Mining Science & Geomechanics Abstracts,1979,16(5):303-307.

[256] JI S H,LEE H B,YEO I W,et al. Effect of nonlinear flow on DNAPL migration in a rough-walled fracture[J]. Water Resources Research,2008,44(11):636-639.

[257] XIA C C, QIAN X, LIN P, et al. Experimental investigation of nonlinear flow characteristics of real rock joints under different contact conditions[J]. Journal of Hydraulic Engineering,2017,143(3):1-14.

[258] KOYAMA T,NERETNIEKS I,JING L. A numerical study on differences in using Navier - Stokes and Reynolds equations for modeling the fluid flow and particle transport in single rock fractures with shear[J]. International Journal of Rock Mechanics & Mining Sciences,2008,45(7):1082-1101.

[259] PUSCH R. Alteration of the hydraulic conductivity of rock by tunnel excavation[J]. International Journal of Rock Mechanics & Mining Sciences & Geomechanics Abstracts,1989,26(1):79-83.

[260] BAI M, ELSWORTH D. Modeling of subsidence and stress-dependent hydraulic conductivity for intact and fractured porous media[J]. Rock Mechanics & Rock Engineering,1994,27(4):209-234.

[261] CHEN M,BAI M. Modeling stress-dependent permeability for anisotropic fractured porous rocks[J]. International Journal of Rock Mechanics & Mining Sciences,1998,35(8):1113-1119.

[262] BAI M,MENG F,ELSWORTH D,et al. Analysis of stress-dependent permeability in nonorthogonal flow and deformation fields[J]. Rock Mechanics & Rock Engineering,1999,32(3):195-219.

[263] BAGHBANAN A,JING L. Stress effects on permeability in a fractured rock mass with correlated fracture length and aperture[J]. International Journal of Rock Mechanics & Mining Sciences,2008,45(8):1320-1334.

[264] ZHANG X, DAVID J S. Numerical modelling and analysis of fluid flow and deformation of fractured rock masses[M]. Oxford:Pergamon Press,2002.

[265] BOWER K M,ZYVOLOSKI G. A numerical model for thermo-hydro-mechanical coupling in fractured rock[J]. International Journal of Rock Mechanics & Mining Sciences,1997,34(8):1201-1211.

[266] WIJESINGHE A M. An exact similarity solution for coupled deformation and fluid flow in discrete fractures[M]. Lawrence Livermore National Laboratory,California,1986.

[267] YIN Q,JING H W,SU H J,et al. CO_2 permeability analysis of caprock containing a single fracture subject to coupled thermal-hydromechanical effects[J]. Mathematical Problems in Engineering,2017,46:1-13.